beck'sche
reihe

W0172863

b sr

«Es wäre seltsam, wenn auf einer großen Ebene nur eine Getreideähre wüchse oder es nur eine einzige Welt im Unendlichen gäbe» (Metrodorus von Chios). – Die Frage, ob wir im All die einzigen Vertreter intelligenten Lebens sind, ist nicht nur eine der ältesten, sondern auch eine der spannendsten Fragen überhaupt. Kein Wunder, daß laut einer jüngeren Umfrage immerhin 49,7 Prozent aller Deutschen von der Existenz außerirdischer Zivilisationen überzeugt sind. Zweifelsohne bedeutete der Kontakt mit fremden intelligenten Wesen, ja schon allein das Wissen um sie, eine Wende ungeahnten Ausmaßes in unserer Geschichte. Doch auch wenn inzwischen viele Wissenschaftler von der Existenz intelligenten Lebens auf anderen Planeten überzeugt sind, die Suche nach ihm verlief bislang erfolglos.

Sebastian von Hoerner – einer der Pioniere des bislang größten wissenschaftlichen Suchprogramms (SETI) – erläutert hier die Grundlagen der Suche nach den Außerirdischen. Verbunden mit einer Rückschau auf seinen eigenen Weg zu SETI, macht er vor allem deutlich, daß die Suche nach intelligenten Signalen aus dem All von einem Nachdenken über unseren eigenen Planeten und seine Zivilisationen begleitet werden muß. Denn «unsere Signale ins All sind vor allem Botschaften an uns selbst».

Sebastian von Hoerner, 1919–2003, international renommierter Radioastronom und bedeutender SETI-Forscher, Preisträger der Alexander v. Humboldt-Stiftung und der Gesellschaft Deutscher Naturforscher und Ärzte, lehrte und forschte als Professor unter anderem in Basel, Mexico City und Los Angeles sowie am Max-Planck-Institut für Radioastronomie in Bonn. Darüber hinaus arbeitete er vor allem am berühmten *National Radio Astronomy Observatory* in Green Bank (West Virginia). Seine Arbeiten zur Verbesserung von Radioteleskopen gelten noch heute als wegweisend. Außerdem zählt von Hoerner zu den Pionieren des SETI-Programms (*Search of Extraterrestrial Intelligence*), was ihn weit über die Grenzen seines Faches hinaus bekannt machte.

Sebastian von Hoerner

Sind wir allein?

SETI und das Leben im All

Verlag C. H. Beck

Mit 30 Abbildungen und 7 Tabellen

Originalausgabe

© Verlag C. H. Beck oHG, München 2003
Umschlagentwurf: + malsy, Bremen
Umschlagabbildung: Die Kollision zweier Galaxien, Milchstraße
und Andromeda-Nebel, in einer Simulation; © NASA und
F. Summers (Space Telescope Science Institute), C. Mihos
(Case Western Reserve University), L. Hernquist (Harvard University)
Gesamtherstellung: Druckerei C. H. Beck, Nördlingen
Printed in Germany
ISBN 3 406 49431 5

www.beck.de

Inhalt

1. **Überblick** 7
1.1 Ein Himmel voller Sterne 7
1.2 SETI, die Suche nach den «Anderen» 11
1.3 Aber was geht uns das an? 15
1.4 Mein Weg zu dieser Suche 19

2. **Etwas Astronomie** 23
2.1 Die Grundbegriffe 23
2.2 Die Erde und ihr Mond 26
2.3 Planeten, Monde und Kleinkörper 31
2.4 Sterne und Sternsysteme 38
2.5 Vom Urknall zu Atomen, zu Galaxien und Sternen 45
2.6 Einige Besonderheiten 48

3. **Abschätzungen** 54
3.1 Grundlagen 54
3.2 Voraussetzungen des Lebens 58
3.3 Sonnenähnliche Sterne 60
3.4 Lebensfreundliche Planeten 62
3.5 Häufigkeiten und Entfernungen 66

4. **Irdisches Leben** 75
4.1 Prinzipien unseres Lebens 75
4.2 Entstehung des Lebens und frühe Arten 79
4.3 Krisen und Katastrophen 88

5. **Intelligentes Leben** 94
5.1 Meilensteine der Entwicklung 94
5.2 Das Gehirn 97
5.3 Die Krone der Schöpfung 101
5.4 Diskussion 106
5.5 Die Entfernung 109

6. **Grundlagen unserer Suche** 112
6.1 Besuche, Briefpost, Ferngespräche? 112
6.2 Warum gerade Radiowellen? 119

6.3 Spezielle Frequenzen, Bandbreite, Verschiebung......... 122
6.4 Reichweite und Dauer der Suche....................... 127
6.5 Verständigung ohne Lexikon 133
6.6 Sollen wir auch senden?.............................. 137

7. Die bisherige Suche................................... 146
7.1 «Project Ozma» und die Anfänge 146
7.2 Die ersten zehn Jahre 154
7.3 Die großen Pläne: Cyclops, Weltraum, Mond 159
7.4 Auf und Ab für SETI 165
7.5 Große und kleine Teleskope – und Heimarbeit 169
7.6 Super-Empfänger und neue Projekte 174
7.7 «Project Phoenix».................................... 180
7.8 Es muß nicht immer Radio sein 187
7.9 Wie geht es nun weiter? 194

8. Sind wir allein im Kosmos?.......................... 198
8.1 Astronomische Einwände............................. 198
8.2 Krisen der Evolution 200
8.3 Krisen der Zukunft................................... 202
8.4 Auswandern und Siedeln............................. 204
8.5 Sind wir nun typisch, selten oder einmalig?............. 207

Danksagung... 211
Sebastian von Hoerner – Freund und Forscher 213
Aktuelle Suchprogramme................................. 215
Literatur und Internetadressen 217
Abbildungsnachweis 221

1. Überblick

1.1 Ein Himmel voller Sterne

Haben Sie überhaupt schon mal einen vollen, wirklich klaren Sternhimmel zu sehen bekommen? In seiner ganzen Fülle und Pracht? So klar, daß man noch unten am Horizont zuschauen kann, wie dort die Sterne auf- oder untergehen? Denn eigentlich sollte man das schon selber erlebt haben, bevor man dieses Buch weiterliest. Früher war das ein ganz natürlicher Anblick, der aber leider heute recht selten geworden ist. Ich kenne ihn jetzt fast nur noch von einsamen Nächten im Gebirge oder in der Wüste und vom Segeln auf hoher See. Aber wenn man das Glück hat, dann ist es ein Anblick von überwältigender Schönheit.

Unser Auge braucht im Finstern etwa eine halbe Stunde, um seine beste Empfindlichkeit zu erreichen (Dunkel-Adaption). Man merkt dies daran, daß man mit der Zeit immer mehr schwache Sterne sieht. Und die sieht man auch nur dann, wenn kein Mond am Himmel ist. Die Klarheit des Himmels beurteilt man am besten durch seine tiefe Dunkelheit. Schwarz sollte er sein.

Ist der Himmel klar und das Auge ausgeruht, so sieht man rund 3000 Sterne am ganzen Himmel, also rund 1500 Sterne über uns. Nicht nur das knappe Dutzend, das man sonst so sieht, falls man überhaupt mal nach oben schaut. Zum Testen genügen ein paar Stichproben. Die Handfläche am ausgestreckten Arm sollte im Durchschnitt etwa zehn Sterne verdecken. Und bitte nehmen Sie sich zum Schauen Zeit. Es ist wohltuend, einmal allein und ganz entspannt zuzusehen, wie unsere Erde sich so gemächlich und stetig dreht. In einer Stunde rückt der Himmel etwa eineinhalb Handbreit weiter von Ost nach West. Und als Zugabe gibt es noch zwei bis fünf schöne anregende Sternschnuppen pro Stunde.

Mit einem Nacht-Fernglas (7 × 50) sieht man schon 140000 Sterne am Himmel. Mit kleinen Fernrohren geht es in die Millionen, die größten erreichen einige Milliarden Sterne. Davon sind jetzt 4,5 Millionen genau vermessen und katalogisiert. Unser Sternsystem, die Milchstraße (Galaxis), hat rund 200 Milliarden Sterne, 200000 Millionen. Einer davon ist unsere Sonne, und zwar ein ganz mittelmäßiger Stern, nichts irgendwie Besonderes, knapp halb so alt wie die ältesten Sterne. Das nächste ähnliche Sternsystem, der «Andro-

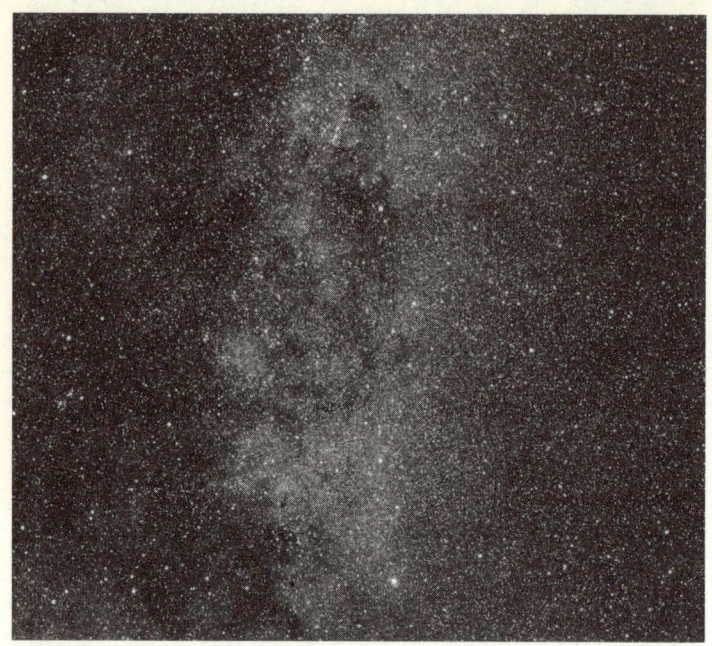

Abb. 1.1: Ein Himmel voller Sterne. Mit Gaswolken, von hellen Sternen beleuchtet. Aufnahme mit einem 6-Zoll(15 cm)-Spiegelteleskop.

meda-Nebel», ist gerade noch mit bloßem Auge sichtbar, wenn der Himmel klar ist und wenn man genau weiß, wo man suchen soll. Aber große Teleskope erreichen Milliarden fernster Galaxien.

Was sind das nun für Sterne, die wir sehen? Wenn ich nachts gefragt werde: «Wie heißt der helle Stern da oben?», so muß ich oft antworten: «Das ist gar kein Stern, sondern ein *Planet.*» Also einer der neun *Planeten* die unsere Sonne umkreisen. Einer davon ist ja auch unsere Erde, und fünf weitere kann man mit bloßem Auge sehen. Von der Sonne aus betrachtet, heißen sie: Merkur, Venus, Erde, Mars, Jupiter, Saturn. Den Merkur sieht man nur ganz selten, weil er zu nah an der Sonne ist. Auch die Venus kreist noch innerhalb der Erdbahn um die Sonne, kann aber doch bis zu 47° von ihr entfernt sein (ein halber rechter Winkel). Sie ist also unser «Abendstern» oder «Morgenstern», und sie ist dann oft das weitaus Hellste am Himmel. Aber spät abends und nachts ist sie nie zu sehen. Von den fünf sichtbaren Planeten ist für uns nur einer weiblich, die Venus. Auch die drei später entdeckten (Neptun, Uranus, Pluto) erhielten männliche Namen. Am griechischen (und neuen) Götterhimmel gab es also noch keine Emanzipation.

Alle Planeten sind große Kugeln so wie unsere Erde, der Jupiter sogar elfmal so dick, aber alle sind weit genug entfernt, um für das Auge nur als Punkt zu erscheinen, so wie auch die Sterne für uns nur Punkte sind. Und woran erkennt man dann die Planeten? An ihrem hellen, ganz ruhigen Licht, während alle hellen Sterne funkeln, mehr oder weniger stark, je nach der Luftunruhe.

Falls Sie das seltene Glück haben, einen «Stern mit Schweif» zu sehen, so ist das halt auch wieder kein Stern, sondern ein *Komet*. Und die häufigen schönen «Sternschnuppen» sind meist winzige Krümel, die von weit her so schnell zu uns rasen, daß sie durch die Reibung in unserer Lufthülle verglühen und verdampfen. Ihre hellen Spuren heißen *Meteore*. Nur selten sind sie keine Krümel, sondern große Stücke (einige Zentimeter), die als Feuerkugeln dann *Bolide* heißen; sie fallen unverdampft zum Erdboden, werden gefunden und heißen dann *Meteorite*; sie sind oft ganz aus Eisen. Auch metergroße Meteorite hat es ganz selten gegeben, die haben dann große Krater beim Einschlag hinterlassen.

Doch nun endlich zu den richtigen Sternen, die im deutlichen Unterschied zu all den obigen *Fixsterne* heißen. Also fixierte, an der sich drehenden Himmelskugel feststehende Sterne. Doch stimmt das nun auch wieder nicht ganz. Es scheint uns nur so, weil wir nicht lange genug leben. Jeder Stern hat seine eigene, spezielle langsame Bewegung. Würden wir uns den Großen Wagen jetzt anschauen und uns gut einprägen und ihn in 10 000 Jahren wieder ansehen, so würden wir auch mit bloßem Auge eine etwas andere Form bemerken; und nach 200 000 Jahren wäre er kaum noch wiederzuerkennen. Diese Bewegungen scheinen uns nur so langsam, weil die Sterne so weit entfernt sind. Tatsächlich fliegen sie mit 10–100 km pro Sekunde!

Und wenn Sie zum Himmel schauen und sich über schöne Sternbilder freuen und sie wiedererkennen: Orion, Großer Wagen, Löwe, das «W» der Kassiopeia, dann sollten Sie auch beachten, daß deren Sterne nur scheinbar am Himmel dicht beisammen stehen, sich aber tatsächlich meist in sehr unterschiedlichen Entfernungen von uns (und voneinander) befinden.

Abb. 1.2: Das helle, schöne Winter-Sternbild des Orion (u. l.). Im Orionnebel ist ein kleiner, ganz junger Sternhaufen, dort entstehen jetzt noch weitere Sterne. Hyaden und Plejaden (das Siebengestirn) sind offene Sternhaufen.

Wir sehen nur ganz wenige helle Sterne, weit mehr Sterne, die weniger hell sind, und schließlich ganz viele schwache Sterne. Ist das nun wirklich ihre verschiedene Leuchtkraft, oder sind sie alle gleich und befinden sich nur in verschiedener Entfernung? Beides ist der Fall. Die gewaltigen Entfernungen im Weltall mißt man am besten mittels der Laufzeit des Lichtes. Vom Mond (380 000 km) läuft das Licht etwas über eine Sekunde zu uns, der Mond ist also etwa eine «Lichtsekunde» entfernt, die Sonne acht «Lichtminuten»; erlösche sie plötzlich, so würde sie uns noch acht Minuten länger leuchten. Aber die Entfernung zu Sternen muß man in «Lichtjahren» messen, und ein Lichtjahr ist 9,5 Billionen km lang. Also dann in Zahlen (siehe auch Abb. 1.2):

Unsere *zehn hellsten* Sterne streuen in Entfernungen von 8,8 Lichtjahren (Sirius, der allerhellste), bis hin zu 880 Lichtjahren (Rigel, rechter Fuß des Orion); und im Mittel sind sie 230 Lichtjahre entfernt. Zum allernächsten Stern sind es 4,3 Lichtjahre (aber er ist zu dunkel für unser Auge). Und unsere *zehn nächsten* Sterne sind bis zu 11 Lichtjahre entfernt, aber nur einer davon ist auch bei den zehn hellsten, und nur drei davon sind mit bloßem Auge sichtbar.

Die *Leuchtkraft* oder absolute Helligkeit der Sterne streut über einen enorm weiten Bereich. Von unseren zehn hellsten Sternen strahlt Rigel am stärksten, 49 000mal heller als die Sonne. Und von unseren zehn nächsten Sternen strahlt der schwächste nur 68 000mal schwächer als die Sonne. Sie ist halt guter Durchschnitt. Sie wäre in 36 Lichtjahren Entfernung noch eben mit bloßem Auge zu sehen. Aber Planeten anderer Sterne könnten auch unsere größten Fernrohre nicht sehen, auch nicht beim allernächsten Stern. Zu schade, denn gerade über Planeten anderer Sterne wüßten wir gerne Bescheid.

1.2 SETI, die Suche nach den «Anderen»

Seit 1960 suchen einige Astronomen gelegentlich, mit großen Radioteleskopen (Abb. 1.3), nach eventuellen Signalen von anderen Lebewesen auf Planeten anderer Sterne. Zunächst noch ohne Erfolg, aber mit großer Anteilnahme und Aufmerksamkeit vieler Menschen in allen Ländern. Diese Suche läuft unter dem Namen *SETI* (auf englisch: *S*earch for *E*xtra*T*errestrial *I*ntelligence), die Suche nach außerirdischer Intelligenz. Sie wird später in Kapitel 7 und 8 genauer beschrieben. Was ist eigentlich der Grund für diese Suche, und was sind die Erwartungen?

Da unser Himmel nun derart voller Sterne ist und – obwohl unsere Sonne nur ein ganz durchschnittlicher Stern ist – sich hier auf der Erde, auf einem der Planeten unserer Sonne, Leben und Intelligenz gebildet haben, nehmen wir an, daß ähnliches in großer Anzahl auch anderswo geschehen ist. Die gegenteilige Meinung, wir seien die einzigen im All, klingt demgegenüber sachlich grotesk, ja geradezu anmaßend. Trotzdem werden wir uns auch mit dieser Meinung noch ernsthaft befassen müssen. Aber bleiben wir zunächst einmal bei der mehr einleuchtenden Annahme von der Vielzahl intelligenten Lebens im All.

Die *Vielzahl anderer Welten* ist nichts Neues, sie ist schon seit Jahrtausenden oft vermutet worden. Noch ohne unsere heutigen Kenntnisse der Astronomie und Physik, rein aus philosophischen Gedanken abgeleitet. Die Grundlage war dabei im frühen Griechenland der Atomismus des Demokrit (460–380 v. Chr.). Danach besteht die Welt allein aus Atomen im leeren Raum. Diese Atome sind unteilbar; es gibt einige verschiedene Arten, sie sind aber alle gleich innerhalb einer Art. Und die Fülle der verschiedenen Dinge dieser Welt ergibt sich aus der Verschiedenheit der Anzahl, der Art und der Formierung der einzelnen Atome dieser Dinge. Ist es nicht ganz erstaunlich, wie modern dies alte Weltbild uns erscheint? So etwa hatten wir um 1900 die Welt beschrieben; nur daß die Atome nun nicht mehr das kleinste Unteilbare waren, sondern auch noch aus dem Atomkern bestanden, umkreist von kleineren Elektronen. Zwar können wir jetzt ein Atom Uran teilen, aber die Teile sind dann andere Atome, kein Uran mehr.

Zwar war der Atomismus nicht das einzige Weltbild der Antike, aber doch für lange Zeit eines der wichtigen, von vielen Philosophen anerkannt und verwendet. Und manche schlossen vom Atomismus auch auf die Vielzahl anderer Welten. Aber nicht alle. Aristoteles (384–322 v. Chr.) sagte klipp und klar: «Diese Welt muß einzigartig sein, es kann keine anderen Welten geben.» Die damals oft vertretene Begründung der Vielzahl anderer Welten basierte auf zwei Grundannahmen (Axiomen): Es gibt unendlich viele Atome im unendlichen Kosmos. Und überall sind es die gleichen Atomarten mit gleichem Verhalten.

Und dies sind bereits dieselben Grundannahmen, mit denen wir auch heute noch arbeiten: die weltweite Menge der Materie und die universelle Gültigkeit ihrer Naturgesetze. Nur mit dem Unterschied, daß dies früher reine und schöne Gedankengebilde waren, während wir heute diese zwei Grundannahmen auf viele astronomische Beobachtungen stützen. Denn diese haben ergeben: So weit wir in den Raum hinaus beobachten können und so weit zurück in der Zeit: Wir finden überall und stets die gleichen Atome und die gleichen Naturgesetze. Und dies bekräftigt die Annahme, daß sich anderswo und vielfach, aus gleicher Materie mit gleichem Verhalten, auch wieder Leben und Intelligenz entwickelt haben sollten,

Abb. 1.3: Das Radioteleskop bei Effelsberg, mit 100 Meter Durchmesser das größte freibewegliche Teleskop von 1971 bis 2000.

teils so ähnlich und teils auch ganz anders als bei uns. Wobei ich mit «so ähnlich» nicht nur zweibeinige Säugetiere mit zwei Händen meine, sondern auch noch Dinosaurier, Vögel und Insekten dazu rechnen würde, und diese auch anatomisch-physiologisch anders gebaut als die «unsrigen». Warum eigentlich nicht, warum immer nur intelligente Affen? Mit «ganz anders» meine ich Wesen jenseits unserer irdischen Erfahrung, vielleicht sogar jenseits unserer menschlichen Phantasie.

Es gibt noch einen beachtlichen Unterschied gegenüber der Vergangenheit. Seit kurzem haben wir sogar die Möglichkeit, unsere Annahmen technisch zu *testen*. Zum Beispiel mit dem SETI-Programm. Falls dieses zum Erfolg führte, wenn wir tatsächlich entsprechende Signale erhielten, so besäßen wir damit die Gewißheit, daß auch anderswo Leben und Intelligenz existieren. Dies vermittelte uns ein ganz neues, ein unermeßlich erweitertes Weltbild. Das ist anders, falls auch eine lange, weiter verbesserte Suche keinen Erfolg hat. Vielleicht sind wir dann die einzigen; vielleicht aber gibt es auch dann Leben und Intelligenz im All, aber eben anderer Art und mit anderen Interessen. Denn, wie schon oft gesagt: «Die Abwesenheit von Anzeichen ist kein Anzeichen von Abwesenheit.»

Gedanken über die Vielzahl der Welten könnten aber auch gefährlich werden. Giordano Bruno, ein gelehrter und weitgereister Mönch, vertrat mit Nachdruck das neue Weltbild des Kopernikus (die Erde ist nicht die ruhende Mitte der Welt, sie umkreist die Sonne und dreht sich täglich). Und er ging 1584 noch weiter mit der Behauptung vieler belebter Welten bei unendlich vielen Sternen. Für diese und andere Ketzereien wurde er, nach sieben Jahren Kerker, am 17. Februar 1600 in Rom verbrannt. Doch auch religiöse Begründungen *für* die Vielzahl gab es: daß es besser zu Gottes Allmacht passe, wenn er unendlich viele Welten geschaffen habe, und nicht nur die eine.

Viele unserer großen Geister dachten positiv über Leben im Weltraum, die Bücher von Paul Davies und Donald Goldsmith (siehe Anhang) berichten über Huygens, Kant, Gauß und andere. Bevor man bessere Beobachtungen machen konnte, wurden auch Bewohner auf dem Mars vermutet. Man glaubte ein System großer Kanäle zu sehen, und weite Flächen änderten ihre Farbe etwas mit den Jahreszeiten, woraus man auf Pflanzen schloß. Sogar ernst gemeinte Vorschläge gab es, den Marsbewohnern Leben und Intelligenz der Erde zu zeigen. Zum Beispiel das Dreieck des Pythagoras groß auf einer Wüste abzubilden, mit neugepflanzten Bäumen oder mit brennenden Öl-Kanälen, was die Marsianer mit Fernrohren unserer

Art auch hätten sehen können. Nun ja, heute wissen wir, daß Gebirge und Schluchten des Mars durch optische Täuschung zu Kanälen wurden, und Farbänderungen werden durch große Staubstürme verursacht.

Sicher gibt es in unserem Sonnensystem, außer auf der Erde, kein höheres Leben. Nur auf erdähnlichen Planeten anderer Sterne können wir das erwarten. Aber ganz primitives Leben wäre hier schon möglich, auf dem Mars oder auf manchen Monden der großen Planeten. Auch dies wäre sehr aufregend für uns, und wir haben begonnen, danach zu suchen.

1.3 Aber was geht uns das an?

Bei langen Reisen kann es nett sein, sich mit dem Nachbarn zu unterhalten, und eine häufige Frage dabei ist die nach dem Beruf. Dann sage ich: «Nun, ich bin Astronom, ich arbeite für Sternwarten und große Teleskope.» Und oft kommt die Antwort: «Ach, das ist ja interessant, Sie machen also Horoskope!» Wir leben noch immer ein wenig im Mittelalter. Trotz Quantenphysik und Relativitätstheorie.

Aber öfters ist Interesse vorhanden, und so unterhalten wir uns etwas über Sterne und Galaxien. Und oft kommt dabei die Frage: «Glauben Sie, daß es auch weit da draußen Leben gibt, bei anderen Sternen?» Da sage ich zunächst, daß man als Wissenschaftler nicht glauben, sondern fragen und untersuchen soll. Ich beschreibe, was SETI bedeutet und welches Glück ich hatte, gleich anfangs mit dabei zu sein. Dann kommt meist eine Pause, und ich fühle, wie der andere danach sucht, auf höfliche Weise zu fragen: «Und was zum Teufel nützt uns das, wozu ist dies alles gut?»

So ähnlich mag auch mancher Leser denken. Denn hinter dieser Frage steckt das Gefühl, daß wir doch so viele ernste Probleme haben, die viel wichtiger sind: Arbeitslosigkeit, Hunger, Krankheiten, und daß *dies* die Dinge sind, um die wir uns bemühen sollten. Und nicht um all die Sterne oder fernes Leben, lauter Dinge die uns nichts nützen für unsere dringenden Sorgen. Ich denke, diese Fragen sind gut und wichtig.

Eine kurze Antwort ist zum Beispiel, daß Neugier zum Menschen gehört. Wer aufhört, neugierig zu sein und Neues lernen zu wollen, der ist schon so wie totes Holz, in dem kein neuer Saft mehr aufsteigt. Alle intelligenten Tiere sind neugierig. Und fernes Weltall und fremdes Leben, ja, die sind schon eine gute Neugier wert.

Auf anderer Ebene antworte ich, daß unser Fortschritt zwar meist an Erfindungen und Geräten gemessen wird; daß es aber auf lange Sicht die *Ideen* sind, die zählen, nicht die Apparate. Und die Astronomie hat einige der wichtigen Grundlagen beigetragen, auf denen unser heutiges Weltbild ruht. Auch war die Astronomie die erste exakte Wissenschaft der Menschheit. Das hat mich schon beim Studium so fasziniert, daß ich bald eine Erklärung fand: Als erste exakte Wissenschaft entstand die Astronomie, weil es am Himmel keine Reibung gibt. Das mag witzig klingen, ist aber ernst gemeint. Nur am Himmel sehen wir geordnete Abläufe, die ewig so weiterlaufen, nach Gesetzen, die wir erkennen können. Das geht nur ohne Reibung, die alles bremst und ändert. Allerdings gilt «ewig» nur wieder für unser kurzes Leben. Die Erdrotation wird gebremst durch die schwache Gezeitenreibung (Flut und Ebbe), und vor 100 Millionen Jahren war der Tag eine halbe Stunde kürzer als heute. Auch wurde der Lauf der Planeten bald beobachtet und durch Modelle erklärt. Über der dämonischen Willkür von Sturm, Blitz und Erdbeben herrschte nun eine harmonische göttliche Ordnung.

Vordergründig liefert die Astronomie ihre direkten Resultate: Dinge, Beschreibungen, Zahlen und Theorien. So wächst unser Wissen über unser Planetensystem, über Sterne und Sternsysteme. Aber sie liefert auch indirekte Resultate, die ich ihren *Hintergrund* nennen möchte: Die harmonische Ordnung des weiten Himmels; das große Ebenmaß des Weltalls, daß es überall die gleichen Atome und Gesetze gibt wie hier; und schließlich, daß unsere Erde und Sonne keine bevorzugte Stellung beanspruchen, sondern sich schlicht in die übrige Welt einfügen. Das Weltall ist also ein *Kosmos*, das griechische Wort für Harmonie und Schönheit (Wurzel des Wortes «Kosmetik»). Dieser Hintergrund ist für mich und andere das eigentlich Wesentliche der Astronomie.

Hier noch ein Beispiel. Wir brachten Menschen auf den Mond. Die direkten Ergebnisse sind die vielen Messungen und der Mondstaub und die Steine, die nun in den Labors untersucht werden. Aber wichtiger ist mir wieder ein Ergebnis aus dem Hintergrund: die schönen Bilder unserer Erde, als ein Ganzes, aus der Ferne gese-

Abb. 1.4: Der Blick aus der Ferne soll uns helfen, unsere Erde als
ein Ganzes zu sehen. Mit Dank sollten wir sie betrachten, mit Sorgfalt
sie nutzen, mit Vernunft sie unseren Enkeln bewahren.

hen. Sie sollen uns zeigen, auf welch einem schönen kleinen Planeten wir hier leben. Wir müssen lernen, unsere Erde mit Dankbarkeit
zu betrachten, sie mit Sorgfalt zu behandeln, um sie friedlich,
unzerstört unseren Enkeln zu bewahren.

Und nun zum Leben fern im Weltall und zu SETI, unserer Suche
danach. Wir meinen ernstlich, daß es die nächste große Aufgabe der
Menschheit ist, Kontakt zu anderen Wesen im Weltall zu suchen.
Mit Wesen, die unserer Entwicklung weit voraus sind, denn die
Sonne ist kein alter Stern. Und falls wir damit je Erfolg haben, so
wird uns dies ein neues Weltbild schaffen, mit «Nachbarn im All».
Vor allem aber wird der entsprechende geistige Austausch ein ge-
waltiger Anstoß unserer menschlichen Entwicklung sein, vergleich-

bar nur der Entstehung unserer Sprache vor rund einer Million Jahren.

Dies wären die direkten Ergebnisse von SETI. Ein Kontakt mit den «Nachbarn» würde die bisherige Entwicklung menschlicher Gemeinschaften ganz natürlich fortsetzen. Wir lebten anfangs in Familien-Clans, die dann zu Stämmen mit Häuptlingen wuchsen und weiter zu Fürstentümern und Königreichen. Eine die Erde ganz umfassende UNO ist unser schwacher Beginn für ein starkes Ziel. Die Fortsetzung wäre dann «Der Galaktische Club» (Bracewell, 1974).

Was aber, wenn der Erfolg ausbleibt? Wenn auch eine großangelegte, langandauernde Suche keine Signale empfängt, wenn es auch sonst kein Zeichen anderer Wesen gibt und wenn wir auch theoretisch unsere Einmaligkeit verstehen? Das sollte unserem Weltbild eine große Verantwortung hinzufügen: «zu wissen, daß wir die einzigen Fackelträger der Flamme kosmischen Bewußtseins in der ganzen Galaxis» sind (Papagiannis, 1977).

In der Zwischenzeit aber, in der Gegenwart mit all ihren großen schweren Problemen, soll der *Hintergrund* von SETI zur Wirkung kommen. Der Blick in die Ferne soll unseren Horizont erweitern, die «Kopernikanische Wende» ist nun weiterzuführen: Nicht nur ist die Erde keine Mitte der Welt, auch der Mensch ist vermutlich nichts einmalig Besonderes, und mit dem Suchprogramm SETI wollen wir das prüfen. Worin bestehen nun unsere großen Probleme? Die Menschheit steckt in einer zunehmenden Misere. Wir sind biologisch geleitet von Instinkten einer Millionen Jahre dauernden Steinzeit und sind geistig fixiert in Traditionen der letzten tausend Jahre. Beides ist wenig geeignet für unsere stark übervölkerte Welt, mit ihren gewaltigen Kräften und vernichtenden Waffen. Und doch fahren wir unentwegt weiter auf alten Gleisen, von einer Katastrophe zur nächsten und in falscher Richtung. Da mag es gut sein, die Fahrt einmal zu unterbrechen, den Blick nach oben, zu anderen Sternen, zu richten. Das könnte zum Nachdenken anregen über fernes Leben, über *intelligentes* Leben. Um dann, mit größerem Abstand und besserer Perspektive, den Blick wieder zurück zu richten, zu unserer Erde, zu unserem hiesigen Tun und Lassen.

1.4 Mein Weg zu dieser Suche

Nach Vorträgen oder bei Diskussionen werde ich oft gefragt: «Und wie sind Sie eigentlich dazu gekommen, sich mit fremdem Leben zu beschäftigen?» Nun, kurz gesagt: durch frühe Neugier und baldiges Ernstnehmen, durch glücklichen Zufall und schnelles Zupacken. Hier ein wenig Biographie zum Thema.

Ich bin Jahrgang 1919, stamme aus Görlitz. Mit neun Jahren kam ich zum «Wandervogel», wofür ich heute noch dankbar bin: frohe, gute Kameradschaft, eigenes Setzen und Erreichen von Zielen und Freude bei Anstrengung und Ausdauer. Einfaches, freies Leben und nahes, intensives Erleben der Natur. Arg nah sogar, lange vor heutigem Camping: Zelte ohne Boden wurden geknöpft aus alten Militär-Planen, die tagsüber als Regenmäntel dienten, und jeder Junge hatte nur eine Wolldecke. Kälte und Schlechtwetter waren Teil des Lebens, waren als Herausforderung zu bestehen. Dies war eine gute Vorbereitung für die späteren harten Zeiten.

Manchmal machten wir Nachtwanderungen und lernten, uns an den Sternen zu orientieren. Das herrlichste aber, das waren die klaren, warmen Nächte im Sommer und Herbst, wo wir am liebsten ohne Zelt einfach hoch oben auf einem der großen Heuhaufen lagerten. Da war um uns der warme Duft vom Heu und über uns der weite dunkle Himmel mit dem stillen, starken Glanz von tausend Sternen. Selbst lebhafte junge Buben kann es da packen, ein Gefühl von Ehrfurcht oder Andacht, fast so wie in der Kirche beim gewaltigen Klang der Orgel.

Und einer der Älteren berichtete dann ganz merkwürdige Dinge: daß jeder dieser tausend Sterne auch eine Sonne sei, genau so wie unsere Sonne, nur ganz unvorstellbar weit weg. Und daß unsere ganze große Erde, mit all ihren Meeren und Bergen, halt einer der Planeten sei, die um die Sonne kreisen. Mächtige Ideen waren das, anregend zum Wundern und Staunen. Und bald dann zu weiteren Fragen: Ob es da wohl auch Menschen und Tiere gab, auf den anderen Planeten? Und ob gar die vielen anderen Stern-Sonnen auch ihre Planeten haben, auch gar mit Menschen und Tieren? Unvergeßliche Nächte waren das, mit Gedanken, die mich noch tief und jahrelang bewegt haben.

In der Schule war Chemie mein Hobby, ich freute mich auf das Studium. Das sollte dann nicht unterbrochen werden durch Arbeitsdienst und zwei Jahre Militärdienst. So meldete ich mich 1937 nach dem Abitur freiwillig, um diesen Kram erst einmal zu erledigen. Ab Sommer 1939 hing bei mir ein Meterband, jeden Abend wurde ein Zentimeter abgeschnitten, und der Rest zeigte die Tage bis zur Entlassung. Aber kurz vor dem Ende des Bandes sind wir statt dessen nach Polen marschiert. Und später nach Frankreich, und dann nach Rußland, alles zu Fuß und bei der Infanterie.

Bei den vielen nächtlichen Stunden auf Wache und in Spähtrupps habe ich mich wieder ganz intensiv mit den Sternen angefreundet, teils zur Orientierung und teils in Erinnerung an die feierlich-schönen Heuhaufen. Aber erst dann in Rußland kamen mir bedrängende Gedanken: Was wohl die «Anderen» da draußen, falls es sie gibt, wohl über uns denken würden? Über uns und unseren Krieg? Bisher hatte ich mich eigentlich hier auf Erden recht wohl gefühlt. Politik und Krieg wurden so hingenommen, so wie früher Kälte und Gewitter, ohne groß nachzudenken. Der Geschichtsunterricht meiner Schulzeit hatte fast nur aus lauter Kriegen und Königen bestanden, was mir immer ganz egal gewesen war. Meine «Helden» waren die Erfinder, Entdecker und Forscher. Und Kriege gab's halt immer. Doch jetzt, selber ganz vorn im harten Krieg, mit dem Anblick der Sterne und der Ahnung anderen Lebens, da ging mir so langsam auf, was dieser Krieg für ein Wahnsinn war. Und alle früheren Kriege auch. Was für Menschen sind wir eigentlich? Ich wurde viermal verwundet, verlor zuletzt ein Augenlicht, kam weg von der Front und hatte überlebt. Es begann eine glückliche Ehe. Den Dresdener Luftangriff 1945 haben wir nur ganz knapp überlebt.

Dann mußte erst noch weiter überlebt werden. Ich fischte Schlauchboote aus der Elbe und machte daraus große Rucksäcke und Taschen, gut zu verkaufen zum «Hamstern». Zum Glück konnte meine Frau mit den Kindern bei ihrer Mutter in Görlitz unterkommen, aber mein Studium und unsere Zukunft sollten im freien Westen sein. 1946 gelang mir die Flucht im Werkzeugkasten einer Lokomotive. Chemie war nichts für mein schlechtes Gedächtnis. Ich wollte ein Fach mit wenig Lernen und viel Denken, hatte mich für Theoretische Physik entschieden, und dafür war Göttingen die beste Universität.

Aller Anfang ist schwer. Vor allem damals und ohne Geld. Die Uni verlangte *Wohnerlaubnis*, die gab es nur mit *Arbeitsnachweis*, für den man wiederum die *Wohnerlaubnis* brauchte. Zunächst hatte ich eine erlaubnis- und mietfreie Behausung gefunden, im Nebenraum einer Instituts-Garage, mit 3 × 3 m Wohnraum. Für die Wartung des Hörsaals bekam ich 40 Mark im Monat, und davon habe ich dort vier Jahre hungrig gelebt. Den Papierkrieg gewann ich durch ein Labor, das Arbeit, aber kein Geld hatte, und für ein halbes Jahr unbezahlter Arbeit bekam ich einen gestempelten Arbeitsnachweis; damit dann die Wohnerlaubnis, dann den Zugang zur Uni. Aber auch dort war der Anfang entsetzlich schwer. Neun Jahre nach dem Abitur, nach lauter Dienst und Krieg, da war das Gehirn ganz eingerostet und bei Hunger und Kälte schwer zu bewegen, bis es wieder unter Volldampf lief.

Ich brauchte noch zwei Nebenfächer. Erstens Mathematik, das Handwerkszeug für alle Theorie. Dann las ich die Ankündigung: «Carl Friedrich von Weizsäcker, ‹Kosmologie›.» Aus alter Neugier auf das Weltall schrieb ich mich ein und war ganz begeistert von diesem Menschen und von seiner Art, die Welt zu betrachten. Bald fragte ich von Weizsäcker, ob er mich für eine Diplomarbeit annehmen wolle, und war glücklich, als er zusagte. Mein zweites Nebenfach war nun Astronomie. Diplom und Doktorarbeit (1951) machte ich bei ihm und fand auch privat guten Anschluß zu ihm.

Dann wurde ich Mitglied seiner Arbeitsgruppe für Sternentstehung. Die großen rotierenden Spiralnebel, die Planetenbahnen um die Sonne, die Mondbahnen um die Planeten, dies sah aus wie eine Regel; so konnte man annehmen, daß auch andere Sterne Planeten haben. Das war nun wieder Anstoß für viele Gedanken über die «Anderen» da draußen. Aber aufregender war für uns, ab 1951 aktiv das Zeitalter der Computer zu beginnen. Bis dahin hatte fernes Leben bei mir zwar oft Gedanken angeregt, aber keine Tätigkeit.

Dies änderte sich, als ich 1960 nach Green Bank kam, zu der zukünftigen großen Sternwarte für die noch junge Radioastronomie, im Staat West Virginia der USA. Zufällig kam ich, als gerade ein junger Astronom, Frank Drake, als erster überhaupt mit einem Radioteleskop nach eventuellen Radio-Signalen anderer Wesen suchte! Er nannte es «Project OZMA», nach einem Märchenland. Für mich war ganz Green Bank «Liebe auf den ersten Blick». Aber OZMA erschien mir als eine große Erleuchtung: daß man diese phantastischen Ideen in die *Tat* umsetzen konnte, mit einem realen Apparat aus Stahl und Aluminium! Ich war dann völlig fasziniert, begann sofort mit Berechnungen und schrieb Arbeiten darüber, bis heute. So wechselte meine Hauptarbeit langsam von der Astrophysik zum Neubau und zur Modernisierung großer Radioteleskope. Wir lebten dort bis 1985.

2. Etwas Astronomie

2.1 Die Grundbegriffe

SETI, die Suche nach Zeichen anderer Wesen, ist ein astronomisches Projekt, und dafür müssen wir uns einige Fakten und Begriffe der Astronomie zurechtlegen. Zum Betrachten eines Gebietes ist es gut, verschiedene Blickwinkel zu benutzen. So habe ich anfangs den nahen Blick zum Nachthimmel gewählt, und nun blicken wir auf «die Welt als Ganzes». Wobei ich auch wieder einschränken muß: Wir sehen nur einen begrenzten *Teil* der Welt. Und unser *heutiges* Weltbild ist anders als das vor 1000 Jahren und wird sich sicher weiter verändern in den nächsten 1000 Jahren. Es betrifft auch nur die *physische* Welt, nicht die der Ideen und der Moral, obwohl unsere Wissenschaft diese Welt nur mit Ideen beschreiben kann, wobei das Streben nach der Wahrheit das leitende moralische Prinzip ist. Ich werde mich auf *vermutlich* gesicherte Dinge beschränken, dagegen vieles weglassen, was unsere Suche nicht betrifft. Zuerst geht es um die zur Beschreibung der Welt nötigen Begriffe.

Da ist also der *Raum*, in dem sich alles befindet. Er hat genau drei *Dimensionen*: rechts/links, vorn/hinten, oben/unten. Flächen haben nur zwei, und wir sehen die drei Dimensionen des Alls nur projiziert auf die zwei Dimensionen der Himmelskugel. Uns waren also viele Kenntnisse versperrt, ehe wir Entfernungen messen konnten. Alles, was sich bewegt oder ändert, braucht den Begriff der *Zeit* (etwas vom Raum Verschiedenes), die in einer Dimension von selber abläuft, von der Vergangenheit über die laufende Gegenwart zur Zukunft. Über diesen «Pfeil der Zeit» ist viel diskutiert worden, man möchte ihn ableiten oder beweisen. Für mich ist die Zeit und ihr Pfeil einfach eine der Grundtatsachen der Welt, einfach als gegeben hinzunehmen, so wie man beim Raum ja auch nicht sagen kann, warum er ausgerechnet drei Dimensionen haben muß. Er hat sie halt.

Und was befindet sich nun im Raum und ändert sich mit der Zeit? Verschiedene Arten der Masse und der Energie, die durch verschiedene Kräfte aufeinander einwirken. Für uns wichtige *Massen* sind nicht nur die Sterne, denn zwischen ihnen gibt es Gas, aus einzelnen Atomen oder vielfachen Molekülen, oft in großen Wolken. Auch

Staub spielt für SETI eine Rolle. In unserer Milchstraße und anderen Spiralnebeln befindet sich die sichtbare Materie vor allem in Sternen, etwa 8 % im Gas und etwa 0,5 % im Staub. Es existiert eine *kosmische Häufigkeit* der Elemente, die stark mit dem Atomgewicht abnimmt und die wir in fast gleicher Form überall finden. Das leichteste Element, Wasserstoff, ist das weitaus häufigste, Helium als nächstes hat etwa 40 % der Gesamtmasse und die übrigen «schweren Elemente» zusammen nur etwa 2 %. Masse macht sich bemerkbar durch zwei Eigenschaften: *Trägheit*, gegen Beschleunigen oder Bremsen, und *Gravitation*, die Anziehung zweier Massen bzw. die Schwerkraft. 1890 ergaben präzise Messungen von Eötvös, daß Massen gleicher Schwere auch immer genau gleiche Trägheit haben, für jedes Material. Daher fallen eine Bleikugel und eine Feder im Vakuum (ohne Luftreibung) auch gleich schnell.

Die für uns wichtigen *Energien* sind: *kinetische* Energie (Geschwindigkeit), *potentielle* Energie (Zusammenhalt durch Schwerkraft, Planeten, Lufthülle), *thermische* Energie (Wärme zum Leben), *magnetische* Energie (in Sternen und Gas). Und *chemische* Energie (Stoffwechsel, Raketen). Alle diese Energien sind mit normaler Masse verbunden. Dann gibt es noch masselose Energieträger: *Photonen* der elektromagnetischen Strahlung (von Radiowellen über Licht bis hin zu Röntgenstrahlen), und *Neutrinos*, die bei Atomzerfall entstehen und fast ungehindert durch alles hindurchfliegen. Die für uns wichtigste Kraft ist die *Gravitation* (Massenanziehung, Schwerkraft).

Bisher war alles «Klassische Physik». Nun brauchen wir einige neue Begriffe: für Signale, für Weltraumfahrt und anderes. Einsteins *Spezielle Relativitätstheorie* (1905) besagt erstens, daß die Lichtgeschwindigkeit die obere Grenze jeder Geschwindigkeit ist (nichts, kein Ding, kein Signal, keine Mitteilung, fliegt schneller). Und zweitens, daß die Lichtgeschwindigkeit stets die gleiche ist, 300 000 km/sec, innerhalb eines jeden ruhenden oder bewegten Systems.

Die obere Grenze hat merkwürdige Folgen. Wenn wir einen Körper mit gleicher Kraft lange beschleunigen, so steigt zunächst seine Geschwindigkeit linear mit der Zeit (doppelt so schnell nach doppelter Zeit). Aber bei hoher Geschwindigkeit wird seine Beschleunigung immer geringer, trotz gleicher Kraft, er nähert sich der

Lichtgeschwindigkeit immer langsamer. Das bedeutet, daß die träge Masse des Körpers zunimmt. Hierfür gibt es jetzt klare Beweise durch Teilchen-Beschleuniger. Einstein nannte dies die «Trägheit der Energie», hier der kinetischen Energie bei hoher Geschwindigkeit. Er erweiterte das dann zu dem Satz, daß jede Energie auch beide Eigenschaften der Masse besitzt: *Trägheit* und *Schwere*. Und auch die Schwere (der Licht-Energie) wurde bestätigt durch Ablenkung des Sternlichtes in der Nähe der Sonne.

Aus der Gleichheit der Lichtgeschwindigkeit für alle bewegten Beobachter folgt, daß Raum und Zeit eng zusammenhängen in einer vierdimensionalen Welt. Es gibt keine «absolute» Zeit, sondern die Zeit ist relativ. Je schneller die Rakete, desto langsamer läuft für sie ihre Eigenzeit. Hier muß ich einiges klarstellen. Erstens, es ist nicht einfach so, daß ihre «Uhren langsamer laufen»; es ist die Zeit selbst, die langsamer abläuft, ganz gleich wie man die Zeit nun mißt, ob mechanisch mit Uhren oder biologisch mit der Geschwindigkeit des Bartwuchses oder sonstwie.

Reisende in einer superschnellen Rakete altern langsamer; kämen sie schließlich wieder zur Erde, so wären ihre dort verbliebenen Freunde und Kollegen viel älter oder schon verstorben. Es gibt also prinzipiell die Möglichkeit von Reisen in die Zukunft. Jedoch keinesfalls in die Vergangenheit.

Zweitens, man müßte mit Raketen schon extrem nah an die Lichtgeschwindigkeit herankommen, damit der Zeitunterschied groß und nützlich wird für lange Reisen. Und drittens, wegen der Zunahme der Trägheit bei hoher Geschwindigkeit würde unglaublich viel Energie benötigt, um sich der Lichtgeschwindigkeit anzunähern. Bei unseren heutigen Raumflügen ist der Zeitunterschied (Zeit im Satelliten, verglichen mit Zeit auf der Erde) zwar nur winzig klein, konnte aber mit genauesten Uhren bestätigt werden.

Einsteins *Allgemeine Relativitätstheorie* (1920) besagt erstens, daß Masse und Energie nur zwei verschiedene Formen derselben Sache sind und daß sich eines in das andere verwandeln kann. Auch ein ruhendes Teilchen hat Energie, nach der Formel $E = Mc^2$, dabei ist M seine Ruhemasse und c die Lichtgeschwindigkeit. Die beste Bestätigung hierfür kommt aus der Atomphysik. Es gibt außer Materie auch Antimaterie, und zu jeder Sorte Teilchen gibt es Antiteilchen. Zum Elektron gibt es das Positron (1932 entdeckt); treffen sie sich, so verschwinden ihre Massen, und es entsteht Strahlung der

Energie Mc². Umgekehrt kann Strahlung ein Elektron-Positron-Paar erzeugen. Zweitens sagt die Theorie, daß Raum und Zeit von der Anwesenheit von Massen abhängen, in deren Nähe die vierdimensionale Raumzeit gekrümmt ist. Auch der dreidimensionale Raum des Weltalls kann übrigens gekrümmt sein: positiv (Parallelen schneiden sich in der Ferne) oder negativ (Parallelen laufen auseinander); oder auch flach, ungekrümmt, so wie wir den Raum bis hin zu großer Ferne ja auch erleben.

Es braucht Zeit, sich an solche Begriffe zu gewöhnen. Als Kind habe ich auch recht lange gebraucht, mich an die Idee der runden Erde zu gewöhnen, von der «unten» die Chinesen nicht runterfallen.

2.2 Die Erde und ihr Mond

Nachdem wir die wichtigsten Begriffe der Astronomie bereitgestellt haben, beschreiben wir nun ihre Objekte. Also eine Art Bestandsaufnahme oder Inventur des Weltalls. Denn bevor wir nach Leben im Weltall fragen, sollten wir zunächst versuchen, dies All zu verstehen.

Unsere Erde ist bisher der einzige Ort, von dem wir wissen, daß es dort Leben gibt, und viele ihrer Eigenschaften sind wichtig für die Entstehung des Lebens. Sie ist einer der Planeten, die unsere Sonne umkreisen. Und wenn wir später nach der Möglichkeit anderen Lebens im Weltraum fragen, so müssen wir uns zunächst die Erde und unser Planetensystem gründlich anschauen. Überhaupt sollten wir einiges wissen über unser Heim und seine Nachbarschaft.

Die Erde ist eine fast runde *Kugel* mit 40 000 km Umfang (so wurde 1791 unser Meter definiert) und mit 12 742 km Durchmesser. Umgeben sind wir von der für das Leben nötigen *Lufthülle*. Die Luft wird nach oben immer dünner und geht langsam in den leeren Raum über. Unsere Satelliten werden auch in 500 km Höhe noch ein wenig durch Luftreibung abgebremst. Die Luft enthält rund 78 % Stickstoff, 20 % Sauerstoff, 1 % Wasserdampf, 1 % Argon, 0,05 % Kohlendioxid und Spuren anderer Dinge. Die gesamte Menge der Lufthülle läßt sich am besten so beschreiben: Hätte alle Luft die gleiche Dichte wie am Boden (1,3 kg/m³), so wäre diese Schicht nur 8,0 km hoch.

Die Lufthülle ist undurchlässig für fast alle von außen einfallende Strahlung. Nur für zwei «Wellenlängen-Fenster» ist sie durchsichtig: das enge Fenster des sichtbaren Lichtes, auf das unsere Augen sich eingerichtet haben, und ein breiteres Fenster von Radiowellen, von rund 1 mm bis 30 m Wellenlänge. SETI-Signale können wir am Boden also nur als Licht oder Radiowellen empfangen und andere Wellenlängen nur auf Satelliten, über der Lufthülle.

Die *Oberfläche* der Erde besteht aus rund einem Drittel Festland und zwei Dritteln Wasser. Manche Amerikaner schließen daraus auf Gottes Willen hinsichtlich der Werktage der Woche: Am Sonntag soll man beten; und von den anderen sechs Tagen soll man zwei Tage arbeiten und vier Tage angeln. Das Festland ist übrigens auch nur «fest» für unser kurzes Leben. Die Platten der Kontinente verschieben sich (meist 0,5–8 cm/Jahr), und vor 260 Millionen Jahren gab es nur einen einzigen großen Kontinent, «Pangäa» genannt.

Nötig zum Leben ist die rechte *Temperatur*. Ihr Mittelwert ist in Seehöhe +27° am Äquator und −25° an den Polen. Gräbt man tief nach unten, so steigt die Temperatur anfangs um etwa 25° pro km Tiefe, dann langsamer, und bis über 6000° im Zentrum. Die Wärme in der Tiefe wird durch radioaktiven Zerfall schwerer Elemente erzeugt (Uran, Thorium). Die für uns so wichtige Temperatur an der Oberfläche stammt zwar auch aus der Tiefe, zumeist aber aus der Sonnenstrahlung, noch verstärkt durch den Treibhauseffekt: Die Lufthülle läßt die kurzwellige Sonnenstrahlung leichter herein, als sie die langwellige Wärmestrahlung des Erdbodens wieder hinausläßt.

Es hat mehrere lange *Eiszeiten* gegeben, als große Teile der Kontinente von Gletschern überdeckt waren; die erste begann vor 2200 Millionen Jahren. Starke Vereisungen begannen vor 800 000, 460 000 und 230 000 Jahren, und eine letzte Eiszeit endete erst vor 10 000 Jahren. An Ursachen kommen in Frage: Änderungen von Erdbahn und Rotationsachse sowie der Treibhauseffekt.

Das *Erdinnere* erforscht man durch gleichzeitige Beobachtung von Erdbeben-Wellen (Seismologie) an vielen gut verteilten Orten rund um den Globus. Diese Wellen haben Geschwindigkeiten von 3 bis 13 km/sec, je nach Material und Art der Welle. Es ergeben sich verschiedene Schalen. Die oberste Kruste, meist 30 km dick, mit ihren Kontinenten und Ozeanböden, ist nur eine hauchdünne Haut, $1/_{200}$ des Erdradius; noch dreimal dünner, relativ, als eine Eierschale.

Das gesteinige Magma des Mantels ist zähflüssig. Der Kern besteht aus einer äußeren flüssigen Schale und dem inneren festen Kern. Die Dichte nimmt nach innen zu, teils durch den hohen Druck, vor allem aber durch das Absinken der schweren Elemente. Der innere Kern besteht vermutlich vor allem aus Eisen. Die häufigsten Elemente der oberen Kruste sind: Sauerstoff, Silicium, Aluminium, Natrium, Kohlenstoff, Eisen, Magnesium, Calcium. Weiter innen kommen noch größere Mengen Schwefel und Nickel dazu. Wasserstoff ist vor allem im Meerwasser enthalten. Fast alle der häufigen Elemente werden auch vom Leben benutzt. Die mittlere Dichte der Erde ist $5,52 \, g/cm^3$.

Die Erde hat ein *Magnetfeld*, nach dem sich unsere Kompaßnadeln ausrichten. Vor allem aber schützt es uns vor der lebensfeindlichen kosmischen Strahlung (Protonen mit fast Lichtgeschwindigkeit). Die Feld-Richtung hat sich ein paarmal umgepolt, zuletzt vor 730000 Jahren. Das Magnetfeld wird wahrscheinlich erzeugt durch komplizierte Strömungen in der Umgebung der Kern-Mantel-Grenze, aber der Grund des Umpolens ist noch unbekannt.

Die Erde steht nicht still, wie es bis ins Mittelalter angenommen wurde. («Und sie bewegt sich doch!» murmelte Galilei 1633 nach dem von der Kirche erzwungenen Abschwören.) Sie vollführt vielmehr eine *Rotation* pro Tag um ihre Achse, mit einer beachtlichen Geschwindigkeit von 465 m/sec am Äquator. Die resultierende Fliehkraft ist am Äquator am größten, dagegen Null am Pol, was eine kleine Abplattung erzeugt, und so ist der Durchmesser der Erde am Äquator 43 km länger als der von Pol zu Pol. Rotation ist wichtig für das Leben, sonst würde die sonnige Hälfte ein paar hundert Grad heißer als die Schattenseite werden.

Hängen wir am Nordpol ein langes Pendel auf und stoßen es an, so bleibt seine Schwingungsebene unverändert, während sich unter ihm die Erde dreht. Ein sich darauf mitdrehender Beobachter würde dann sagen, daß die Pendelebene sich dreht, um 360° pro Tag oder 15° pro Stunde. Am Äquator gäbe es gar keine Drehung, in unseren Breiten etwa 11° pro Stunde. Damit wurde die Erdrotation auch experimentell bestätigt (Leon Foucault, Paris 1851). Früher hab ich das mal selber ausprobiert, nach gründlicher Vorbereitung dann auch mit Erfolg.

Die Erde umläuft in einem Jahr, mit 30 km/sec, ihre *Bahn* (die Ekliptik) um die Sonne. Bahn und Rotation haben den gleichen

Drehsinn: von Norden und oben gesehen, entgegen dem Uhrzeiger. Aber ihre Drehachsen sind nicht parallel. Diese *Schiefe der Ekliptik* von 23° (Bahn gegen Rotation) ergibt, in höheren Breiten, die verschiedene Tageslänge von Sommer und Winter, und dadurch auch die verschiedene Temperatur. Unsere mittlere Entfernung von der Sonne ist 150 Millionen km. Die Bahn ist fast kreisförmig, nur wenig elliptisch, so daß unsere kleinste Entfernung von der Sonne (am 4. Januar) nur um 3,4 % geringer ist als die größte. Die Strahlung der Sonne verringert sich mit dem Quadrat der Entfernung und ist im Januar um 6,9 % stärker als im Juli, was auf der Nordhälfte den Winter mildert, auf der Südhälfte ihn verstärkt. Für das Leben darf die Schiefe der Ekliptik nicht gar zu groß sein. Wäre sie 90°, so gäbe das für die ganze Erde einen so extremen Wechsel der Jahreszeiten, daß Luft, Wasser und Leben unmöglich wären.

Die *Schwerkraft* der Erde ergibt an der Oberfläche eine Beschleunigung von 981 cm/sec². Ein Satellit, in geringer Höhe kreisend, muß mindestens 7,9 km/sec schnell fliegen (Fliehkraft = Anziehung). Die wichtige *Entweichgeschwindigkeit* beträgt 11,9 km/sec; so schnell muß eine Rakete mindestens fliegen, um ganz der Erde zu entweichen und nie wieder zurückzufallen. Ebenso schnell fällt umgekehrt ein Körper zur Erde (aus Ruhe in der Ferne).

Meteorite und größere Brocken kommen meist mit viel schnellerem Aufprall bei uns an, wegen ihrer eigenen Bewegung in der Ferne und wegen unserer Bahngeschwindigkeit. Für unsere Begriffe sind dies riesige Geschwindigkeiten; die Energie eines Aufpralls errechnet sich aus dem Quadrat der Geschwindigkeit (Autofahrer sollten dies wissen). Nehmen wir z. B. den Aufprall eines Autos von 1000 kg Gewicht mit 150 km/h an einer festen Wand und vergleichen dies mit dem Aufprall eines ebenso schweren großen Meteorits (etwa 70 cm groß) mit 40 km/sec auf die Erde, so ist dessen Aufprallsenergie 900 000mal größer. Die Energie dieses Brockens ist damit ebensogroß wie die Explosion von 190 Tonnen Dynamit!

Alles ändert sich etwas. Der Erdball wackelt ein wenig unter der ruhigen Achse der Rotation, so daß deren Nordpol jährliche Kreise auf der Erdfläche beschreibt (Radius 2–8 m). Und die etwas abgeplattete Erde benimmt sich wie ein Kreisel, dessen geneigte Rotationsachse (Schiefe der Ekliptik) durch die Anziehung von Sonne, Mond und Planeten nun selbst rotiert, genau wie die Achse eines schief gesetzten Kinder-Kreisels. Unser Nordpol am Himmel bleibt also nicht nahe am jetzigen Polarstern, sondern beschreibt in 25 725 Jahren einen Kreis am Himmel (23° Radius). Dies heißt die *Präzession*, sie war schon den alten Griechen bekannt, und diese knapp 26 000 Jahre nennt man auch ein «Platonisches Jahr».

Einige Zeitspannen, die uns ganz fest und verläßlich erscheinen, verändern sich doch recht merklich in astronomisch kurzen Zeiten. So war vor 100 Millionen Jahren der Tag (von einem Mittag zum nächsten) um eine halbe heutige Stunde kürzer. Das Jahr (von einer Herbst-Tagundnachtgleiche zur nächsten) war 6,16 heutige Tage länger. Und der Monat (von einem Neumond zum nächsten) war damals 4,8 heutige Stunden länger. Die Erde aber ist rund 4500 Millionen Jahre alt.

Und nun zu unserem *Mond*. Schön ist es, daß wir einen so großen freundlichen Begleiter haben. Merkur und Venus haben gar keinen, der Mars hat zwei, aber nur ganz kleine. Und die fernen Riesenplaneten haben eine große Anzahl verschiedener Monde.

Unser Mond hat mit 3476 km Durchmesser etwa $1/4$ der Erdgröße, und mit einer Dichte von 3,34 g/cm³ hat er $1/82$ der Erdmasse. Das ist im Verhältnis zur Erde sehr groß und schwer, verglichen mit allen anderen Monden im Verhältnis zu deren Planeten. Unser Mond ist im Mittel 384 403 km entfernt. Seine Bahn um die Erde hat den gleichen Drehsinn wie die Erdrotation und Erdbahn, aber seine Bahnebene ist 5,1° gegen die Erdbahn (Ekliptik) geneigt. Ein Umlauf, von einem Neumond zum nächsten, dauert im Mittel 29,53 Tage. Wobei er selbst auch einmal rotiert, so daß er uns immer die gleiche Seite zeigt (mit kleinen Schwankungen). Seine ursprüngliche schnellere Rotation hat sich im Laufe der ersten Jahrmilliarden gerade so abgebremst, durch die gegenseitige Gezeitenreibung, daß auf dem Mond nun fast kein Anlaß mehr zur Reibung verbleibt.

Auch die Erdrotation wurde gebremst, der Schwere der Erde wegen aber nur viel geringer. So haben wir noch immer unsere tägliche Rotation, und wir haben Ebbe und Flut durch die Anziehung des Mondes. Im Meer ist der Höhenunterschied der Gezeiten örtlich sehr verschieden, er beträgt meist wenige Meter. Auch unser Festland hebt und senkt sich ein wenig, um einige Zentimeter.

An der Oberfläche des Mondes ist die Schwere-Beschleunigung nur $1/6$ der Beschleunigung auf der Erde. So ist also auf dem Mond alles nur $1/6$ so schwer wie bei uns hier. Dort kann man weite

Sprünge machen und große Massen heben. Aber durch die geringe Schwerkraft hat der Mond keine Atmosphäre behalten können, bei Gasen und Wasserdampf genügte die thermische Wärmebewegung bereits zum Entweichen. Seine so langsame Rotation macht, daß Tag und Nacht bei ihm je einen halben Monat dauern, auch fehlt die ausgleichende Lufthülle ganz, und so schwankt die Temperatur dort zwischen +120°C und −130°C. Keine Chance für das Leben.

Ohne Lufthülle werden einfallende Meteorite weder gebremst, noch verglühen sie. Ohne Luft und Wasser gibt es keine abtragende Erosion, alle Krater der Einschläge bleiben unverändert bestehen. Also lernen wir vom Mond vieles über die Umgebung der Erde und ihre Frühzeit, vor und während der Entstehung des Lebens. So gab es früher weit mehr herumfliegende große und größte Körper, deren Einschlagskrater wir auf dem Mond noch sehen, teils überdeckt von jungen Einschlägen. Auf der Erde sehen wir nur noch die jungen Krater. Das kaum noch sichtbare Nördlinger Ries ist 15 Millionen Jahre alt; der schöne Meteor-Krater in Arizona nur 50000 Jahre.

2.3 Planeten, Monde und Kleinkörper

Unsere Erde ist einer der neun Planeten unserer Sonne, und nun wollen wir uns auch die anderen Mitglieder dieses Systems näher anschauen (Abb. 2.1). Das Studium der Eigenarten unseres Planetensystems gibt uns viele Hinweise zu den Fragen, warum wohl nur die Erde belebt ist und wie häufig wir auch bei anderen Sternen Planeten erwarten.

Tabelle 2.1 zeigt die Bahnen und Helligkeiten. Die beiden ersten Spalten geben den mittleren Bahnradius an, erst in Millionen Kilometer, dann in AE = Astronomische Einheiten (das ist der Abstand der Erde von der Sonne). Wir sehen hieraus, daß unser Planetensystem einen weiten Bereich belegt: Pluto, der äußerste, ist über 100mal entfernter von der Sonne als Merkur, der innerste. Und zudem steigen die Abstände in einer schön gleichmäßigen Folge, bis auf eine auffällige große Lücke zwischen Mars und Jupiter.

Hier fehlt ein Planet, aber statt dessen kreisen in dieser Lücke eine große Anzahl kleiner Brocken: *Planetoide* (Planetchen) genannt oder *Asteroide* (Sternchen). Ceres, der größte, hat 940 km Durchmesser, dann folgen Pallas und Vesta mit je 500 km. Etwa 250

Abb. 2.1: Die Größe unserer neun Planeten.

sind größer als 100 km, etwa eine Million größer als 1 km. Die Gesamtmasse aller Planetoide wird auf kaum $^1/_{100}$ der Erdmasse geschätzt. Es sieht so aus, als sei hier ein Planet zertrümmert worden, und zwar durch einen extrem großen Planetoiden; oder als haben sich zwei *Protoplaneten* zerstoßen statt zu verschmelzen.

Die Planeten umlaufen die Sonne auf Ellipsen, die meist recht kreisähnlich sind. So zeigt in Tabelle 2.1 die dritte Spalte, um wieviel Prozent ihr größter Abstand von der Sonne größer ist als ihr kleinster. Außer bei Merkur und Pluto sind diese Abweichungen vom Kreis nur 8,5 % im Mittel. Weiterhin fällt auf, daß fast alle Bahnen etwa in einer gemeinsamen Ebene liegen. Außer den beiden Extremen, Merkur und Pluto, sind ihre Bahnebenen im Mittel nur 1,7° gegeneinander geneigt, wie die vorletzte Spalte zeigt. Auch haben alle Bahnen, ohne Ausnahme, den gleichen Drehsinn: im Norden, von oben gesehen, laufen alle entgegen dem Uhrzeiger.

Diese so auffällige *Gleichförmigkeit* der Planetenbahnen (gleicher Drehsinn, fast Kreise, fast gleiche Ebenen) ist eine der wichtigen Grundlagen für die Theorie der Entstehung von Planeten und damit dann auch für unsere Frage, wie häufig wir Planeten anderer Sterne erwarten können. Auch in den beiden folgenden Tabellen sehen wir weitere wichtige Gleichförmigkeiten. Weil aber nicht alle neun Planeten diese Regeln befolgen, so habe ich die zwei «Außenseiter» markiert (*), die sich deutlich von den anderen sieben Plane-

Tabelle 2.1: Unsere Planeten, Bahn und Helligkeit

Planet	Bahn-radius Mittel Mio. km	AE	Max/Min %	Umlauf-zeit Jahre	Neigung zur Erdbahn Grad	Hellig-keit mag
Merkur	58	0,38	* 51,9	0,241	* 7,0	− 1,6
Venus	108	0,72	1,3	0,615	3,4	− 4,4
Erde	150	1,00	3,4	1,000	0,0	/
Mars	228	1,52	20,6	1,88	1,8	− 2,0
(Planetoide	420	2,8)				
Jupiter	779	5,20	10,1	11,9	1,3	− 2,4
Saturn	1432	9,58	12,4	29,6	2,5	− 0,2
Uranus	2884	19,28	9,9	84,7	0,8	+ 5,6
Neptun	4509	30,14	1,8	165,5	1,8	+ 7,8
Pluto	5966	39,88	* 65,8	247,7	* 17,1	+14,9
Mittel, ohne *				8,5 %	1,7°	

ten unterscheiden. Und bei Pluto weiß man ohnehin nicht recht, ob er überhaupt ein echter Planet ist. Wahrscheinlich kam er später von weit her zugereist und wurde hier durch die Gravitation der Sonne und der schweren Planeten eingefangen. Pluto fällt auch sonst stark aus der Reihe. Die letzte Spalte der Tabelle 2.1 gibt die maximale *Helligkeit* der Planeten, gemessen in «mag» (magnitudes = Größenklassen). So wie in meiner Jugend die Eisenbahn noch vier Klassen hatte («Erster Klasse» war am besten, und bei «Vierter Klasse» saß man auf Holzbrettern), so waren in der Antike die Sterne erster Klasse die hellsten, schwächere dann zweiter Klasse, bis zur sechsten Klasse der eben noch sichtbaren Sterne. Nach Erfindung von Fernrohr und Photometrie wurde diese Skala gleichförmig gemacht und zu negativen Größen hin erweitert. Einige Beispiele der heutigen Skala: unsere Augen sehen bis +5,0 mag, Polaris (nahe Nordpol) hat +2,0 mag, der hellste Fixstern, Sirius, hat −1,5 mag; und der Vollmond hat −12,7 mag. Ein Unterschied von 2,5 Größenklassen ist immer ein Faktor 10 in der Helligkeit. Sirius ist 25 mal heller als der Polarstern.

Tabelle 2.2 beschreibt die *Körper* der Planeten, ihre Rotation und die Zahl ihrer Monde (ihre kleinsten Monde wurden erst jetzt durch Weltraumsonden gefunden). Wir sehen in der Tabelle, daß es zwei verschiedene Typen von Planeten gibt. Die *erdähnlichen*

Tabelle 2.2: Die Körper der Planeten

Planet	Durch-messer 1000 km	Masse Erde	Dichte g/cm³	Tem-peratur °C	Rotation g. Bahn Grad	Rotation Dauer Tage	Monde Anzahl
Merkur	4,88	0,055	5,43	+ 90	2	* 58,6	0
Venus	12,10	0,815	5,24	+480	3	* 243,0	0
Erde	12,74	1,000	5,52	+ 14	23	1,0	1
Mars	6,78	0,107	3,93	− 60	24	1,03	2
Jupiter	139,80	317,83	1,33	−150	3	0,40	16
Saturn	115,63	95,15	0,7	−180	27	0,43	21
Uranus	51,10	14,56	1,27	−200	* 98	0,72	15
Neptun	49,44	17,20	1,71	−220	29	0,71	8
Pluto	2,29	0,002	2,03		* 50	* 6,39	1
Mittel, ohne *					16°	0,72	

kleinen festen Planeten: Merkur, Venus, Erde, Mars (und Pluto, falls der überhaupt dazugehört); und die großen *Gasriesen* geringer Dichte: Jupiter, Saturn, Uranus und Neptun, die im wesentlichen aus Wasserstoff und Helium bestehen (so wie auch die Sonne). Innen haben sie wahrscheinlich einen kleinen festen Kern. Sichtbar sind nur ihre Wolken, mit großen Wirbeln und Flecken. Die Gasriesen haben außer ihren vielen Monden auch noch einen Ring. Den hellen, in viele Bänder unterteilten Saturnring sieht man schon im kleinen Fernrohr (ab 40facher Vergrößerung). Die äußersten Bänder reichen bis zu einer Weite von rund 200 000 km. Die Dicke aber der Ringe ist extrem dünn. Es sind feste Teilchen, den Saturn umkreisend, vom Staubkorn bis zu Metergröße. Die sehr schwachen Ringe der anderen Gasriesen sind erst seit den Raumflügen bekannt.

Die drittletzte Spalte der Tabelle 2.2 zeigt wieder eine wichtige Gleichförmigkeit: Rotation und Bahn der Planeten sind nur wenig gegeneinander geneigt, nur 16° im Mittel. Mit zwei Ausnahmen: Uranus und wieder Pluto. Außerdem rotiert Venus rückläufig, also mit dem Uhrzeiger; und Merkur und Venus sind beide der Sonne so nahe, daß die Gezeitenreibung die Rotation stark gebremst hat: Eine Umdrehung dauert 59 Tage bei Merkur, 243 Tage bei Venus, aber nur 17 Stunden im Mittel und höchstens einen Tag für die sechs anderen Planeten. Daß die Venus sich so viel langsamer dreht als der sonnennahe Merkur, das muß noch andere Gründe haben, wohl aus der Zeit der Entstehung, und ihre Rückläufigkeit wohl auch. Wie wir alle spüren, darf es für unser Leben nicht zu kalt und nicht zu heiß sein, und ähnliches wird wohl auch für anderes Leben gelten. So gibt Tabelle 2.2 auch die *Temperatur* auf der Oberfläche der Planeten an. Sie hängt vor allem davon ab, wieviel Wärme von der Sonne einstrahlt, und das nimmt schnell ab mit dem Quadrat der Entfernung. Aber wichtig ist auch, ob der Planet diese Wärme gut speichern kann: ob er einfach so nackt daliegt wie Merkur und Mars oder unter dem dicken Federbett einer massiven Lufthülle wie die Venus oder dem leichten Deckchen unserer Erdatmosphäre. Der Luftdruck am Boden der Venus ist 90mal höher als bei uns, daher auch ihr starker Treibhauseffekt und die hohe Temperatur. Ihre Wolken enthalten viel Schwefelsäure und Schwefelteilchen. Der Mars aber hat wegen seiner so kleinen Masse und Gravitation fast keine Lufthülle und keinen Wasserdampf halten können. Ursprünglich muß er aber beides reichlich gehabt haben, wie Nahaufnahmen der trockenen, langen Stromtäler und die vielen großen Kiesel zeigen. Tabelle 2.2 sagt uns also, daß es dichter an der Sonne zu heiß ist für das Leben (unserer Art), bei der Erde gerade richtig, weiter außen aber bald wieder zu kalt.

Tabelle 2.3 zeigt nun noch alle großen Monde unserer Planeten. Eine neuere Theorie sagt, daß ohne unseren massereichen Erdmond wohl kaum irdisches Leben hätte entstehen und dauern können und daß ein relativ zur Erde so großer Mond etwas derart Unwahrscheinliches sei, daß man Leben an anderen Orten wohl kaum erwarten könnte. Ich werde dies aber später diskutieren.

Größe und Masse unseres Mondes sind nichts Besonderes. Das Besondere ist nur, in der dritten Spalte, das Verhältnis der Planetenmasse zur Mondmasse. Die Erde ist nur 81mal massereicher als ihr Mond, während die anderen Planeten 5000–40000mal mehr Masse haben als ihre großen Monde. Das Besondere ist für mich also nicht die Größe des Erdmondes, sondern die Begrenzung: daß auch alle Riesenplaneten keine wesentlich größeren Monde erhalten haben als wir. Unser Mond ist etwa Durchschnitt.

In der letzten Spalte der Tabelle 2.3 sehen wir wieder eine Gleichförmigkeit: Die Bahnen der großen Monde sind gegen den Äquator der Planeten nur wenig geneigt: 4,9° im Mittel. Mit Ausnahme des Triton, der gegenläufig den Neptun umkreist, aber auch wieder nahe am Äquator, mit nur 180 – 160 = 20° Neigung.

Tabelle 2.3: Alle großen Monde (über 2000 km Durchmesser)

	Größe Durch- messer km	Mond- masse Erdmonde	Masse Massen: Planet/ Mond	Bahn Bahn- Radius 1000 km	Bahnneigung gegen Äquator des Planeten Grad
Erde					
Erdmond	3476	1,00	81	384	28,6
Jupiter					
Io	3650	1,21	21 400	422	0,00
Europa	3120	0,66	39 200	671	0,02
Ganymed	3120	2,03	12 700	1070	0,09
Callisto	4840	1,45	17 800	1883	0,43
Saturn					
Titan	5150	1,68	4600	1222	0,30
Neptun					
Triton	2760	0,3	4700	353	* 160
Mittel, ohne *	3730	1,19	858		4,9°

Manche der sehr kleinen Monde fallen aus der Reihe. Von allen 64 bekannten Monden gibt es sechs Monde mit gegenläufiger Bahn, aber außer Triton haben sie alle nur kleine Durchmesser, zwischen 12 und 200 km. Und Bahnen, die stark vom Kreis abweichen, gibt es insgesamt bei sieben Monden, deren Größen auch nur 12 bis 200 km sind. Der Neptunmond Nereid, Größe 200 km, hat eine so längliche Bahn, daß sein weitester Abstand vom Neptun fast siebenmal größer ist als sein dichtester. Vermutlich sind all diese kleinen Außenseiter nur eingefangene Planetoide, deren Größen ja bis zu 940 km reichen und die in der Frühzeit des Systems weit häufiger waren als heute.

Die großen Jupitermonde sind interessant. Auf Io sieht man mindestens acht tätige Vulkane, ihre Auswürfe reichen bis zu 250 km Höhe. Es scheint, daß Io im Inneren durch starke Gezeitenreibung geheizt wird. Und bei Europa kann unter der dicken Eiskruste auch viel Wasser sein, geheizt und flüssig durch Gezeitenreibung.

Der große Saturnmond Titan ist der einzige aller Monde mit einer dichten Atmosphäre, 90 % Stickstoff, 10 % Methan und Argon. Durch Sonnenstrahlung haben sich aus Methan viele organische Moleküle gebildet. Der Bodendruck der Atmosphäre ist sogar 50 % größer als hier auf der Erde.

Eine spezielle Sorte kleiner Außenseiter sind unsere *Kometen*, deren feste Kerne nur rund 0,5 bis 20 km groß sind und die meist aus Eis mit viel Staub bestehen, auch mit organischen Molekülen, oft als *schmutziger Schneeball* beschrieben. Durch die Strahlung der Sonne verdampft ein Teil und bildet einen Kopf von 100 000 km Durchmesser, von dem der Strahlungsdruck wieder einen Teil als langen Schweif davonbläst. Kometen sind Reste aus der Zeit der Planeten-Entstehung, haben sich kaum verändert und sind insofern interessant für die Erforschung der Frühgeschichte. Ihre Bahnen ändern sich durch Begegnungen mit schweren Planeten. So stürzte 1994 der Komet Shoemaker-Levy in den Jupiter, der ihn 10 Jahre zuvor eingefangen hatte. Manchen Theorien zufolge waren die Kometen wichtig für uns: Das viele irdische Wasser sollte demnach vom Einfall früherer Kometen stammen, was mir wenig einleuchtet. Die großen Monde der Riesenplaneten sind ja auch mit viel Eis entstanden, aus der gleichen Ursubstanz wie die Erde.

Aber wie steht es nun mit der *Sichtbarkeit*, könnten wir unsere Planeten bei benachbarten Sternen sehen? Die nächsten 10 Sterne sind im Mittel 10 Lichtjahre entfernt. Befände sich dort ein System genau wie das unsrige, so wäre der dortige Jupiter, von uns aus gesehen, um maximal 1,7 Bogensekunden von seiner Sonne entfernt, was mit irdischen Fernrohren noch zu sehen wäre. Aber die dortige Sonne wäre fast eine Milliarde mal heller als Jupiter und würde ihn völlig überstrahlen. Auch mit heutigen Weltraum-Teleskopen wäre eine direkte Beobachtung unmöglich. Es gibt aber noch die Möglichkeit der indirekten Beobachtungen, über die wir später noch sprechen.

Hoffentlich ist es mir gelungen, ein einigermaßen anschauliches Bild unseres Planetensystems zu vermitteln. Die drei Tabellen zeigen vor allem die auffällige Gleichförmigkeit und Regelmäßigkeit des ganzen Systems der Planeten und großen Monde: Alles rotiert und kreist im gleichen Drehsinn, alle Bahnen sind fast Kreise und liegen fast in gleicher Ebene, und auch die Rotationen sind nur wenig dagegen geneigt. Ohne den uns vermutlich nur zugelaufenen Pluto weist keine der vier vergleichenden Spalten mehr als eine Ausnahme auf.

Seitlich gesehen, und ohne Pluto, passen alle 72 Planeten und Monde in eine flache und weite Scheibe, mit 288 Millionen km Dicke und mit einem 30fach größeren Durchmesser. Mit der Sonne im Zentrum, die 743mal mehr Masse hat als all ihre Planeten und Monde zusammen.

Was ist denn nun, für Leben und SETI, so wichtig an dieser Regelmäßigkeit? In drei verschiedenen Bereichen sehen wir das gleiche Modell. Die Sterne der großen Spiralnebel rotieren innerhalb einer flachen Scheibe um ein massereiches Zentrum, meist etwa in Kreisen; so wie die Planeten in einer flachen Scheibe um die Sonne kreisen; und genauso kreisen auch die Monde um jeden großen Planeten. Es sieht so aus, als sei dies ein allgemeines Prinzip. Und das läßt uns vermuten, daß auch die meisten anderen Sterne von Planeten umkreist werden, daß also Planeten recht *häufig* sind.

Zweitens: Wie mögen solch regelmäßige Strukturen entstanden sein? In flachen Scheiben, in gleichem Drehsinn, in Kreisen laufend? Sie müssen vermutlich, noch vor der Bildung massereicher Körper, bereits im gasförmigen Zustand entstanden sein, noch bei starker, turbulenter Reibung und bei Abstrahlung von Energie. Zieht sich eine Gaswolke durch ihre eigene Gravitation zusammen, so erhitzt sie sich, sie muß also viel Energie abstrahlen, um sich verdichten zu können. Weil sie aber ihren Drehimpuls nur langsam verliert (durch Reibung und Magnetfelder), kann sie sich nur auf eine dünne rotierende Scheibe verdichten. Die Reibung sorgt dann dafür, daß die Turbulenz abklingt und daß alles in Kreisbahnen läuft. Danach entstehen dann die Planeten und Monde.

Genau solche rotierenden Scheiben, aus Gas und Staub, sehen wir, mit neuen Teleskopen und Methoden, häufig um nahe, noch ganz junge Sterne, wieder als Hinweis auf *häufige* Planeten.

2.4 Sterne und Sternsysteme

Wie schon gesagt, ist unsere Sonne ein ganz normaler Stern. Aber was heißt hier *normal*, und wie viele Sterne sind ihr genügend *ähnlich*, um bei ihnen erdähnliche Planeten zu erwarten? Und was überhaupt sind denn Sterne?

Zunächst die letzte Frage. Ein *Stern* ist eine große Gaskugel, zumeist aus $3/4$ Wasserstoff und $1/4$ Helium bestehend, die im Zentrum so heiß ist (10–20 Millionen °C), daß sich dort aus je vier Wasserstoff-Atomkernen ein Helium-Atomkern bilden kann. Eine Kern-Verschmelzung oder *Fusion*, die ganz enorme Mengen Energie freisetzt und die somit das helle Strahlen der Sterne ermöglicht. Die Fusion von einem Kilogramm Wasserstoff in Helium erzeugt eine Energie von 250 Millionen Kilowattstunden!

Auch für uns wäre ein technischer Fusionsreaktor eine ganz ideale Energiequelle: unerschöpflich, sauber, ungiftig und nicht explosiv. Mehrere große Forschungszentren arbeiten daran, aber vorläufig noch ohne Erfolg, man kommt ihm nur sehr langsam näher. Immerhin herrscht im Zentrum der Sonne ein Druck von 240 Milliarden Atmosphären, eine Dichte von 150 Gramm pro Kubikzentimeter und eine Temperatur von 15 Millionen °C. Und dies alles wird eng zusammengehalten allein durch die Gravitation ihrer großen Masse: 1 Sonnenmasse = 331 000 Erdmassen.

Die Sonne ist 4,5 Milliarden Jahre alt, und im Zentrum ist der Vorrat an Wasserstoff schon zur Hälfte in Helium umgesetzt. Sie kann noch die nächsten fünf Milliarden Jahre so weiterwirken, aber dann wird ihr Vorrat an Wasserstoff merklich knapp. Eigenartig ist, daß bei der Fusion in Sternen, dem sogenannten «atomaren Brennen», das Gegenteil von Sparsamkeit herrscht: Je knapper der Vorrat an Brennstoff wird, um so heftiger wird er verbraucht. Die Oberfläche der Sonne dehnt sich dann aus, bis über die Bahn der Venus. Die Sonne wird ein *Roter Riese*, die Oberfläche der Erde verglüht, und mit ihr auch alles Leben. Hoffentlich werden bis dahin unsere Nachfahren die Planeten anderer Sterne besiedelt haben.

Die *Sternentstehung* begann schon bald in der Frühzeit der Milchstraße, vor etwa 15 Milliarden Jahren, mit etwa 30–100 neuen Sternen pro Jahr. Dies ließ dann langsam nach, aber auch heute entstehen noch immer neue Sterne, etwa ein Stern pro Jahr, zum Beispiel im schönen Orion-Nebel. .

Die verschiedenen Typen der Sterne unterscheiden sich im Grunde durch ihre *Masse* und ihr *Alter*. Direkt zu beobachten sind nur Helligkeit und Farbe. Zunächst beobachtet man die sichtbare oder scheinbare Helligkeit, wie in Tabelle 2.1 für unsere Planeten angegeben und gemessen in Größenklassen (magnitudes), wie dort erläutert. Sie ist aber noch keine Eigenschaft des Sternes, denn sie hängt ab von dessen Entfernung, die wir brauchen, um seine wahre oder absolute Helligkeit zu berechnen, die *Leuchtkraft* des Sternes.

Die Entfernung der näheren Sterne kann man direkt messen, durch Trigonometrie (Dreiecksmessung). Wenn die Erde ihre jährliche Bahn durchläuft, so pendelt ein naher Stern für uns um einen kleinen Winkel am Himmel hin und her, ein doppelt so weiter Stern nur um halb so viel. Aus dem gemessenen Winkel, und dem Durchmesser der Erdbahn, berechnet man nun die Entfernung. Wäre der Winkel genau eine Bogensekunde, so nennt man diese Entfernung ein Parsec, das sind 3,26 Lichtjahre. Und die absolute Helligkeit ist die, mit der wir den Stern in 10 Parsec Entfernung sehen würden. Man nennt oft «m» die *scheinbare* und «M» die *absolute Helligkeit*. Je größer die Zahl, um so dunkler der Stern.

Schon mit bloßem Auge sehen wir Unterschiede in der Farbe heller Sterne. Schauen Sie sich mal im Winter den Orion an (Abb. 1.2). Der Stern Rigel, sein rechter Fuß, ist weiß-blau; aber Beteigeuze, die linke Schulter, ist deutlich rot. Die frühen fotografischen Platten waren empfindlicher für blau als unsere Augen, aber nur schwach für rot, das wir noch hell sehen. Man muß also zwischen der Blauhelligkeit M_B und der visuellen Helligkeit M_V unterscheiden. Beide werden gemessen, die Differenz M_B–M_V heißt dann die Farbe des Sternes, oder kurz *Farbe = B–V*. Kleine Zahlen bedeuten blau und große Zahlen rot. Früher benutzte man statt dessen die *Spektralklassen* der Sterne, mit den Buchstaben von blau nach rot: O B A F G K M, mit einer dezimalen Unterteilung. Vor allem aber ist *Farbe = Temperatur* der Oberfläche, mit blau = heiß (bis 30000°C), und rot = kühl (bis herab zu 3000°C). Unsere Celsius-Skala wurde willkürlich auf Gefrierpunkt (0°C) und Siedepunkt (100°C) des Wassers festgelegt. Man weiß aber, daß Wärme die Energie der Bewegung von Atomen und Molekülen ist. Und daher gibt es, bei völliger Ruhe, einen absoluten Nullpunkt der Temperatur, bei rund –273°C, und dort beginnt die (absolute) Kelvin-Skala der Physik und Astronomie, mit 0°C = 273 K. Der Spektraltyp der Sonne ist G2, und ihre Daten sind:

$$M_V = 4,87 \text{ mag}; B–V = 0,67 \text{ mag}; T = 5777 \text{ K} = 5504°C.$$

Wie aber sehen nun die vielen anderen Sterne aus? Eines der wichtigsten Bilder der Astronomie ist das *Hertzsprung-Russell-Diagramm*, von zwei Astronomen dieser Namen wurde es 1913 aufgestellt. Abbildung 2.2 zeigt absolute Helligkeit M_V und Farbe B–V von 17 000 Sternen der weiteren Sonnen-Umgebung. Die weitaus meisten Sterne liegen auf dem langen diagonalen Band der *Hauptreihe*, von deren Mitte der *Riesenast* abzweigt. Im Diagramm ist

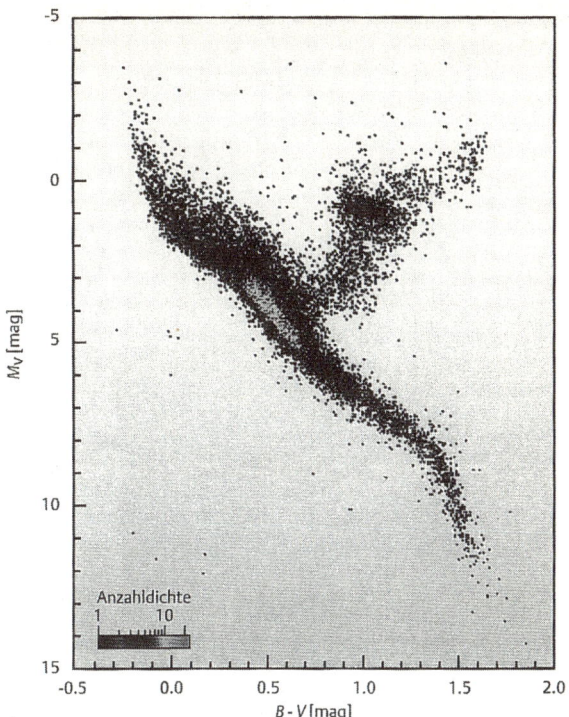

Abb. 2.2: Das Hertzsprung-Russell-Diagramm zeigt Temperatur und
Leuchtkraft von 17 000 Sternen. Die lange Diagonale ist die «Hauptreihe»
der Sterne, wo sie ihren Wasserstoff in Helium verbrennen.
Danach gehen sie in den «Riesenast» als rote Riesen und verbrennen
Helium in schwerere Elemente.

«links» schwarz, «rechts» grau; «oben» ist leuchtstark, «unten»
leuchtschwach. Die schwachen Sterne sind in Wirklichkeit sehr viel
häufiger als hier, können aber, weil schwach, nur in der nahen Umgebung gefunden werden. Wer öfter mal zum Himmel schaut und
einige Sterne beim Namen kennt, der findet sie in Abbildung 2.3.
Hier sind auch die Klassen der *Überriesen* und der *Weißen Zwerge*
benannt. Bei Doppelsternen ist «A» der hellere und «B» der meist
viel dunklere Partner. Unsere Sonne zeigt sich hier als ein recht
durchschnittlicher Hauptreihen-Stern, ein Einzelstern. Etwa zwei
Drittel aller Sterne sind Doppelsterne.

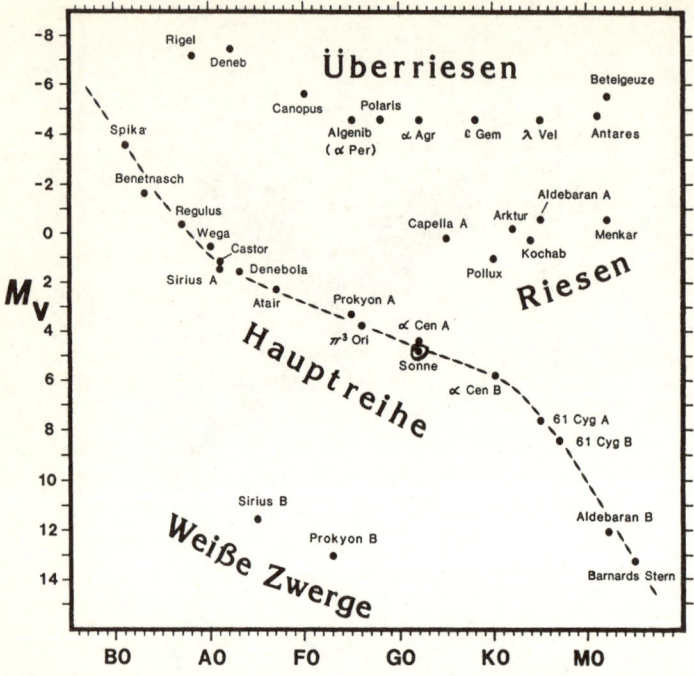

Abb. 2.3: Spektraltyp und Leuchtkraft von bekannten hellen Sternen.

Wie im vorigen Kapitel geschildert, beginnt der *Lebenslauf* der Sterne mit einer Gaswolke, die Energie abstrahlt und sich zu einer rotierenden Scheibe zusammenzieht. Die Reibung befördert Masse zum Zentrum und den Drehimpuls nach außen. So bildet sich innen ein Stern. Er betritt das HR-Diagramm rechts oben, wird außen dunkler und innen heißer. Wenn im Zentrum über 15 Millionen °C erreicht sind, beginnt das «atomare Brennen», die Fusion von Wasserstoff zu Helium. Diese enorme Energiequelle stoppt die Kontraktion, der Stern kommt auf der Hauptreihe zur Ruhe: Sterne mit sehr großer Masse weit oben bei den ganz hellen, sie verschwenden ihren vielen Brennstoff schnell, und ihre Ruhe dauert nur einige Millionen Jahre. Sterne mit sehr kleiner Masse kommen ganz unten zur Hauptreihe, brennen nur sparsam und können dort sehr lange verbleiben (länger als das heutige Weltalter).

Sterne mit mehr als 100 Sonnenmassen können sich kaum bilden, ihr Strahlungsdruck verbläst die Oberfläche. Und Sterne unter 0,08 Sonnenmassen erreichen beim Kontrahieren nicht die zur Fusion nötige Temperatur, und ohne Energiequelle kontrahieren sie weiter – zu dunkel, um beobachtet zu werden – als *Braune Zwerge*.

Die *weitere Entwicklung* läßt wenig Ruhe. Wird der Wasserstoff knapp, so verläßt der Stern die Hauptreihe, bläht sich auf zu einem Riesen (oder Überriesen, falls von großer Masse); er wird außen kühler und innen heißer. Bei 100 Millionen °C «verbrennt» auch das Helium im Zentrum zu Kohlenstoff, und so geht es in immer kürzeren Stufen weiter, bis schließlich bei 4 Milliarden °C ein Kern aus Eisen und Nickel entsteht. Weiter kann keine Fusion gehen, Eisen hat die geringste Energie. Bei jeder dieser Stufen läuft der Stern über weite Bereiche der Temperatur (Farbe) hin und her, ändert aber die Helligkeit weniger. Dabei gibt es viele Bereiche mit Sternen variabler Helligkeit.

Während dieser Entwicklung stößt der Stern einen großen Teil seiner Masse ab, und schließlich ist die Fusion beendet. Hatte er anfangs weniger als acht Sonnenmassen, so kühlt er sich ab zum *Weißen Zwerg* aus entarteter Materie extrem hoher Dichte (eine Tonne Gewicht pro Teelöffel!).

Hatte er über acht Sonnenmassen, so explodiert er als eine extrem helle *Supernova*, und es verbleibt ein noch dichterer *Neutronenstern*. Aber falls über zwei Sonnenmassen verbleiben, so kontrahiert alles zum *Schwarzen Loch*, aus dessen extremer Gravitation selbst Licht nicht mehr entweichen kann.

Für uns ist bei alledem wichtig, daß die ganze weitere Entwicklung sehr unruhig und kurz ist. Für SETI kommen nur Sterne der *Hauptreihe* in Frage. Und auch das nur in Grenzen. Brauchen Leben und Technik wie bei uns 4,5 Milliarden Jahre Zeit, so muß der Spektraltyp zumindest F5 sein oder rechts davon. Links davon (Typ O, B, A) können nur jüngere Sterne sein, ihre Ruhe auf der Hauptreihe ist zu kurz. Auch zu weit nach rechts darf der Stern nicht liegen (Typ M), wegen zu geringer Wärmestrahlung.

Sternsysteme sind auch noch kurz zu beschreiben. Sterne entstehen oft gemeinsam in Sternhaufen. So gibt es viele *Offene Haufen* in der Milchstraße (mit einigen hundert Sternen), die aber als Haufen meist kein langes Leben haben und sich wieder auflösen. Mit bloßem Auge sichtbar sind die Plejaden, das «Siebengestirn», es hat 120 schwache Sterne und ist nur 80 Millionen Jahre alt (Abb. 1.2) Interessanter für SETI sind die *Kugelhaufen* (über 100 000 Sterne), die unsere Milchstraße und andere Galaxien umgeben und die so wie diese etwa 15 Milliarden Jahre alt sind. Aber selbst der uns nächste Kugelhaufen ist rund 6000 Lichtjahre entfernt.

Die nächstgrößeren Systeme sind die *Galaxien*. Unsere Galaxis, die Milchstraße, am dunklen Himmel als wolkig-helles, breites Band gut zu sehen, hat etwa 200 Milliarden Sterne. Von oben gesehen, wäre es ein großer, runder *Spiralnebel* von 100 000 Lichtjahren Durchmesser; von der Seite gesehen, eine flache Scheibe, 3000 Lichtjahre dick, in deren Zentrum sich ein 15 000 Lichtjahre großer, dichterer Kern befindet. Unsere Sonne liegt dicht bei der Ebene der Scheibe, 24 000 Lichtjahre vom Zentrum entfernt. Außer den Sternen gibt es Gas (8 % der Masse) und Staub (0,5 %), beides vor allem in den Spiralarmen, oft in dichteren Wolken. Dadurch wird Licht absorbiert (verschluckt), je länger der Weg, desto stärker. Wir sind in der Ebene der dünnen Scheibe; aus ihr heraus sehen wir klar ins Weltall, entlang der Ebene aber nur verdunkelt, und vom Zentrum sehen wir (optisch) gar nichts mehr. Strahlung längerer Wellen wird weniger absorbiert. So können wir im Infrarot (Wärmestrahlung) bis zum Kern beobachten, am besten aber mit Radioteleskopen, bei Millimeter bis Meter Wellenlänge. Spiralnebel rotieren, innen schneller als außen. Unsere Sonne mit ihrer Umgebung braucht 200 Millionen Jahre für einen Umlauf.

Die uns nächste ähnliche Galaxis ist der Andromeda-Nebel, ein zwei Millionen Lichtjahre entfernter Spiralnebel, er ist mit bloßem Auge noch gerade eben sichtbar. Hat man ihn gefunden, wenn möglich mit dem Fernglas deutlicher gemacht, so ist es doch ein merkwürdiges Gefühl, daß dieses Licht, das jetzt unser Auge trifft, dort vor zwei Millionen Jahren abgestrahlt worden ist, also zu einem Zeitpunkt, als hier unsere Vorfahren das Hängen und Klettern aufgaben und sich statt dessen auf die Hinterbeine stellten. Weshalb wir heute noch unter Kreuz- und Rückenschmerzen und Ischias zu leiden haben.

Etwa 15 % der helleren Galaxien sind *Elliptische Galaxien*, nur wenig abgeflacht, kein oder wenig Gas enthaltend und oft weit lichtstärker als andere Typen. Viele Galaxien haben *aktive Kerne*: mit extrem starker Licht-, Radio- und Röntgenstrahlung, und oft mit so viel Masse (Millionen Sonnenmassen) auf kleinstem Raum, so daß man dort ein massereiches Schwarzes Loch vermutet.

Könnte es auch Ferngespräche geben, superferne, gewissermaßen von einer Galaxis zur anderen? Nun, wir können dies nicht ausschließen, aber annehmen wohl auch kaum. Ein Gespräch zwischen Milchstraße und Andromeda-Nebel, einmal hin und wieder zu uns zurück, würde vier Millionen Jahre dauern. In solch einer Zeitspanne sterben viele Arten aus, und neue Arten entstehen. Wir Menschen zum Beispiel.

Oft sind Galaxien in kleineren Gruppen vereint oder in großen *Galaxienhaufen* mit vielen 1000 Galaxien. Und diese Haufen sind auch nicht gleich verteilt, sondern stehen beisammen in dichten, schmalen Filamenten, die dann weite, fast leere Bereiche umgeben. Wenn dies die Regel ist, so könnte man das System des Weltalls beschreiben als eine große Menge von Seifenblasen.

2.5 Vom Urknall zu Atomen, zu Galaxien und Sternen

Das Weltall ist nicht stetig, nicht auf ewig unverändert. Im Gegenteil, es hat eine Geschichte, mit aufregend plötzlichem Anfang, dann mit interessanter Entwicklung. Sein Ende mag eine plötzliche Katastrophe werden; oder, wahrscheinlicher, ein langsames Verebben und Veröden. Und zwischendurch ist, zumindest bei uns, das Leben entstanden. Von alledem wissen wir – weiß die Kosmologie – so einiges recht genau, einiges noch tastend unsicher; viele Fragen sind noch ganz offen, weitere noch gar nicht formuliert worden.

Expansion und Weltalter. Kommt eine Schallquelle (Sirene, Hupe, Motor) auf uns zu, so klingt ihr Ton höher als in Ruhe und tiefer, wenn sie sich von uns entfernt. Durch Messung dieser Verschiebung könnten wir die Geschwindigkeit berechnen (nur die *Radialgeschwindigkeit*, die Änderung der Entfernung). Dies gilt auch für Licht. Nun haben alle Atome ihre typischen Spektrallinien, deren Wellenlängen wir im Labor in Ruhe messen und die bei Sternen je nach deren Geschwindigkeit verschoben sind. Das Spektrum der Sterne sagt uns also, welche Atome auf deren Oberfläche strahlen und wie schnell die Sterne sich uns nähern oder sich entfernen.

Das gilt dann auch für ganze Galaxien. Bei unseren Nachbar-Galaxien gibt es beides, sich nähernde und sich entfernende Sterne. Aber Galaxien in großer Entfernung haben alle nur Rotverschiebung, sie fliegen von uns weg. Der amerikanische Astrophysiker und Astronom Edwin Powell Hubble fand 1929, daß diese Geschwindigkeit linear mit der Entfernung wächst, doppelt so schnell, wenn doppelt so weit, und ebenso in jeder Richtung. Folglich dehnt sich das Universum aus, es expandiert.

Also war früher alles dichter beisammen. Wären die Geschwindigkeiten zeitlich konstant, so hätte vor etwa 20 Milliarden Jahren alles, grob gesagt, mit unendlicher Dichte in einem Punkt begonnen. Wenn man das Abbremsen durch die gegenseitige Anziehung berücksichtigt, vor allem früh bei hoher Dichte, so gab es (weniger kraß gesagt) anfangs eine Art Explosion, mit ganz extremer Geschwindigkeit, Dichte und Temperatur, und die Welt ist etwa 13 Milliarden Jahre alt. Diese Zahl ist leider noch sehr unsicher.

Dies war der «Big Bang» oder auf deutsch: der *Urknall*. Ursache und erster Moment sind unbekannt. Mit moderner Physik kommt man dem Anfang aber doch sehr nahe. Es zeigt sich, daß Wasserstoff (75 %) und Helium (25 %) entstehen konnten, in den ersten drei Minuten, aber keine schweren Elemente. Nach 100 000 Jahren war die Welt auf 3000 K abgekühlt und wurde durchsichtig. Dies ist der früheste Moment für direkte Beobachtung: Die damals freiwerdende Strahlung hat sich durch die Expansion weiter abgekühlt und wird jetzt beobachtet, mit 2,7 K, als kosmische *Hintergrund-Strahlung*.

Expansion und Zukunft. Die Expansion wird gebremst durch die Anziehungskraft, die Gravitation. Bei geringer Dichte nur wenig; dann expandiert die Welt in alle Ewigkeit, und der Raum ist negativ gekrümmt (Relativitätstheorie). Ist die Welt aber genügend dicht, so überwiegt die Gravitation, und der Raum ist positiv gekrümmt; die Expansion kommt zum Stillstand und kehrt um zur *Kontraktion*, zum Zusammenfall, der schließlich wieder zu extremer Geschwindigkeit, Temperatur und Dichte führt, zu einem Weltende. Dazwischen gibt es eine *kritische Dichte*, heute etwa 5 Atome/Kubikmeter, bei der die Expansion zwar zum Stillstand kommt, aber nach unendlich langer Zeit, und sich nicht umkehrt;

der Raum ist flach, ungekrümmt. Welcher der drei Fälle zutrifft, ist noch ungeklärt.

Fragmentation (Unterteilung). Zunächst war die Welt nur heißes Gas. Die Dichte muß etwas ungleich verteilt gewesen sein, so daß dichtere Gebiete sich durch eigene Gravitation absetzen und weiter zusammenziehen konnten, zu den späteren Galaxienhaufen. Warum aber diese auf schmalen Filamenten liegen, ist noch ungeklärt. Die weitere Entwicklung ist eine Fragmentation in mehreren Stufen. Die eigene Gravitation immer kleinerer Teilmassen läßt in Galaxienhaufen einzelne Galaxien selbständig werden, in diesen dann die Massen der künftigen Sternhaufen und darin schließlich die Sterne.

Koagulation (Ausflockung, Gerinnung). Ein werdender Stern sieht einer Galaxis ähnlich: eine flache, rotierende Scheibe mit einem dicken Kern im Zentrum. Der entwickelt sich langsam zum Stern. Die Scheibe ist zunächst heißes Gas, das sich abkühlt. Dann können Atome, die einander treffen, sich zu Molekülen vereinen. Auch diese treffen einander, bleiben haften und bilden Staub. Gebiete größerer Dichte ziehen sich zusammen und ziehen einander an. «Die Großen verschlucken die Kleinen», und so bilden sich die Planeten. Sind sie massereich und kühl, so können sie außer Staub auch Gas anziehen und behalten und werden zu den großen Gasriesen, vom Jupiter bis zum Neptun.

Anfangs gab es nur Gas, Wasserstoff und Helium, auch die Planeten der ersten Sterne sind nur gasförmig und für *Leben* ungeeignet. Feste, erdähnliche Planeten brauchen schwere Elemente, und die entstehen erst durch Atom-Fusion und Supernova-Explosionen. Massereiche Sterne geben den größten Teil ihrer Masse wieder an das allgemeine Gas der Umgebung zurück, das nun schwere Elemente erhält und aus dem sich die Sterne der nächsten Generation bilden. Nach wenigen Generationen sind genügend schwere Elemente da, meist in kleinen Flocken als Staub vereinigt, um feste Körper zu bilden. Sterne, «ähnlich der Sonne» und für SETI geeignet, müssen also starke Linien schwerer Elemente in ihrem Spektrum zeigen. Und genau das tun auch die Sterne unserer Umgebung.

2.6 Einige Besonderheiten

Trotz der Vielfalt ihrer Objekte ist die Welt räumlich *einheitlich*. Gemittelt über große Bereiche sieht die Welt gleich aus, mit denselben Dingen, mit Sternen und Galaxien. Noch wichtiger als die Einheit der Dinge ist die Einheit ihrer Grundlagen. So weit wir auch in die Ferne schauen – und damit so weit auch immer zurück in die Vergangenheit –: Die Spektrallinien die wir sehen, sagen uns klar, daß es überall und stets die gleichen Atome sind, wie auch die gleichen Naturgesetze.

Diese Einheitlichkeit ist keineswegs trivial, wir können sie durchaus bewundern. Wir nehmen sie dankbar zur Kenntnis, denn nur so dürfen wir annehmen, daß die Welt im Ganzen einheitlich ist, auch jenseits unserer Beobachtung, so daß wir Weltmodelle erdenken und testen können. Eine einheitliche Welt ist «ordentlich» und schön. Und diese Einheitlichkeit der Welt läßt uns vermuten, daß es auch anderswo und öfters Leben gibt, nicht nur hier bei uns.

Fülle und Leere. Denken wir nochmals an die Vielfalt der Dinge, an Gas und Staub, an Sterne, Galaxien und Haufen. Und an deren ungeheure Anzahl: Unsere Milchstraße hat 200 Milliarden Sterne, und wir sehen Billionen von Galaxien. So große Zahlen sind schwer vorzustellen, z.B. 200 Milliarden Sekunden sind 7000 Jahre. So bekommen wir ein Gefühl für die unvorstellbare Fülle der Welt.

Ungeheuer groß sind aber auch die Entfernungen. Das Licht läuft 300 000 km/sec, braucht aber 8 Minuten von der Sonne bis zu uns (150 Millionen km) und 5,5 Stunden zum Pluto. Bereits unser Planetensystem wirkt also recht leer. Schauen wir weiter, so wird alles noch viel leerer, die Sterne sind 3 bis 10 Lichtjahre voneinander entfernt. Und die Galaxien sogar Millionen Lichtjahre. Die mittlere Dichte des Weltalls (die Massen aller Sterne und Galaxien über den Raum gleichförmig verteilt) ist nicht sehr verschieden von der kritischen Dichte der Expansion, und die beträgt nur etwa 5 Atome pro Kubikmeter. Das mag zwar anschaulich klingen, aber Atome sind winzig und haben eine winzige Masse. Bei der kritischen Dichte enthält ein Raum so groß wie unsere ganze Erde nur 6 Milligramm Materie! Und das beste Vakuum, das wir mit raffinierter Technik im Labor stellen können, ist viele Millionen mal dichter als die Dichte des Weltalls!

Die fehlende Masse. Wenn ein System durch seine Schwerkraft lange zusammenhält (Sternhaufen, Galaxien, Galaxienhaufen), so besteht Gleichgewicht zwischen Bewegungsenergie und Gravitation. Messen wir die Geschwindigkeiten seiner Mitglieder und den Durchmesser des Systems, so können wir sagen, wieviel Masse das System haben muß, um im Gleichgewicht zu sein, seine *gravitative Masse.* Dann zählen wir die Anzahl der Mitglieder und kennen ihre Massen, und so erhalten wir die *sichtbare Masse* des Systems. Und die ist immer kleiner als die gravitative. Schon bei der Milchstraße und den anderen Galaxien ist dies sehr deutlich. Bei Galaxienhaufen beträgt die sichtbare Masse oft nur wenige Prozent der gravitativen Masse. Das Ärgste dabei ist: Die fehlende Masse ist nicht nur unsichtbar, sie ist auch unerklärlich. Die bisherigen Vorschläge, welcher Art sie sein könnte, sind alle widerlegbar. Also: Wir kennen nur ein paar Prozent der Substanz des Weltalls und haben noch keine Ahnung, woraus das All hauptsächlich besteht. Könnte es sich mit dem *Leben* ähnlich verhalten? Wir kennen nur die hiesigen, irdischen Lebewesen und haben keine Ahnung, was es noch ganz anderes geben mag.

Entropie und Struktur. Die Entropie ist ein Maß für das *Ungeordnet-Sein* (die «Zufälligkeit») eines Systems; und der zweite Hauptsatz der Wärmelehre sagt: «Die Entropie eines abgeschlossenen Systems kann nur zunehmen.» Sie nimmt zu, soweit noch möglich, bis zum maximalen Endzustand und bleibt dann konstant; abnehmen kann sie nicht. Ein Beispiel. Wir denken uns einen dreifach unterteilten Kasten mit ideal reflektierenden Wänden. Das erste Fach ist leer, im zweiten Fach ist heißes Gas und kaltes Gas im dritten. Nun ziehen wir die zwei Trennwände heraus. Danach greifen wir von außen nicht mehr ein, und so ist es dann ein «abgeschlossenes System». Wir wissen, wie es weitergeht: Die Gase breiten sich aus und vermischen sich (Zunahme der Entropie), und am Ende haben wir überall ein Gas gleicher Dichte und Temperatur, woran sich auch nichts mehr ändert (konstante maximale Entropie). Das Gas kann sich nie wieder irgendwo verdichten oder erwärmen (es gibt keine Abnahme der Entropie).

Aber wie konnten sich dann im Weltall die vielfachen, schön geordneten Strukturen bilden? Die Haufen, Galaxien und Sterne? Und gar die höchst komplizierten Lebewesen? Nun, das geht nur in einem weiten, sich ausdehnenden, fast leeren Weltraum, in den Energie abgestrahlt werden kann. Eine Wolke kann sich nur dann zum Stern zusammenziehen, wenn die Wärme-Energie durch Strahlung entflieht. Ein Teil, die Masse, wird kleiner und dichter; ein anderer Teil, die Strahlung, breitet sich weit aus. Zwar nimmt die Entropie der Masse ab, aber die Entropie der Strahlung nimmt stärker zu und damit die Gesamt-Entropie des Systems, so wie gefordert.

Wichtig für die Bildung von Struktur ist auch der *Fluß* der Energie, durch Dinge und Zustände hindurch, so für Änderung sorgend, bevor sie durch Reibung zu Wärme wird und schließlich als Wärmestrahlung entflieht. So entstehen die Strukturen unseres Wetters immer neu, angetrieben durch Empfang, Fluß und Abstrahlung der Energie der Sonnenstrahlen: Wolken, Hagel, Tornados etc. Und auch Leben, in jeder Form, ist nur möglich durch den Energiefluß, durch Nahrung und Ausscheidung.

Gesetze, Zufall, Chaos. Pierre Simon de Laplace sagte vor 200 Jahren: «Würde ein Dämon den jetzigen Zustand aller Teile der Welt genau kennen und könnte er unendlich gut rechnen, so könnte er jeden früheren und jeden späteren Zustand wissen.» Dieses Weltbild heißt *Determinismus.* Alles läuft ab nach Naturgesetzen; die Zukunft ist determiniert, vorherbestimmt, auch die Zukunft jedes Menschen.

Dieser Determinismus ist in der Quantenphysik 1927 durch Heisenbergs *Unschärferelation* widerlegt worden. Sie sagt zunächst, daß man zum Beispiel Ort und Geschwindigkeit eines Elektrons prinzipiell nicht zugleich genau messen kann, um seine weitere Bahn zu berechnen. Sie geht aber noch viel weiter und besagt, beides existiert gar nicht mit festen Werten, für beides existieren nur Wahrscheinlichkeiten. Und nur die kann man berechnen. Ein klarer Bruch mit der klassischen Physik, wie auch schon die Relativitätstheorie. Im atomaren Bereich ist also vieles dem Zufall überlassen. Aber für die Astronomie, für die Zukunft der großen Körper, der Planeten und Monde, da gilt der Determinismus weiterhin.

So meinte man jedenfalls bis vor einiger Zeit. Inzwischen ist der Begriff *deterministisches Chaos* aufgetaucht, und zwar zuerst in der Wettervorhersage. In der klassischen (deterministischen) Physik ist die Zukunft der Körper eindeutig bestimmt durch den jetzigen Zustand, durch die sogenannte *Anfangsbedingung*, und durch die

Gleichung für die weitere Bewegung. Aber bei manchen komplizierten (nichtlinearen) Gleichungen bewirkt eine winzige Änderung der Anfangsbedingung, daß die daraus folgende Änderung der Zukunft mit der Zeit so rapide ansteigt, daß schließlich völlig andere Ereignisse eintreten. Ereignisse, die überhaupt nicht vorhersagbar waren (*emergent properties*, unerwartet Auftauchendes). Also ein nicht vorhersagbares chaotisches Verhalten trotz der determiniert-festgelegten, klassischen Gleichungen der Bewegung.

Unser Planetensystem galt lange als Musterbeispiel eines berechenbaren und «auf ewig stabilen» Systems. Erst vor wenigen Jahren konnte man, mit Supercomputern in Paris und verbesserten Methoden, extrem lange Zeitläufte genügend genau vorausrechnen. Es zeigte sich, daß unser System die nächsten rund 200 Millionen Jahre stabil und jetzt für uns berechenbar bleiben wird, daß es aber dann unberechenbar werden mag, also «chaotisch» im obigen Sinne. Spätere Beobachter werden es wieder berechenbar finden, aber wieder nur für eine begrenzte Dauer. Es ist auch jetzt nicht völlig auszuschließen, daß eventuell einer der Planeten uns ganz verläßt.

Anthropisches Prinzip. Schon als Student verblüffte ich Kollegen gern mit der Behauptung: «Wenn wir fragen, wie die Welt expandiert, dann kann die Antwort nur lauten: ungefähr mit der kritischen Dichte». Dann der Beweis: Bei sehr viel geringerer Dichte fliegt alles ungebremst so schnell auseinander, daß sich keine Galaxien und Sterne bilden können, also auch keine Erde und keine Menschen, die solches fragen. Und bei sehr viel größerer Dichte dauert die Expansion nur kurz, alles fällt wieder zusammen, bevor sich Dinge formen können, also auch wieder ohne fragende Menschen. Folglich: «Wenn wir fragen, dann ...» Das war zwar richtig, aber natürlich nur als lustige Bemerkung gemeint.

Inzwischen hat man herausgefunden, daß es noch andere und noch viel erstaunlichere Bedingungen für das Leben gibt, die sehr genau erfüllt sein müssen. Wäre zum Beispiel die Anregungsenergie des Kohlenstoffs in einem bestimmten Niveau nur ein klein wenig anders, so hätte sich gar kein Kohlenstoff im Inneren der Sterne bilden können und damit auch keine weiteren, noch schwereren Elemente, die für feste Planeten und Lebewesen unserer Art aber nötig sind.

Und so mag man sich fragen: «Ist die Welt gerade so entworfen und geschaffen worden, damit Leben, Bewußtsein und Intelligenz darin entstehen können?» Dann verließe man aber den Bereich der Physik und näherte sich der Religion. Lieber benutzt man die Statistik. Das anthropische Prinzip sagt jedenfalls, in seiner meist benutzten Form: Unsere Naturkonstanten haben ganz bestimmte, genaue Werte, die Leben ermöglichen. Dies wäre, als Zufallsereignis, zwar höchst unwahrscheinlich, aber wenn es eine genügend große Anzahl anderer Universen gibt, mit allen möglichen verschiedenen Konstanten, so wird es auch einige wenige Universen geben mit gerade diesen für uns nötigen Konstanten – und in einem solchen leben wir Menschen.

Hierüber kann man recht verschiedener Meinung sein. So kann man annehmen oder hoffen, daß eine zukünftige «vollständige» Physik triftige Gründe entdeckt, warum die Naturkonstanten gerade die Werte besitzen, die sie nunmal haben. Zum Beispiel, falls die Welt genau die kritische Dichte hat, so könnte man erklären: Die Welt besitzt die positive kinetische Energie ihrer Expansion und die negative potentielle Energie ihrer Gravitation, und die Summe von beiden ist ihre Gesamtenergie. Nun ist aber bei der kritischen Dichte die Gesamtenergie gerade gleich Null. Und vielleicht hat die Welt nur so, nur mit Energie Null, aus dem Nichts entstehen können, weshalb sie eben die kritische Dichte hat.

Zur Zeit wissen wir nicht, ob die physikalischen Naturkonstanten gerade die für das Leben wichtigen Werte haben müssen, sozusagen aus ganz natürlichen Gründen, oder ob sie auch ganz anders hätten sein können. In der Mathematik zum Beispiel kann es wohl keine Welt geben, wo (in der Ebene) der Kreisumfang, geteilt durch den Durchmesser, nicht genau den Wert $\pi = 3,14159265\ldots$ ergäbe. Albert Einstein hat einmal gesagt, er wüßte zu gern, wieviel Freiheit Gott hatte, als er die Welt schuf.

Höchst anmaßend finde ich im übrigen auch die Bezeichnung *anthropisches* Prinzip. Laut Lexikon bedeutet *anthropo…* «auf den Menschen bezogen». So als wäre diese ganze riesige Welt mit der Fülle ihrer Dinge nur für uns Menschen entstanden; und damit dies nicht gar so unwahrscheinlich aussieht, gäbe es noch unzählige andere Welten ohne Menschen, sozusagen zur Befriedigung der Statistik. Seit Kopernikus steht der Mensch nicht mehr in der Mitte der

Welt. Sollen wir wieder zurück ins Mittelalter? Laßt uns lieber weitersuchen nach einer vollständigen Physik, mit Erklärung auch der Naturkonstanten. Bis dahin aber gelte: «Im Zweifelsfalle für Kopernikus.»

3. Abschätzungen

3.1 Grundlagen

Wir kommen nun zu der Suche nach intelligenten Lebenszeichen im All. Sie wird oft spöttisch verglichen mit der sprichwörtlichen «Suche nach einer Nadel im Heuhaufen». Nehmen wir dies einmal ernst, so müßten wir dazu voraussetzen: daß es wirklich Nadeln gibt; daß wir wissen, wie Nadeln aussehen; daß tatsächlich eine Nadel im Haufen ist und daß wir fähig sind, Nadeln und Heu zu unterscheiden. Für unsere Suche nach den Lebenszeichen ist leider keine dieser Voraussetzungen erfüllt. Wir wissen nicht, ob (und wie häufig) es anderswo Leben gibt, wie dessen Zeichen aussehen mögen, ob sie dort sind, wo wir suchen, und ob wir sie, falls vorhanden, auch als Zeichen erkennen würden. Aber schließlich war es bei etlichen anderen großen Problemen in der Vergangenheit auch nicht besser, für die Menschen unverdrossen nach einer Lösung suchten, ohne zu wissen, ob es überhaupt eine derartige gibt.

Unsere Suche nach intelligenten Lebenszeichen beginnt also mit der Suche nach möglichst klaren Vorstellungen darüber, wonach, wo und wie (und ob überhaupt) wir nun suchen sollen. Als sichere Grundlagen für unsere Suche im Weltall gibt es eigentlich nur die astronomischen Daten des vorigen Kapitels und unsere eigene Existenz. Natürlich ist beides allein ganz ungenügend. Dazu benötigen wir noch eine Reihe anderer Grundlagen: weniger sichere, hoffentlich einleuchtende Annahmen. An die Stelle genauer Rechnungen treten nun mehr oder weniger grobe Abschätzungen (so wie fast stets am Anfang großer Projekte). Für manche Fragen kann man durchaus verschiedene Antworten finden. Ich werde hier meist die positive Antwort betonen, denn dies zeigt die Einstellung all derer, die an dieser Suche aktiv arbeiten. Im folgenden schildere ich zwar mein eigenes Vorgehen, das sich aber nicht allzusehr von dem vieler meiner Kollegen unterscheidet.

An den Anfang stelle ich zwei Sätze, die nicht als vage Annahmen gemeint sind, sondern als grundlegende *Axiome*:

(1) Nichts ist einmalig.
(2) Nichts währt ewig.

Der erste Satz ist *erweiternd*: Entdecken wir ein Ding, so gibt es sicher noch weitere dieser Sorte. Angewandt auf unser Problem heißt das: Auf der Erde gibt es vielerlei Leben, es gibt Intelligenz und Technik. Und so wird es all dies auch noch an vielen anderen Orten geben. Das wird durch die Tatsache bekräftigt, daß wir überall und stets die gleichen Atome vorfinden, die den gleichen Naturgesetzen gehorchen. Natürlich folgt daraus nicht, daß es überall die gleichen Lebewesen gibt. Auch bei uns gibt es eine Fülle verschiedener Wesen, und die vielen Zufälle unserer Evolution hätten auch zu ganz anderen Ergebnissen führen können. Anderswo mag ein anderer Ursprung des Lebens zu Wesen ganz anderer Art geführt haben. Die Naturgesetze besagen auch nicht, daß Leben entstehen muß, auch folgt Intelligenz nicht notwendig aus Biologie und Evolution. Aber unser Dasein beweist, daß Leben und Intelligenz möglich sind, und so wird es beides auch vielfach anderenorts geben. Da unsere Sonne ein ganz durchschnittlicher Stern ist, so könnte man mit dem ersten Satz eine große Fülle von Leben erwarten. Es sind allerdings später noch Abschätzungen über die Voraussetzungen für das Leben nötig. Die entgegengesetzte Annahme, wir seien einmalig und die einzigen im Weltall, erscheint vor diesem Hintergrund eher als Ausdruck von Überheblichkeit und Größenwahn.

Der zweite Satz, das zweite Axiom, ist *begrenzend*. Für Kontakt und Verständigung mit fernem Leben werden Technik und Wissenschaft benötigt, heute sind dies die vorantreibenden Kräfte, die Grundlagen unseres Weltbildes. In früheren Zeiten übernahmen diese Rolle Götter und Dämonen, Engel und Teufel. Dieser frühere Zustand dauerte nicht ewig, und der heutige Zustand wird es auch nicht tun. Technik und Wissenschaft mögen sehr lange dominieren, aber eben nicht für immer. Kein Zustand wird ewig dauern. Dies setzen wir auch für fernes Leben voraus: Falls die technische Periode eintritt, so mag diese lange, aber nicht ewig dauern. Und nur Partner im «technischen Zustand» können mit uns Kontakt aufnehmen. Dadurch verringert sich die Anzahl möglicher Partner, gleichzeitig vergrößern sich die Abstände. Diese Begrenzung durch die «endliche Lebensdauer des technischen Zustandes» ist schon 1960 von Ron Bracewell und mir eingeführt worden. Ich habe zudem noch eine «positive Rückkopplung» genannt: Dauert die Technikperiode genügend lange, um Kontakte herzustellen, so verlängert sie sich dadurch erheblich, eben um Kontakte zu erhalten und zu erweitern. Auch hier gilt: Die Ansicht, unser technischer Zustand sei die höchste und letzte Stufe geistiger Entwicklung, wäre Überheblichkeit und Größenwahn.

Jenes zweite Axiom führt zu einer weiteren Begrenzung. Im technischen Zustand sind wir bloß junge Anfänger. Die Sonne ist kein alter Stern, andere sind Millionen und Milliarden Jahre älter, und ihre Planeten und eventuellen Kulturen auch. Die Möglichkeit einer Verständigung mit bloßen Anfängern wie auch das generelle Interesse daran wird nicht sehr lange anhalten. Vermutlich verstünden wir solch alte Kulturen gerade ebensogut, wie Regenwürmer uns begreifen können. Von Carl Sagan stammt die treffende Bezeichnung: Sind Kulturen uns zu weit voraus, so sind sie «jenseits unseres geistigen Horizonts». Auch dies ist eine Mahnung zur Bescheidenheit.

Da wir nur ein Beispiel intelligenten Lebens kennen, wird oft gefragt: «Kann man eigentlich einen Einzelfall verallgemeinern?» Diese Frage fällt in das Gebiet der *Statistik*, wo man meist eine große Anzahl (N) von Beispielen untersucht. Die Frage lautet also: «Kann man Statistik machen mit $N = 1$?» Und die Antwort lautet: Ja, man kann. N = 1 gibt einen Schätzwert für den Mittelwert, aber keinen für den mittleren Fehler, für die Streuung der Werte. In unserem Falle heißt das: Die Annahme, wir seien Durchschnitt, besitzt die größte Wahrscheinlichkeit, richtig zu sein; aber wir haben kein Anzeichen dafür, wie falsch sie sein mag. Um auch damit weiterzukommen, greifen wir zur *Analogie*, zu Vergleichen. Dinge der Natur streuen mit ihren Eigenschaften über Bereiche, die meist nicht allzu groß sind, so ein bis zwei Zehnerpotenzen zumeist. Unsere beste Annahme ist also, daß wir in etwa Durchschnitt sind, wobei wir zugeben, daß diese Annahme falsch sein mag, aber wohl auch nicht gar zu falsch. Natürlich bezieht sich all dies nur auf Kulturen unseres Alters, auf technische Anfänger also.

Das Nachdenken über den folgenden Verlauf der Entwicklung ist *Extrapolation*, das heißt Abschätzen der (unbekannten) Zukunft aus der (bekannten) Vergangenheit und Gegenwart. Ganz allgemein kann man annehmen, daß alte Kulturen uns mit allem und jedem ganz gewaltig voraus sind, keineswegs nur mit Intelligenz, vor allem aber mit Vernunft und Weisheit. Sonst hätten sie nicht alt werden können. Aber nichts als freie *Phantasie* gibt es bezüglich Richtung und Weite der Entwicklungen in ferner Zukunft. Natürlich kann auch die Phantasie gelegentlich benutzt werden, nur ist das dann keine nachvollziehbare Abschätzung mehr, was dann auch klar gesagt werden sollte.

Wir wollen nun noch einen begrenzenden *Rahmen* festlegen, denn unsere Schätzungen sollen ganz im Rahmen unserer heutigen Physik bleiben. Für die Planung der eigenen Suche und die Art der gesuchten Signale ist das ja selbstverständlich. Vor allem soll dies aber auch gelten für andere Arten des Kontaktes von Stern zu Stern, für Sonden und Reisen. Zwar ist unsere Physik nur die von Anfängern; 1900 haben wir bereits einen Umbruch durch Quantenphysik und Relativitätstheorie erlebt, und weitere werden folgen. Aber die «klassische» Physik, die vor 1900, ist deshalb nicht falsch geworden, sie gilt noch immer im normalen Bereich.

Einiges lehne ich ganz ab: Geschwindigkeiten höher als die Lichtgeschwindigkeit (in allen Experimenten bestätigte Grenze); alles «Okkulte» wie Telepathie, Telekinese, Hellsehen (solange Monte Carlo und andere Casinos noch florieren) und auch UFOs (gäbe es sie, dann so, daß es keinen Zweifel an ihnen gäbe).

Ablehnen wollen wir auch den Einwand: «Wahrscheinlich benutzen die ‹Anderen› Signalmethoden, die unserer heutigen Technik weit voraus sind.» Diesen Einwand kann man zwar heute erheben, aber genauso auch in 100, in 1000 oder noch mehr Jahren. Wir haben erst seit kurzem eine Technik, die für die Suche möglich ist, und deshalb ist es auch sinnvoll, mit der Suche *heute* anzufangen.

Wichtig ist mir auch noch eine Einschränkung. Ich möchte die Grundlagen der folgenden Abschätzungen beschränken auf unsere *vorhandenen* Beobachtungen: auf unser Wissen von Sternen, Planeten und irdischem Leben. Ausschließen möchte ich vorerst noch den Einfluß, den die fehlenden Beobachtungen auf die Abschätzungen selbst haben. Denn daß wir noch keinerlei Anzeichen von fremder Intelligenz und Technik entdeckt haben, hat gleichzeitig auch eine starke Suche nach Gründen für unsere Einmaligkeit angeregt. Aber daß wir in den 40 Jahren unserer Suche noch keine Nachbarn gefunden haben, heißt eben nicht, daß wir einmalig sind. Für Astronomie und Biologie sind 40 Jahre eine extrem winzige Zeitspanne.

Die vorhandenen Beobachtungen aus Astronomie und Biologie sind der Grund dafür, daß wir seit 1960 nach Signalen anderer Wesen suchen und mit ständig verbesserten Methoden auch weiter suchen wollen. Erst in späteren Kapiteln wird diskutiert, was wir durch Extrapolation unserer Entwicklung eigentlich von alten Zivilisationen erwarten sollten, aber nicht beobachten.

3.2 Voraussetzungen des Lebens

Für die Durchführung einer Suche nach Signalen brauchen wir Abschätzungen darüber, wie nah oder fern von uns die nächsten technischen Zivilisationen sein mögen, also wie häufig sie sind. Dafür fragen wir als erstes: «Unter welchen Bedingungen kann Leben entstehen, sich entfalten und entwickeln?» Zunächst wieder eine Einschränkung: Wir kennen nur eine Art von Leben, das auf der Erde, und nur nach dessen Bedingungen können wir fragen. Und auch das nur mit einiger Vorsicht, weil wir noch zu wenig wissen über den ersten Anfang des Lebens.

Ganz allgemein nehmen wir an, daß Leben immer etwas sehr Kompliziertes ist und deshalb nur in einem bestimmten Temperaturbereich bestehen kann. Bei starker Kälte kann sich nichts Kompliziertes bilden, bei starker Hitze wird es zerstört. Unsere Lebewesen sind auf Wasser angewiesen, daher ist die erste Voraussetzung eine Temperatur von $0\,°C$ *bis* $100\,°C$ sowie ein großer Vorrat an *Wasser*. Das Wasser hat überhaupt sehr gute Eigenschaften als ein Lösungsmittel, in dem sich komplizierte Chemie entfalten kann. Und die vielfältigste Chemie ist die des Kohlenstoffes, die Grundlage unseres Lebens. Die Moleküle der Lebewesen enthalten viel vom leichtesten Element Wasserstoff, von den schwereren Elementen sind wichtig: Kohlenstoff, aber auch Stickstoff, Sauerstoff, Natrium, Phosphor, Schwefel, Kalium, Calcium; und in kleineren Mengen werden noch viele andere Elemente benutzt, bis hin zu den Metallen wie Eisen, Zinn usw. All diese Elemente sind reichlich vorhanden in der Erdkruste und im Wasser der Erde. Wichtig für unser Leben ist auch die *Luft*, nötig als thermische Hülle für flüssiges Wasser. Die Luft besteht aus Wasserstoff (im Wasserdampf, H_2O) und den schweren Elementen Stickstoff, Sauerstoff, Kohlenstoff (im Kohlendioxid, CO_2, und Methan, CH_4).

Auf allen erdähnlichen kleinen Planeten (Merkur, Venus, Erde, Mars) sind diese lebenswichtigen *schweren Elemente* reichlich und gut erreichbar vorhanden. Verglichen mit der allgemeinen kosmischen Häufigkeit der Elemente von Sonne, Sternen und interstellarem Gas sind sie hier sehr angereichert, vermutlich wegen der Entstehung der kleinen Planeten durch Zusammenhaften großer Moleküle und Staubteilchen mit reichlich schweren Elementen. Anders unsere großen Gasriesen (Jupiter, Saturn, Uranus, Neptun). Bis auf einen kleinen schweren Kern bestehen sie vor allem aus Wasserstoff und Helium, mit nur wenig schweren Elementen, ganz ähnlich der kosmischen Häufigkeit in der Sonne. Vermutlich weil sie ähnlich der Sonne durch Zusammenballung größerer Massen des ursprünglichen Gases entstanden sind.

Das Leben braucht zu seiner Entstehung und Entfaltung auch eine lange *stabile Dauer*: für die Strahlung des Sterns, für die Bahn und Rotation des Planeten und für die Temperatur seiner Oberfläche und der Luft. Aber auch für das lange Ausbleiben gewaltiger, vernichtender Katastrophen. Nach der Entstehung von Sonne und Erde hat es eine halbe Milliarde Jahre gedauert, bis die ersten, ganz primitiven Lebewesen im Wasser entstanden sind, erst 3,5 Milliarden Jahre danach wurde das Land von Pflanzen und Tieren besiedelt. Dann verging eine weitere halbe Milliarde von Jahren bis hin zu uns. Unsere Technik brauchte also 4,5 Milliarden stabile Jahre zu ihrer Entstehung. Gelegentlich werden kosmische Katastrophen genannt, die alles Leben völlig vernichten könnten. Zum Beispiel die Explosion einer nahen Supernova. Aber deren extrem starke energetische Strahlung würde nicht das Leben tief im Ozean abtöten, das sich dann wieder weiterentwickeln kann. Oder der Aufprall eines Planetoiden extremer Größe, was aber extrem selten wäre.

Kurz zusammengefaßt, braucht unsere Art von Leben eine Temperatur zwischen null und hundert Grad, reichlich Wasser und schwere Elemente, eine geeignete Lufthülle. Und langwährende Stabilität, bei uns eben jene rund vier Milliarden Jahre für die Entstehung von Leben und seine Entwicklung bis hin zu den Pflanzen und Tieren. Dies alles gibt es nur auf festen Planeten gewisser Masse, im rechten Abstand von Sternen gewisser Masse und Art. Für die rechte Temperatur gibt es um die Sterne eine «Lebenszone» in bestimmtem Abstand. Und darin müßte sich ein Planet befinden mit bestimmter Masse: genügend groß, um mit seiner Gravitation genug Sauerstoffgas, Stickstoffgas und Wasserdampf zu halten; aber auch genügend klein, um Wasserstoffgas zu verlieren und nicht etwa ein Gasriese zu werden.

Um extreme Unterschiede der Temperatur zwischen Tag und Nacht zu vermeiden, darf der Planet seine schnelle Rotation nicht durch Gezeitenreibung verloren haben, so wie bei Merkur und Venus. Er darf also nicht zu dicht bei seinem Stern kreisen. Also eine ganze Menge von Bedingungen, die für das Leben erfüllt sein müssen. Wo und wie häufig dies der Fall ist, werden wir in den nächsten Kapiteln abschätzen.

3.3 Sonnenähnliche Sterne

Für belebte Planeten müssen die Sterne unserer Sonne sehr ähnlich sein. Die Sonne liegt im *Hertzsprung-Russel-Diagramm* auf der *Hauptreihe* (Abschnitt 2.4, Abb. 2.2), denn nur solche Sterne sind lange stabil. Sie sind keine kurzlebigen Riesen, keine Variablen, auch keine dunklen Weißen Zwerge. Die Sonne ist zudem ein *Einzelstern*, und das ist wichtig für stabile Bahnen von Planeten, weil zwei um einander kreisende Sterne eines Doppelsterns die Bahnen ihrer Planeten stark stören können. Sterne ähnlich der Sonne leuchten nicht sehr hell und können daher nur nahe der Sonne gefunden und vermessen werden. Von den 100 nächsten Sternen sind 93 % Hauptreihen-Sterne, und davon sind etwa ein Drittel auch Einzelsterne. Beide Bedingungen sind also erfüllt für rund 30 % aller Sterne.

Weitere wichtige Eigenschaften von Sternen der Sonnenumgebung zeigt Abbildung 3.1 für Sterne mit Massen vergleichbar der Sonne im Bereich von 0,8 bis 1,5 Sonnenmassen. Von deren Leuchtkraft (L) hängt es ab, in welchem Abstand vom Stern die rechte Temperatur für eine Lebenszone liegt; und der Anteil (N) von Sternen gewisser Masse ergibt ihre Häufigkeit und damit ihre Abstände voneinander und somit auch von uns. Beides wird im nächsten Kapitel besprochen.

Entscheidend ist das *Alter* (A), das für unsere beginnende Technik 4,5 Milliarden benötigte. Wir sehen aus Abbildung 3.1, daß nur Sterne mit 1,3 M_o oder weniger so alt werden können (M_o = Sonnenmasse). Massereiche Sterne verbrauchen ihren Vorrat an Wasserstoff zu schnell und verlassen die Hauptreihe zu früh. Ein Stern mit 1,3 M_o könnte also 4,5 Milliarden Jahre alt sein, er könnte aber

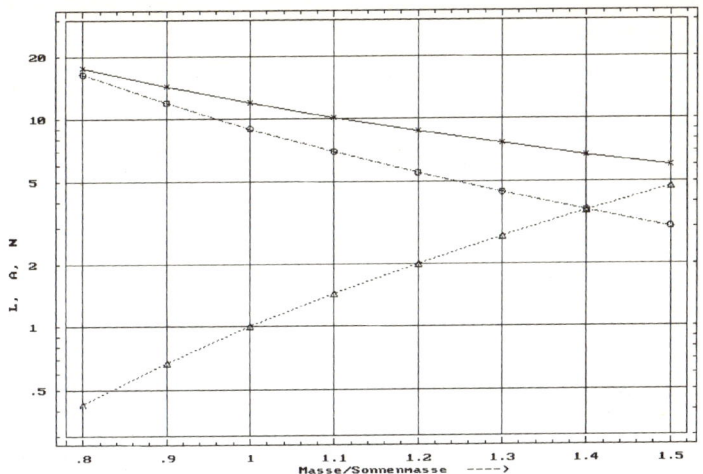

Abb. 3.1: Eigenschaften der Sterne als Funktion ihrer Masse

Masse M (in M_o = Masse der Sonne)

△ .... △ Leuchtkraft L (in L_o = Leuchtkraft der Sonne)

o – – – – – o Höchstes Alter A (in Milliarden Jahren)

x ————— x Anteil N aller Sterne mit Masse $\geq$ M (in %)

auch jünger sein. Man kann Sternen der Hauptreihe nicht ansehen, wie alt sie sind, sondern nur wie alt sie *höchstens* sind. Nun war aber die Rate der Sternentstehung (Sterne/Jahr) früher viel häufiger als heute, deshalb werden Sterne der Hauptreihe mit 1,3 M_o meist dicht am Höchstalter liegen. Die Seltenheit junger Sterne zeigt sich auch dadurch, daß von den 100 Sternen der Sonnenumgebung nur 3 Sterne jünger als 4,5 Milliarden Jahre sein müssen.

Andererseits dürften Sterne auch nicht extrem alt sein, weil die Sterne der ersten Generationen nur aus Wasserstoff und Helium bestanden, da es anfangs ja noch keine schweren Elemente gab, die aber für feste Planeten und Leben gebraucht werden. Aber alle Sterne der Sonnenumgebung zeigen bereits kräftige Spektrallinien der schweren Elemente, sie könnten feste Planeten haben. Die Herstellung der schweren Elemente muß also anfangs recht schnell gegangen sein.

Kurz zusammengefaßt: Leben benötigt einen Einzelstern, auf der Hauptreihe, mit 1,3 Sonnenmassen oder weniger.

3.4 Lebensfreundliche Planeten

Um Leben zu ermöglichen, müssen die Planeten unserer Erde sehr ähneln. Zunächst müssen es kleine feste Planeten sein, die die rechte *Masse* haben; genügend groß, um mit ihrer Gravitation die schweren Gase von Luft und Wasser zu halten, aber genügend klein, um die weit häufigeren, leichten Gase Wasserstoff und Helium loszuwerden, die sonst große Gasriesen bilden würden.

Dies hängt außer von der (anziehenden) Masse auch von der (abstoßenden) Temperatur ab, denn Hitze ist Bewegung, «will wegfliegen». Bei sehr kleinem *Sonnenabstand* ist es zu heiß, fast alles verdampft, und es bleibt ein zu kleiner Planet ohne Luft: der Merkur mit nur $1/_{18}$ der Erdmasse (Tab. 2.2). Weiter außen haben Venus und Erde ihre Lufthüllen behalten. Die Venus hat kein Wasser behalten, aber eine sehr massereiche Lufthülle schwererer Gase: 96 % Kohlendioxid und 3 % Stickstoff, deren starker Treibhauseffekt zur hohen Temperatur der Oberfläche geführt hat.

Der Mars hatte früher reichlich Wasser und Luft, aber beides hat er verloren, weil er nur $1/_9$ der Erdmasse besitzt. Schade, daß als nächstes ein Planet fehlt, es sind nur die vielen Planetoiden da. Wir wüßten doch gern, ob dort noch ein kleiner fester Planet wäre oder bereits ein großer Gasriese.

Auch eine schnelle *Rotation* ist nötig für eine kurze Tageslänge, um extrem große Unterschiede der Temperatur zwischen Tag und Nacht zu vermeiden. Merkur und Venus sind zu dicht an der Sonne, wo deren große Gravitation die nahen Planeten so stark verformt, daß die Gezeitenreibung ihre Rotation bald abbremst. Auch bei unserem Mond hat die Nähe der Erde seine Rotation so gebremst, daß er uns nun immer dieselbe Seite zeigt, der Unterschied von Tag und Nacht beträgt dort 250°C. Und eine Lufthülle hat er, bei seiner kleinen Masse, auch nicht halten können. Aber von Erde bis Neptun rotieren alle Planeten etwa gleich schnell, im Mittel in 0,7 (Erd-) Tagen (Tab. 2.2). Bei Sternen von etwa Sonnenmasse können wir also feste und rotierende Planeten nur in einer Zone erwarten, die etwas weiter außen als Venus beginnt und bis jenseits des Mars reicht, die aber längst vor Jupiter aufhört.

Wir fragen nun nach der Lebenszone oder *Biozone*, die durch die Temperaturen an den Oberflächen der Planeten bestimmt wird. Anfangs hatten wir gesagt, zwischen 0 und 100°C gibt es flüssiges

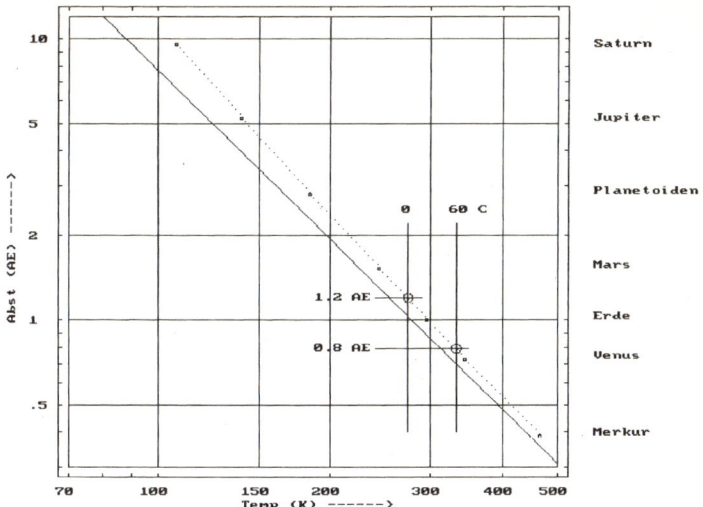

Abb. 3.2: Oberflächentemperatur und Abstand von der Sonne
——— *Schwarzkörper*-Temperatur einer runden schwarzen Kugel

□..........□ Planeten, erwärmt um 15° durch (irdische) Lufthülle
o o Äußere und innere Grenze für eine Biozone

Wasser, was für das Leben nötig ist. Die obere Grenze müssen wir
nun etwas herabsetzen, damit mittags im Sommer das Wasser nicht
wegkocht. Etwas Frost kann jedoch vom Leben überstanden werden. Wir wollen nun eine mittlere Temperatur von o bis 60°C als
den Bereich der Biosphäre ansetzen.

Die Temperatur an der Oberfläche eines Planeten hat mehrere
Ursachen. Zunächst die Energie-Einstrahlung von der Sonne minus
der Energie-Abstrahlung von der eigenen Oberfläche. Beides ist bei
schwarzer Farbe am größten und für Kugeln leicht zu berechnen.
Die haben dann die sogenannte *Schwarzkörper*-Temperatur. Für
eine schwarze Kugel am Ort der Erde sind dies 278 K (in der absoluten Kelvin-Skala, die bei −273°C beginnt, siehe Abschnitt 2.4).
Und dies sind dann +5°C bei der Erde (278 − 273 = 5). Abbildung 3.2
zeigt die *Schwarzkörper*-Temperatur für Sonnen-Abstände von 0,3
bis 12 AE (AE = Astronomische Einheit = Abstand Erde–Sonne).

Nun ist es auf der Erde im Mittel wärmer als nur 5°C. Es gibt ja
auch noch weitere Ursachen der Temperatur. Etwas Wärme steigt

63

vom heißen Kern der Erde nach außen, erzeugt im Inneren durch radioaktiven Zerfall. Vor allem erhöht der Treibhauseffekt der Lufthülle unsere Temperatur. Tabelle 2.2 gibt für die Erde im Mittel 14°C an, aber das Leben entstand sicher nicht im hohen Norden oder Süden, sondern näher am Äquator, und so nehmen wir für die Erde 20°C. Das sind 15° mehr als die *Schwarzkörper*-Temperatur, und genauso setzen wir es auch für die anderen Planeten an, falls sie der Erde ähnlich wären mit Lufthülle und anderem. Diese Temperaturen sind eingetragen in Abbildung 3.2 für die Sonnenabstände der Planeten von Merkur bis Saturn, verbunden durch eine punktierte Linie.

Die Biozone der Sonne ist nun begrenzt durch die zwei kleinen Kreise, dort wo die punktierte Linie die senkrechten Temperaturgrenzen von 0°C und 60°C (273 und 333 K) schneidet. Und auf der linken Skala der Abstände lesen wir dann die Grenzen ab als 1,2 AE und 0,8 AE Abstand. Die Biozone der Sonne ist also nur ein schmaler Bereich beiderseits der Erde, und nur in diesem Bereich könnten wir belebte Planeten erwarten.

Die äußere Grenze liegt halbwegs zwischen Mars und Erde, die innere Grenze etwas diesseits der Venus. Weiter außen ist es zu kalt für flüssiges Wasser und näher an der Sonne zu heiß dafür. Dies alles gilt also für unsere Sonne, und ebenso für Sterne mit gleicher Masse.

Es geht jetzt darum, die *Sternmassen* zu begrenzen. Wie wäre es, wenn die Sonne mehr Masse hätte oder weniger? Dann besäße sie auch eine größere oder geringere Leuchtkraft (Abb. 3.1). Und für diese andere Leuchtkraft müssen wir uns wieder ein anderes Bild (Abb. 3.2) vorstellen, mit anderen Grenzen der Biozone, zwar wieder bei 0° und 60°C, aber nun mit anderen Abständen, weiter oder näher am Stern. Statt neue Bilder zu zeigen, geben wir gleich die Ergebnisse der entsprechenden Berechnungen an.

Hat der Stern etwas weniger Masse als die Sonne, so ist seine Leuchtkraft geringer, und somit rückt die innere Grenze der Biozone etwas näher an den Stern, sie wird kleiner als 0,8 AE. Sie muß aber wegen der Rotation und Gezeitenreibung noch außerhalb der Venusbahn bleiben, also größer als 0,72 AE sein. Wir wollen sie etwas willkürlich festlegen auf 0,75 AE, und die Rechnung zeigt, daß dies bei einem Stern mit 0,98 Sonnenmassen eintritt. Diese untere Grenze ist so dicht bei der Masse der Sonne, daß wir die Gezeitenreibung der Sonne unverändert benutzen können.

Die obere Grenze der Sternmasse hatten wir bereits durch das nötige Alter festgelegt, auf 1,3 Sonnenmassen. Es kommen also nur Sterne infrage zwischen 0,98 und 1,3 Sonnenmassen.

Einwände. Die bisherigen Abschätzungen waren in manchem recht verkürzt und vereinfacht. Denn ich will meine Leser weder ermüden noch verwirren. Zweitens sind viele Einzelfragen noch zu wenig geklärt, noch zu sehr Ansichtssache, um sie hier zu diskutieren. Zur Abrundung will ich aber doch zumindest einige der ausgelassenen Probleme nennen (zusammen mit meiner manchmal wenig orthodoxen Meinung).

Die Daten der Sterne stammen von der nahen Umgebung der Sonne, im Durchschnitt mag vieles ganz anders sein. Aber nach Partnern suchen wir ja in unserer Umgebung, und nicht, jedenfalls nicht immer, in 30 000 Lichtjahren Entfernung. Zweitens stehen Doppelsterne meist so weit auseinander, daß es um jeden der beiden Sterne durchaus stabile Planetenbahnen geben kann. Vorsichtshalber bleiben wir jedoch bei Einzelsternen.

Zur Abschätzung der Biozone haben wir nur die Masse des Planeten und die Strahlung des Sternes benutzt und als Bedingung für Leben eine erdähnliche Luftmenge. Einige Autoren haben detaillierte Modelle der Atmosphären berechnet und dabei eine Art von «Rückkopplung» gefunden (*run-away effects*): Etwas dichter an der Sonne als die Erde nimmt der Treibhauseffekt überhand; und etwas entfernter eine Vereisung, die sich selbst verstärkt, denn Eis reflektiert viel Strahlung und kühlt dadurch noch mehr ab. Einige Autoren erhalten so eine extrem enge Biozone, bei anderen ist sie breiter als hier geschätzt. Gute Atmosphären-Modelle anderer Planeten wären wichtig und entscheidend. Aber viele häuslich-irdische Probleme sind ja auch noch ungeklärt: die Eiszeiten, El Niño, die Pol-Umkehrungen und anderes.

Unser Mond sei unser Lebensretter, wird gesagt. Ohne ihren im Verhältnis zur Erde so ungewöhnlich massereichen Mond, hätte sich die Rotationsachse der Erde chaotisch verändert und ein völlig lebensfeindliches Klima geschaffen. Nur unser großer, schwerer Mond habe der Erde genügend Stabilität garantiert für die Entstehung des Lebens und seinen Fortbestand. Tabelle 2.3 zeigt die größten Monde unserer Planeten. Unser Mond ist also nicht besonders massereich, sondern in etwa Durchschnitt. Im Verhältnis zu ihrem

Planeten allerdings sind alle anderen Monde tatsächlich ganz winzig. Aber gestört hat das wohl kaum, siehe Tabelle 2.2. Außer Uranus haben die anderen Planeten (trotz winziger Monde) ihre Rotationsachsen höchstens 29° gegen ihre Bahnachsen geneigt, im Mittel nur 16°; und 23° hat unsere Erde (trotz massereichem Mond!). Auch Merkur und Venus, die ganz ohne Mond auskommen, haben nur 2° und 3° Neigung zwischen Rotation und Bahn. Interessant ist auch die letzte Spalte der Tabelle 2.3, die eine gute Stabilität auf lange Dauer zeigt. Abgesehen vom Triton umkreisen die großen Monde ihre Planeten auf Bahnen, die weniger als 1° vom Äquator des Planeten abweichen. Außer dem (stabilisierenden?) Erdmond, mit seiner Neigung von 29°.

Technische Intelligenz braucht Festland, kann sich wohl kaum im Wasser bilden. Unser (hohes) Festland entsteht dadurch, daß einige der großen Platten des festen Erdmantels sich unter andere Platten schieben und sie anheben. Es wird oft betont, daß Venus und Mars keine solche *Platten-Tektonik* haben, die auch für die Atmosphäre wichtig ist, daß dies allein die Erde aufweise und sie damit zu etwas Besonderen mache. Mond, Venus und vor allem Mars besitzen aber auch ohne Tektonik ihre höheren und tieferen Bereiche. Und dem Mars fehlt für Tektonik die innere Wärme, weil er wegen seiner Kleinheit einfach nicht genug Uran und Plutonium besitzt, um durch Atomzerfall die nötige Energie zu erzeugen.

Trotz dieser und auch anderer Einwände möchte ich aber doch im folgenden stets bei möglichst simplen Arten der Abschätzung bleiben.

3.5 Häufigkeiten und Entfernungen

Wenn *Sterne* mit belebten Planeten mindestens 0,98 und höchstens 1,3 Sonnenmassen haben müssen, wie häufig sind dann solche Sterne? Kurve N in Abbildung 3.1 sagt uns: 12,4 % aller Sterne der Sonnenumgebung haben mehr Masse als 0,98 Sonnenmassen, und 7,6 % haben mehr als 1,3. Im Bereich zwischen beiden Grenzen liegen dann 12,4 − 7,6 = 4,8 %. Also haben 4,8 % aller Sterne die gewünschte Masse. Nun mußten im vorigen Kapitel aber noch zwei Bedingungen erfüllt sein: Für lange, ungestörte Leuchtkraft müssen die Sterne auf der Hauptreihe liegen, und für stabile Planetenbahnen sollten es Einzelsterne sein. Beides war für rund 30 % aller

Sterne erfüllt. Insgesamt könnten also nur 1,4 % aller Sterne belebte Planeten haben.

Aber wie viele Sterne haben denn überhaupt Planeten, die um sie kreisen? Wie häufig sind *Planetensysteme*? Sehr häufig, sollte man meinen, darin einer allgemeinen Regel folgend. Unsere Milchstraße und die anderen Spiralnebel haben einen massereichen Kern, umkreist von einer flachen Scheibe mit zahlreichen Sternen. Unsere Sonne ist umkreist von einer flachen Scheibe mit mehreren Planeten. Und die meisten Planeten werden ähnlich von mehreren Monden umkreist. Und so sollten auch andere Sterne ihre Planeten haben. Ein mehr direkter Hinweis stammt aus der Beobachtung der Sternentstehung. Wir sehen Sterne, deren Entwicklung noch nicht ganz abgeschlossen ist, die noch auf dem Weg zur Hauptreihe sind, sich noch zusammenziehen. Und im Infrarotbereich (Wärmestrahlung) sehen wir, daß die meisten davon noch von einer großen flachen Scheibe aus Gas und Staub umkreist werden, deren Material der entstehende Stern einsaugt. Wir vermuten, daß in diesen rotierenden Scheiben Planeten entstehen, genau wie bei uns im Frühstadium unserer Sonne. Aber wie steht es mit der Beobachtung von Planeten?

Eine *direkte Beobachtung* anderer Planeten ist auch mit unseren besten Teleskopen unmöglich. Aus der Ferne gesehen ist die Sonne eine Milliarde mal heller als Jupiter, den sie völlig überstrahlt, und genauso ergeht es uns mit fernen Planeten. Zwar arbeitet man schon am Entwurf spezieller raffinierter Weltraum-Teleskope, die eine derartige direkte Beobachtung doch ermöglichen sollen. Im Infrarotbereich (Wärmestrahlung) ist die Sonne nur 100 000mal heller als Jupiter, und spezielle Tricks könnten dies gerade noch überbrücken. Aber bis zu Finanzierung und Bau solcher Spezial-Teleskope dürften noch viele Jahre vergehen.

Für die *indirekte Beobachtung* gibt es vier Möglichkeiten. Schon vor Jahrzehnten versuchte man in der *Astrometrie* (Sternvermessung), kleinste regelmäßige Änderungen der Orte sehr naher Sterne zu beobachten, aber damals noch ohne Erfolg. Es ist ja nicht so, daß die Planeten eine ruhende Sonne umkreisen. Genau gesagt, umkreisen Planeten und Sonne beide ihren gemeinsamen Schwerpunkt, aber weil die Sonne 743mal mehr Masse hat als alle Planeten zusammen, so bewegt sie sich nur ganz wenig. Der Umlauf des Jupiter bewegt die Sonne nur um den Betrag ihres eigenen Radius. Die nächsten 100 Sterne sind bis zu 20 Lichtjahre entfernt. Betrachtet aus

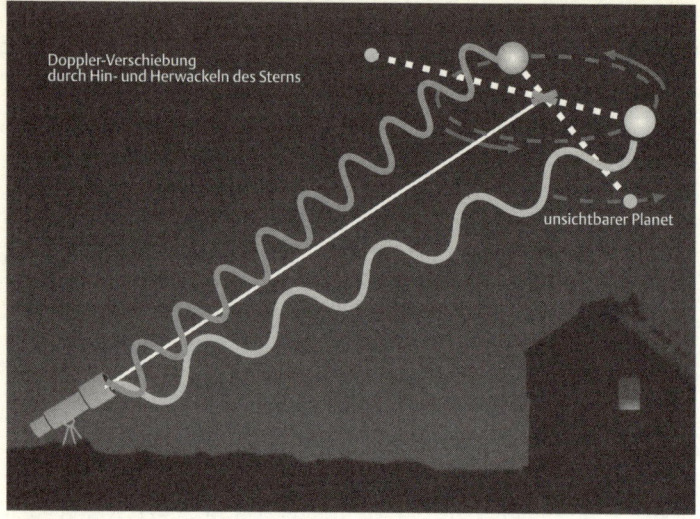

Abb. 3.3: Die Doppler-Wobble-Methode zum Nachweis von Planeten. Der Umlauf eines schweren nahen Planeten läßt auch den Stern etwas kreisen. Kommt der Stern auf uns zu, so werden seine Spektrallinien etwas nach Blau (obere Linie) verschoben und nach Rot (untere Linie), wenn er sich entfernt.

dieser Entfernung, bewegt sich die Sonne durch Jupiters Umlauf, also in 12 Jahren, nur um 0,0015 Bogensekunden hin und her, während sie, aus der Ferne betrachtet, in 12 Jahren etwa 2000mal weiter läuft. Und so verhält es sich auch mit unserer Beobachtung fremder Planeten. Aber mit speziellen Teleskopen im Weltraum sind doch gute Ergebnisse zu erwarten.

Zweitens: Falls wir dicht bei der Bahnebene eines Planeten liegen und der Planet gerade vor seinem Stern vorüberzieht, so verdunkelt er den Stern ein wenig (im Verhältnis der Flächen Planet/Stern), und dies kann gerade eben noch gemessen werden. Aber auch bei dieser «Transit-Methode» werden große Planeten stark bevorzugt. Und nur selten sind wir dicht bei der Bahnebene.

Die zur Zeit beste Methode ist eine extrem genaue Messung der Änderung der Radialgeschwindigkeit («auf uns zu» oder «von uns weg») durch den Dopplereffekt, das ist die meßbare Verschiebung der Spektrallinien der Sterne (siehe Abb. 3.3) mit der *Doppler-Wob-*

ble-Methode. Allerdings hängt diese Messung noch vom Winkel der Planetenbahn ab. Sehen wir das Planetensystem von der Seite, so messen wir die volle Änderung der Geschwindigkeit und erhalten die Masse des Planeten. Schräg gesehen, messen wir nur eine schwächere Projektion der Änderung, und wir würden eine zu kleine Masse erhalten. Genau von oben gesehen, bemerken wir keine Änderung, finden also gar keine Planeten, auch wenn sie da sind. Wenn die Methode des «Doppler-Wobble» Planeten findet, so gibt sie also nur eine untere Grenze der Masse des Planeten, er könnte auch etwas massereicher sein. Und nicht alle Planeten werden gefunden.

Mit beiden Methoden, Astrometrie oder Doppler, erhalten wir außer der Masse auch die Bahn des Planeten, ihren Radius (Abstand vom Stern) und ihre Exzentrizität (Ellipse statt Kreis). Aber für ein gut gesichertes Ergebnis sollte man einige volle Umläufe lang beobachten, und ein Umlauf des Jupiters dauert 12 Jahre. Auch ist die Auswertung zwar interessant, aber erschwert, wenn mehr als ein massereicher Planet vorhanden ist. Beide Methoden geben keinen Durchschnitt der Planetensysteme, sie sind ganz einseitig begrenzt durch die Schwierigkeit, noch extrem kleine Änderungen messen zu können. Stark bevorzugt werden Systeme mit massereichen Planeten, dicht um kleine Sterne laufend, also recht verschieden von unserem System und vielleicht kaum für das Leben geeignet. Diese einseitige Auswahl wird sich wohl erst mit speziellen neuen Teleskopen im Weltraum und am Boden vermeiden lassen.

Völlig überraschend wurden schon 1992 mit einer vierten Methode die ersten Planeten gefunden: ein System mit vier Planeten, drei davon sogar mit Massen vergleichbar der Erde. Sie umkreisen einen Pulsar (schnell rotierender Neutronenstern, nach der Supernova-Explosion eines massereichen Sternes). Dort hätte man nie Planeten erwartet. Durch umlaufende Planeten wird uns der Pulsar ein wenig genähert und wieder entfernt, seine Entfernung ändert sich also und damit auch die Laufzeit seiner Pulse zu uns, sie erreichen uns eine Winzigkeit eher und dann wieder später. Weil Pulsare extrem regelmäßig pulsen und wir extrem genaue Uhren haben, läßt sich dies genau messen und auch mit Radioteleskopen beobachten.

Wir müssen auch noch unterscheiden, ob wir einen Einzelstern mit einem massereichen Planeten vor uns haben oder einen Doppelstern mit einem kleinen Partner. Wenn Sterne sich mit weniger

Masse als 0,08 Sonnenmassen bilden, so erreichen sie im Kern nicht die nötige Temperatur zur Wasserstoff-Fusion, und es fehlt die Energie zum hellen Leuchten, sie werden *Braune Zwerge*. Nun sind 0,08 Sonnenmassen gleich 83 Jupitermassen, und Sternbegleiter mit mehr Masse sind dann nicht Planeten, sondern richtige Sterne, sie sind Partner eines Doppelsternes. Im Zwischenbereich von 0,08 bis 0,012 Sonnenmassen kann zwar kein normaler Wasserstoff «brennen», aber Deuterium (schwerer Wasserstoff) kann noch eine Weile brennen und etwas Energie erzeugen, und so wird dieser Bereich meist zu den Braunen Zwergen gerechnet; und 0,012 Sonnenmassen sind 13 Jupitermassen. Kurz zusammengefaßt: bis zu 13 Jupitermassen ist es ein Planet, über 83 Jupitermassen ein Doppelstern, und dazwischen soll es ein Brauner Zwerg genannt werden.

Nun die *Ergebnisse* der Beobachtung: Seit es entsprechend erfolgreiche Methoden gibt, wird die Planetensuche sehr aktiv betrieben. Dazu wählt man Einzelsterne der Hauptreihe (Stabilität), meist im Bereich von 0,6 Sonnenmassen (hell genug für genaue Beobachtung) bis 1,3 Sonnenmassen (leicht genug, um von Planeten bewegt zu werden). Aber nur massive Planeten nahe am Stern können gefunden werden. Zur Zeit (Januar 2002) gibt es 75 sichere Funde, bestätigt durch weitere Meßreihen. Abbildung 3.4 zeigt ihren Abstand vom Stern, gemessen in Astronomischen Einheiten (Abstand Erde–Sonne); und die Masse des Planeten, gemessen in Jupitermassen.

Im Bereich von $1/_{10}$ bis 13 Jupitermassen sind also 75 Planeten gefunden worden (auch viele Braune Zwerge). Von den 75 Planetenbahnen sind 29 noch dichter am Stern als Merkur (0,38 AE), und 9 sind extrem dicht, nur $1/_{20}$ der Erdbahn. Weite Bahnen konnten noch nicht beobachtet werden, alle 75 Bahnen von Abbildung 3.4 liegen innerhalb der Jupiterbahn (5,2 AE). Unser eigenes Planetensystem wäre also *nicht* gesehen worden.

Auch die Form der Bahnen ist interessant. Unsere eigenen Planetenbahnen sind fast kreisförmig, mit Exzentrizitäten zwischen 0,0 und 0,2 (Merkur). Doppelsterne dagegen haben elliptischere Bahnen. In Abbildung 3.4 sind 15 Bahnen stark elliptisch ($\triangle$). Die Mehrzahl der 33 kreisähnlichen Bahnen ($\blacksquare$) häuft sich dicht am Stern, bei Planeten kleinerer Masse. Zu bemerken ist auch, daß bis August 2002 schon 23 weitere massereiche Planeten gefunden wurden, und man kennt schon sieben Sterne mit mehreren Planeten.

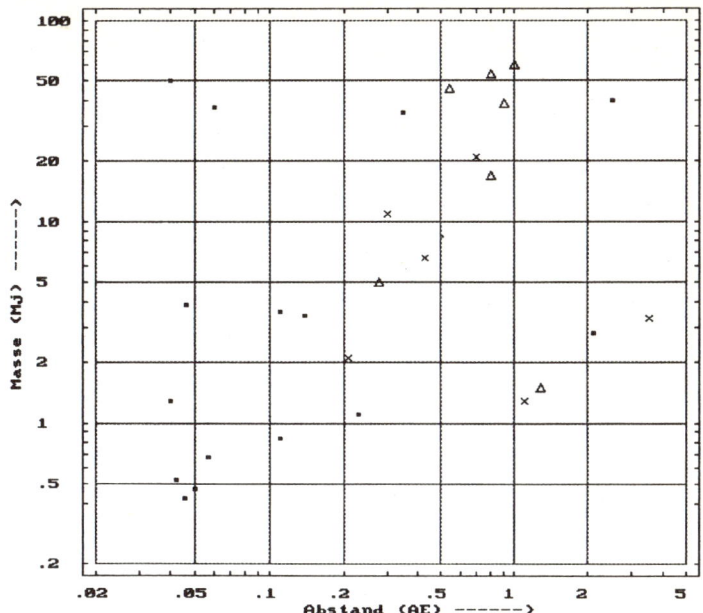

Abb. 3.4: Planeten anderer Sterne, Masse und Abstand vom Stern,
Exzentrizität der Planetenbahn (Ellipse statt Kreis):
■ von 0 bis 0,2; x von 0,2 bis 0,5; △ von 0,5 bis 1,0

Aber anscheinend ist, so wie Jupiter bei uns, meist nur ein Planet
dominant, und Rechnungen deuten auch an, daß dann das System
leichter lange Zeit stabil bleibt.

Häufigkeiten. Außer den 98 schon bestätigten Planeten haben wir
noch 12 andere Sterne, deren Planeten unsicher oder noch nicht bestätigt sind. Weiterhin sind um Pulsare noch fünf erdähnliche kleine
Planeten bekannt, davon drei gut bestätigte in kreisförmigen Bahnen. Zwar haben Pulsarplaneten nichts mit Leben zu tun, nach der
ihnen vorausgehenden, alles vernichtenden Supernova-Explosion
sollte es eigentlich keine kleinen Planeten mehr geben. Aber sie
zeigen uns, daß es erdähnlich-kleine Planeten auch anderswo gibt,
sogar unter widrigsten Umständen.

Und wie häufig sind sie denn nun, die Planeten? Die gefundenen
98 Planeten stammen von 6 % der untersuchten 1500 Sterne. Man

kann mit der Doppler-Wobble-Methode nichts finden, wenn man Systeme mehr von oben sieht; so werden wohl doppelt so viele, also etwa 10 % der sonnenähnlichen Sterne, sehr nahe und sehr massereiche Planeten haben. Das ist aber nur eine ganz schmale Auswahl, begrenzt durch die Methode. Vermutlich sind die häufigsten Systeme ähnlich unserem eigenen: Weiter außen ist es kalt, da können auch die leichten Gase, Wasserstoff und Helium, zusammenhalten und große Gasriesen produzieren (Jupiter, Saturn, Uranus, Neptun). Weiter innen ist es zu heiß (Merkur, Venus), um Wasserdampf zu halten, und dazwischen ist Leben möglich. Aber die heutigen Methoden können solche typischen Systeme nicht finden (unsere Planeten wären ja auch noch nicht entdeckt).

Außerdem sieht man um extrem junge oder noch entstehende Sterne meist eine rotierende Scheibe aus Gas und Staub, worin vermutlich Planeten entstehen. Es scheint also, als hätten praktisch alle sonnenähnlichen Sterne auch ihre Planeten (so wie unsere großen Planeten alle ihre vielen Monde haben). Da bisher nichts dagegen spricht, wollen wir dies jetzt annehmen.

Von den 75 massereichen Planeten (Abb. 3.4) haben viele sehr exzentrische (langgestreckte) Bahnen; das läßt stabile Bahnen anderer Planeten kaum zu. Leben braucht aber Stabilität auf lange Dauer, und wir schließen diese Störenfriede aus. So verbleiben noch 33 ruhige kreisähnliche Bahnen (■ in Abb. 3.4) von massereichen Planeten. Von den 75 bestätigten Planeten sind das 44 %.

Von diesen 33 verbleibenden Fällen in Abbildung 3.4 liegen 25 Bahnen der schweren Planeten innerhalb des Abstandes der Erdbahn (1 AE), also dichter am Stern. Gibt es dann im Erdabstand noch stabile Bahnen und Lebenszonen? Auch das ist untersucht worden, siehe Abbildung 3.5 für vier Sterne; drei schwere Planeten liegen innerhalb der Erdbahn, und einer ist zwar außerhalb, aber dicht daran. Stabile Bahnen gibt es auch hier, im Bereich der langen Rechtecke, und darin liegen auch Biozonen mit der richtigen Temperatur, grau markiert. Die Frage ist allerdings, ob es bei einem inneren massereichen Planeten dann weiter außen wieder kleine Planeten wie die Erde gibt. Keine Beobachtung kann dies entscheiden, unser eigenes System auch nicht, und wohl auch noch keine Theorie. Jedenfalls braucht die Bildung massereicher Planeten dicht am Stern kein Leben auszuschließen, es könnte dabei weiter

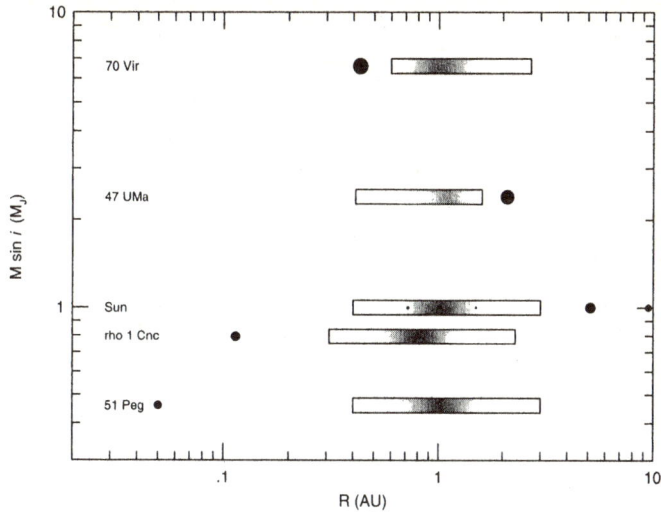

Abb. 3.5: Die Sonne und vier Sterne mit massereichen Planeten; links Masse M (in Einheiten der Jupitermasse), unten Bahnradius R (in Einheiten des Erdbahnradius). Bahnen innerhalb der langen Rechtecke sind stabil und könnten extremes Leben haben, die eigentlichen Biozonen sind grau markiert, und alle haben stabile Bahnen.

außen genauso zugehen, mit Planeten so ähnlich wie Venus, Erde und Mars. Und solange nichts dagegen spricht, will ich dies auch so annehmen.

Aber wie häufig passiert es, daß einer dieser Planeten sich auch in der Biozone befindet? Wie dicht beieinander umkreisen Planeten ihren Stern? Unsere Planeten zeigen in Abbildung 3.2 eine auffällig regelmäßige Folge ihrer Abstände von der Sonne. Wir haben sogar ein zweites Beispiel; die vier großen Monde des Jupiter (Tab. 2.3) sind ganz ähnlich angeordnet. Vermutlich ist dies kein Zufall, sondern es bedeutet, daß große Körper sich in eben dem nötigen Abstand bilden, um viel Material aufzusammeln und noch stabile Bahnen zu haben, was eine allgemeine Regel sein könnte. Verglichen mit der Weite unserer Biozone gab es eine Chance von 90 % dafür, daß einer der kleineren Planeten sich in der für das Leben nötigen Biozone gebildet hat. Und solange nichts dagegen spricht, wollen wir auch dies wieder für andere Orte annehmen.

Zusammenfassung. (1) Etwa 30 % aller Sterne sind Einzelsterne, nötig für stabile Planetenbahn. (2) Ihre Masse muß zwischen 0,98 und 1,3 Sonnenmassen liegen; ihre Biozonen wären weiter, sind aber nach unten begrenzt durch nötige Rotation des Planeten und nach oben durch 4,5 Milliarden Jahre Alter des Sternes, für höheres Leben. In diesen Massengrenzen liegen 4,8 % aller Sterne. (3) Von den massereichen Planeten haben 44 % gute, kreisförmige Bahnen. Wir wollen dies auch für kleineren Planeten annehmen. (4) Einer der kleinen Planeten mag mit etwa 90 % Wahrscheinlichkeit in der Biozone liegen. Alle vier Bedingungen zusammen ergeben etwa 0,6 %. Also: Bei Planeten von 0,6 % aller Sterne wäre Leben möglich.

Unsere Nachbarsterne sind 4,0 Lichtjahre voneinander entfernt. Fragen wir nur nach den 0,6 % davon, die Leben haben könnten, so beträgt deren mittlere gegenseitige Entfernung dann *22 Lichtjahre* (etwa 15–30). So weit müßten wir also reisen oder blicken, um dort nach Leben suchen zu können.

4. Irdisches Leben

4.1 Prinzipien unseres Lebens

Was eigentlich ist Leben? Es ist wirklich merkwürdig, wie schwer sich das definieren läßt. Bitte schauen Sie einmal in Ihrem Lexikon unter «Leben» nach, dann sehen Sie, was ich meine. Oder probieren Sie es einmal selbst. Meist würde man etwa sagen: Zum Leben gehören Fortpflanzung (Vermehrung), Vererbung (Nachkommen ähnlicher Art) und Stoffwechsel (Nahrung und Verdauung). Klingt zunächst vernünftig. Aber es trifft auch auf eine Kerzenflamme zu. Jedes Feuer pflanzt sich fort, soviel es kann, es erzeugt andere Feuer ähnlicher Art, es «frißt» Kohlenstoff und Sauerstoff und «verdaut» es zu Kohlendioxid. Und andererseits wären Maulesel nicht lebendig, denn die sind unfruchtbar und können sich nicht fortpflanzen. Trotz alledem weiß aber jeder in etwa, was Leben ist, und das muß auch uns einstweilen genügen.

Nachdem wir abgeschätzt haben, wo und wie häufig *Leben* im Weltall möglich ist, würden wir nun gern wissen, ob und wie häufig es dort auch tatsächlich entsteht. Das führt zu der Frage, wie es denn bei uns entstanden ist. Und dafür müssen wir zunächst unser irdisches Leben genauer betrachten und beschreiben. Vor allem interessieren uns die einfachsten Lebewesen, die dem Ursprung noch am nächsten sind. Dabei fallen einem zwei Dinge auf. Erstens, daß es überhaupt kein «primitives Leben» gibt. Auch die kleinsten, einfachsten Bakterien, die urtümlichsten Einzeller, sind alle bereits höchst komplizierte Lebewesen. Der erste Anfang muß viel primitiver gewesen sein, hat sich dann aber bald zu tüchtigeren Arten weiterentwickelt, kompliziert und tüchtig genug, um bis heute nicht auszusterben. Leider sehen wir heute nicht mehr die einfacheren Urformen, deren Entstehung wir ja enträtseln möchten.

Zweitens fällt auf, daß alles Leben, aber auch wirklich jedes, sich aus den gleichen chemischen «Bausteinen» zusammensetzt und sich auch auf die gleiche raffinierte Art fortpflanzt und vererbt. Das heißt vermutlich, daß all unser Leben von gemeinsamen Urahnen abstammt: all unsere Einzeller, Pflanzen, Pilze und Tiere. Es heißt aber nicht, daß nur diese eine Art Leben hat entstehen können. Ursprünglich mögen auch andere Arten entstanden sein, aber nur die eine Art hat sich durchgesetzt, hat überlebt. Es

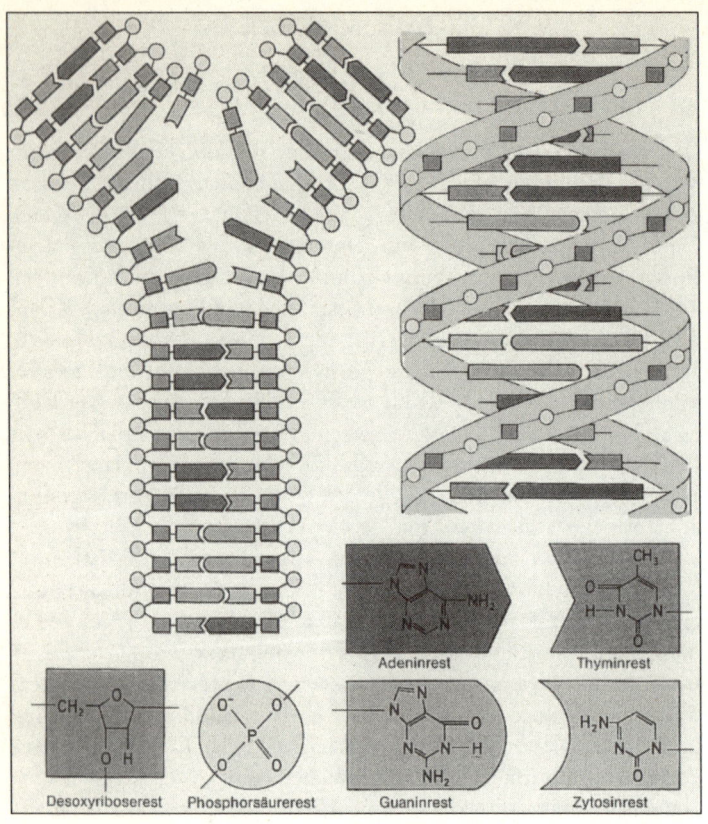

Figure labels: Adeninrest, Thyminrest, Desoxyriboserest, Phosphorsäurerest, Guaninrest, Zytosinrest

Abb. 4.1: Die Doppelhelix des Erbgutes, seine Bausteine und seine Vervielfältigung. Das gleiche Prinzip haben alle Lebewesen der Erde.

heißt auch nicht, daß unsere Art Leben nur an einem Ort und nur einmal entstanden ist. Das mag durchaus auch mehrfach passiert sein.

Wie vollzieht sich nun unsere Fortpflanzung, was sind die *Bausteine* des Lebens? Fortpflanzung und Vererbung sind dargestellt in Abbildung 4.1. Die rechte Seite zeigt, wie das gesamte Erbgut (Bauplan, Veranlagung) eines Lebewesens angeordnet ist: entlang einer *Doppelhelix* aus DNS (*Desoxyribonukleinsäure*). Eine Helix hat die Form einer Wendeltreppe, und früher baute man gelegentlich auch Türme mit einer Doppelwendel. Die DNS ist chemisch ein *Polymer*, eine lange Kette ähnlicher Moleküle, und räumlich ist sie eine hohe Doppel-Wendeltreppe mit Millionen von Stufen. Als Bausteine aller Treppenstufen gibt es nur die vier *Nukleotide* (basische Teile von Nukleinsäuren), die rechts unten in Abbildung 4.1 gezeigt sind, und jede Stufe besteht nur aus einem Paar, wobei stets Guanin mit Zytosin gepaart ist und Adenin mit Thymin. Die Erbanlage ist also in einem Alphabet geschrieben, das nur vier Buchstaben hat, abgekürzt G, Z, A, T.

Die Körper der Wesen bestehen zumeist aus Proteinen, deren Herstellung wie folgt verläuft. Jedes Protein ist eine lange, ganz bestimmte Kette von *Aminosäuren*, und genau 20 verschiedene Aminosäuren werden benutzt. Jedes Protein ist sozusagen ein langes Wort in einem Alphabet mit 20 Buchstaben. Entlang der DNS bilden je drei Stufen ein *Codon*. Mit den vier Buchstaben gibt es also $4 \times 4 \times 4 = 64$ verschiedene solcher Codons. Einer davon, ATG, zeigt den Anfang eines Proteins, drei andere dessen Ende. Die übrigen 60 Codons bestimmen die 20 Aminosäuren, oft mehrere (bis zu sechs) verschiedene Codons die gleiche Säure.

Es ist also nötig, die Information aus einer Sprache mit 4 Buchstaben in eine andere Sprache mit 20 Buchstaben zu übersetzen (erster Schritt: Codierung), um dann die genannte Aminosäure herzustellen (zweiter Schritt: Synthese), Codon nach Codon entlang der DNS, bis zum Ende des Proteins. Beides wird geregelt durch die RNS (*Ribonukleinsäure*), ähnlich gebaut wie die DNS, aber kürzer und ohne Doppelstrang. Beides braucht noch die Hilfe von verschiedenen *Enzymen* (Katalysatoren). Nun kommt noch die wichtige Faltung (dritter Schritt: Formgebung), geleitet und kontrolliert durch andere Enzyme. So entsteht ein dreidimensionaler Körper ganz spezieller Form für jedes Protein. Und diese Form regelt dann die Verbindung mit anderen Stoffen und die Einwirkungen auf sie oder von ihnen. Die Formen spielen dabei eine Rolle wie Schlüssel und Schloß.

Dies ist nur eine vereinfachte Skizze von einem Teil der vielen Vorgänge zur Speicherung und Nutzung der Erbinformation, und bei höher entwickelten Lebewesen ist alles noch weit umfangreicher und komplizierter. Aber alle Wesen benutzen die gleichen Methoden, mit DNS und RNS und mit den gleichen Bausteinen der vier Nukleotide und 20 Aminosäuren. Aber nur Pflanzen und

Einzeller können alle 20 selbst herstellen, die Tiere und wir nur 12 davon, die acht anderen Aminosäuren müssen wir der Nahrung entnehmen.

Die linke Seite der Abbildung 4.1 zeigt das Prinzip der *Fortpflanzung* und Vererbung. Der Doppelstrang der DNS spaltet sich auf wie ein Reißverschluß. Die Umgebung enthält einen Vorrat der vier Nukleotide, und mit Hilfe weiterer Enzyme bekommt jedes alte Nukleotid auf jedem der beiden Einzelstränge nun wieder seine zum Paar gehörige neue «Ehehälfte» angesteckt. So entstehen zwei Doppelstränge aus einem. Der hat sich also verdoppelt, und er hat seine Information weiter vererbt. All dies geschieht im Inneren der Zellen. Die DNS-Helix, mit Inhalt, Aufbau, und Fortpflanzung, war 1953 von Crick und Watson gefunden worden, die dafür 1962 den Nobelpreis erhielten.

Auch für die Fortpflanzung sind die Abbildung 4.1 und unser Text nur eine vereinfachte Skizze. Beide zusammen beschreiben die Grundzüge der Erbinformation und ihrer Vervielfältigung, so wie wir sie heute bei den einfachsten Lebewesen vorfinden. Sie gelten auch bei allen höheren Wesen, wo aber noch eine Vielfalt komplizierter anderer Dinge und Prozesse hinzukommt. Und wir sind sicher, daß die ersten Lebewesen der Erde viel unkomplizierter und primitiver gewesen sein müssen als unsere heutigen einfachsten Wesen.

Bei Verdopplung und Fortpflanzung ist noch etwas ganz wichtig für die weitere Entwicklung: Es müssen ab und zu kleine *Fehler* passieren. Wäre die Verdopplung stets exakt und fehlerfrei, so würden immer wieder genau die gleichen Wesen entstehen, es gäbe somit keine Entwicklung. Kleine Kopierfehler (*Mutationen*) entstehen gelegentlich durch die kosmische Strahlung oder andere störende Einflüsse, und in fast allen Fällen sind sie tödlich oder schädlich. Aber manchmal sind die geänderten neuen Wesen (*Mutanten*) in Hinblick auf ihre natürliche Lebenswirklichkeit verbessert, und ihre Nachkommen verdrängen die alte Art oder fügen eine neue Art hinzu.

Durch Untersuchung der Fossilien in alten und sehr alten Gesteinen können wir recht weit in die Vergangenheit zurückschauen. Aber alle noch hinreichend gut erhaltenen Fossilien, gelegentlich über drei Milliarden Jahre alt, zeigen bereits die Grundzüge der beiden Skizzen, sie sind also kaum primitiver als die heutigen einfachsten Wesen. Besonders alte Fossilien sind stark verwittert, sie zeigen zwar die Überreste des frühen Lebens, aber nicht mehr seine Einzelheiten.

4.2 Entstehung des Lebens und frühe Arten

Die Frage nach der Entstehung ist recht vielfältig: Wir möchten wissen, wann was wo entstanden ist, und zudem: woraus und wie.

Wann also ist bei uns das Leben entstanden? Unsere angeblich «feste Erdkruste» ist in dauerndem Umbruch. Kontinentalplatten werden untereinandergeschoben, schmelzen wieder im flüssigen Magma; Gebirge werden aufgewölbt, unter riesigem Druck werden dabei alte Formen zerstört; Jahrmilliarden von Regen tragen fast alles ab und lassen uns nur selten ganz altes Gestein zurück. Falls darin Fossilien (Versteinerungen) früher Lebewesen waren, so sind ihre Formen jetzt zerdrückt, ihre Moleküle zerstört. Es sind eigentlich nur noch winzige Klümpchen von Kohlenstoff vorhanden. Aber Kohlenstoff gibt es ja auch sonst viel, z.B. in Mineralien, und nicht nur in Lebewesen.

Die ältesten noch erkennbaren Lebewesen sind Blaugrüne Algen (*Cyanobakterien*), 3,5 Milliarden Jahre alt, aus Südafrika und Australien. Die ältesten Reste von organischem Kohlenstoff sind 3,86 Milliarden Jahre alt, aus Isua in Westgrönland; das ist unser derzeitiger Altersrekord. Aber woran kann man den organischen Kohlenstoff erkennen, und wie kann man das Alter des umgebenden Gesteines messen?

Atome werden durch zwei Zahlen gekennzeichnet: erstens die *Ordnungszahl*, das ist die Anzahl der Protonen im Kern und auch die Zahl der Elektronen der Hülle. Diese Zahl bestimmt die chemischen Eigenschaften und den Namen des Elements. Kohlenstoff hat sechs Protonen. Zweitens gibt es von vielen Elementen noch verschiedene *Isotope*, mit gleicher Ordnungszahl aber verschiedener *Massenzahl*, je nachdem wie viele Neutronen der Atomkern zusätzlich enthält. Bei Kohlenstoff (Symbol C) gibt es drei Isotope: C^{12} hat 6 Protonen plus 6 Neutronen, also 12 Kernbausteine; C^{13} hat ein Neutron mehr, und C^{14} hat noch eines, also 6 Protonen und 8 Neutronen. Anorganischer mineralischer Kohlenstoff besteht zu 98,89 % aus C^{12} und zu 1,11 % aus C^{13}, mit einer winzigen Spur von C^{14}. Lebewesen aller Art bevorzugen den leichteren C^{12} bei ihrer

Bildung, sie enthalten also etwas weniger C^{13} als ursprüngliche Gesteine und Mineralien. Und genau daran ist organischer Kohlenstoff als Überrest ehemaliger Lebewesen zu erkennen.

Das Alter des Gesteins wird durch den Gehalt an Uran und Blei (Symbol Pb) gemessen. Uran hat drei Isotope; es besteht zu 99,27 % aus U^{238}, das zum Blei Pb^{206} zerfällt, mit einer Halbwertszeit von 4,5 Milliarden Jahren; während U^{235} zu Pb^{207} mit 0,7 Milliarden Jahren Halbwertszeit zerfällt. Durch die Messung des Gehalts an Uran- und Blei-Isotopen läßt sich das Alter des Gesteins genau bestimmen. Und damit dann auch das Alter der darin eingeschlossenen Lebensreste.

Das ganz ursprüngliche Kohlenstoff-Gemisch findet man im Urgestein: in Tiefengestein (z. B. Granit) oder in vulkanischem Ausfluß (Basalt), aber darin gibt es noch keine Lebensreste. Die findet man in Sedimentgestein, das sich am Boden der Meere durch herabrieselnde mineralische und organische Teilchen gebildet hat. Der mineralische Anteil hat die ursprüngliche Mischung, und der organische Anteil hat den verminderten C^{13}-Gehalt. Man kann also angeben, wieviel organisches Material das Sediment enthält, oder mit anderen Worten: wie *häufig* damals das Leben im Meerwasser gewesen ist.

Dies wurde von Manfred Schidlowski untersucht, in über 10 000 Sedimentproben verschiedenen Alters rund um die Welt. Das Ergebnis ist erstaunlich: Bereits vor 3,5 Milliarden Jahren waren in Sedimenten 20 % allen Kohlenstoffes organischer Herkunft, von Lebewesen produziert, und dieser Anteil ist auch bis heute so geblieben. Man hat daraus auf eine «biologische Sättigung» geschlossen. Zunächst hat sich das Leben im Ozean rapide (*exponentiell*) vermehrt und verbreitet, bis zum Verbrauch der nötigen Nährstoffe vor 3,5 Milliarden Jahren; und deren konstante Nachlieferung hat von da ab bis heute die gleiche Menge Leben erhalten, eine etwa konstante Biomasse.

Schidlowski fand, daß auch die ältesten Sedimente aus Isua schon reichlich organischen Kohlenstoff enthalten (wenn auch wohl weniger als die aus Südafrika). Das Leben muß also vor 3,86 Milliarden Jahren schon zahlreich gewesen sein, ist also noch früher entstanden: etwa vor 3,9 Milliarden Jahren.

Eine andere Grenze ergibt sich aus der Frühgeschichte der Erde, die ja zunächst ganz lebensfeindlich war. Unsere festen Planeten, auch die Kerne der Gasriesen, haben sich durch Zusammenprall mit und Einverleibung von immer größeren Brocken gebildet. Auch als die Erde vor 4,5 Milliarden Jahren bereits «fertig» war, hat dies Bombardement nur langsam abgenommen. Die Oberfläche des Mondes zeigt unverändert noch alle alten Spuren der Einschläge sowie deren Größe und Reihenfolge. Seit den Apollo-Landungen und dem Einsammeln vieler Gesteinsproben des Mondes ist auch das Alter vieler Mond-Einschläge in Labors bestimmt worden. Wir wissen also, wann wie viele Brocken und welcher Größe dort einschlugen. Nun muß man dies noch umrechnen für die viel größere Gravitation und Oberfläche der Erde, dann kennen wir auch unsere Frühgeschichte.

Vor 4,25 Milliarden Jahren sind immer noch Brocken von 500 km Durchmesser herangerast. Die Energie ihres Aufpralles hätte genügt, einen ganzen Ozean zu verdampfen. Vor 3,8 Milliarden Jahren kamen immer noch Brocken von 100 km Durchmesser, mit genug Energie, um die obersten 200 Meter eines Ozeans zu verdampfen, und nur in großer Tiefe könnte sich Leben erhalten haben. Abschätzungen haben ergeben, daß Einschläge dieser Art damals so etwa alle 20 Millionen Jahre passiert sind. Wenn sich diese Zahlen weiterhin bestätigen, so heißt es, daß sich das erste Leben schon gebildet hat, noch bevor das letzte große Bombardement ganz zu Ende war. Danach ist unser Leben, unter noch ungünstigen Bedingungen, erstaunlich *schnell* entstanden. Und das läßt uns hoffen, daß es auch anderswo ähnlich gewesen ist.

Und *wo* ist das Leben entstanden? Auf jeden Fall im Wasser. Und *woraus*? Dabei dachte man an einen kleinen warmen Tümpel, in den etwas Wasser langsam einfließt und dort verdampft, wodurch sich gelöste Stoffe mit der Zeit anreichern. Solche Orte gibt es am Rand von Gewässern, in alten Flußarmen und in Atollen im Meer. Dazu gehört auch eine Atmosphäre, so wie sie anfangs gewesen sein mag. Wird nun noch Energie durch Sonne oder Blitze geliefert, so können sich komplizierte Moleküle in dieser «Ursuppe» bilden, und dann vielleicht erstes Leben. Dies wurde 1952 von Stanley Miller im Labor getestet. Abbildung 4.2 zeigt seine ganz einfache Apparatur. In einem ersten Kolben wird Wasser erhitzt. Der Dampf strömt von oben in einen zweiten Kolben, der die Gase der Ur-Atmosphäre enthält: Methan, Ammoniak, Wasserdampf und Wasserstoff. Durch zwei Elektroden werden mit 100 000 Volt öfters kräftige kleine

Blitze gezündet. Das Gas sinkt nach unten durch einen Kühler, wo sich Wasser wieder niederschlägt, und Gas und Wasser kommen wieder zum Wasser des ersten Kolbens zurück. So läßt man das ohne alle Eingriffe eine Weile zirkulieren. Und schon nach wenigen Tagen bekam Miller mehr, als er je zu hoffen gewagt hatte: Seine künstliche Ursuppe enthielt eine Menge organische Verbindungen, unter anderem 18 Aminosäuren, von denen sechs zu den Bausteinen des Lebens gehören, zum Aufbau der Proteine! Ähnliche Experimente mit etwas anderer Atmosphäre haben ähnliches ergeben, einmal wurden sogar zwei der vier Nucleotide von Abbildung 4.1 erzeugt.

Millers Uratmosphäre wurde gelegentlich angezweifelt und durch eine andere ersetzt, die nur Kohlendioxid, Stickstoff und Wasserdampf enthält, wobei fast keine organischen Moleküle entstanden. Für diese kann es aber auch ganz andere Quellen geben. Im interstellaren Raum, zwischen den Sternen, findet trotz seiner Leere eine erstaunlich vielfältige Chemie statt. Beobachtungen der Radioastronomie und des Infrarot-Satelliten IRAS haben über hundert verschiedene Moleküle entdeckt, auch komplizierte große, und die meisten sind organischer Art. Die größten davon sind flächenhafte Kohlenwasserstoffe. Auch lange Vielfach-Ketten sind sehr häufig. Und viele der organischen Moleküle eignen sich gut für Bausteine des Lebens. All dieses findet man in großen dichteren Wolken aus Gas und Staub.

Zur Erde werden sie transportiert durch hier einfallende Meteorite, genügend groß, um nicht durch die Luftreibung zu verdampfen. Und auch durch ganz winzige, die nur sachte gebremst werden und als «kosmischer Staub» herabrieseln. Es wurde geschätzt, daß zur Zeit etwa 100 Tonnen pro Jahr an Meteoriten über 5 cm Größe auf die Erde fallen; aber 20000 Tonnen pro Jahr an winzigen Mikro-Meteoriten, etwa 0,1 mm groß, mit reichlich organischem Anteil. 1969 war in der Nähe von Murchison in Australien ein größerer Meteorit gefallen und wurde besonders gründlich untersucht. John Cronin fand darin viele große organische Moleküle, auch die flächenhaften Kohlenwasserstoffe, und viele dem Leben nützliche Bausteine, sogar die vier Nucleotide von Abbildung 4.1. Auch insgesamt 74 verschiedene Aminosäuren, darunter alle 18 Aminosäuren aus Millers künstlicher Ursuppe (Abb. 4.2); auch mit den sechs, die wir zum Leben brauchen.

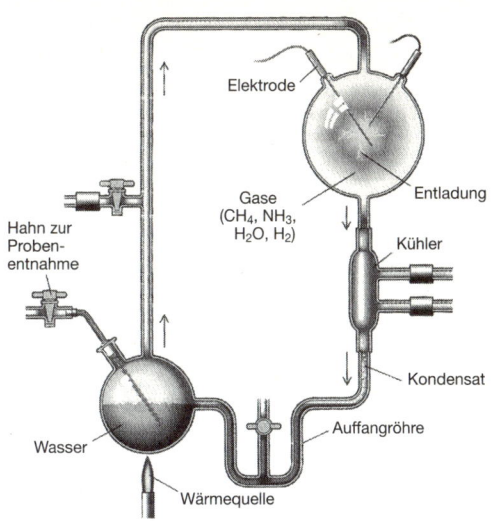

Abb. 4.2: Stanley Millers Experiment. Wasser, Luft und Blitze erzeugen in zwei Wochen 18 Aminosäuren, sechs davon sind wichtig für das Leben (*). Vergleich mit Aminosäuren in einem Meteoriten (Punkte = Häufigkeit).

Aminosäure	Murchison-Meteorit	künstliche Ursuppe	
Glycin	••••	••••	*
Alanin	••••	••••	*
α-Amino-n-Buttersäure	•••	••••	
α-Aminoisobuttersäure	••••	••	
Valin	•••	••	*
Norvalin	•••	•••	
Isovalin	••	••	
Prolin	•••	•	*
Picolinsäure	•	‹	
Asparaginsäure	•••	•••	*
Glutaminsäure	•••	••	*
β-Alanin	••	••	
β-Amino-n-Buttersäure	•	•	
β-Aminoisobuttersäure	•	•	
γ-Aminobuttersäure	•	••	
Sarkosin	••	•••	
n-Ethylglycin	••	•••	
n-Methylalanin	••	••	

Alle diese Moleküle organischer Art haben aber keinen biologischen Ursprung, sie sind ohne das Leben entstanden. Fast jedes genügend komplizierte Molekül kommt in zwei Sorten vor: *rechtshändig* und *linkshändig*, spiegelgleich, so wie ein rechter und ein linker Handschuh. Alle im Labor erzeugten Moleküle entstehen *racemic*, mit etwa gleich vielen rechten und linken Sorten. Lebewesen dagegen benutzen und produzieren immer nur eine Sorte, weil ja die Form eine Rolle spielt, wie bei Schlüssel und Schloß. Aber alle Moleküle aus dem Kosmos sind *racemic*, aus beiden Sorten, so wie die aus unseren Labors. Sie sind also nicht vom Leben erzeugt, sie können aber (nach Auswahl der richtigen Sorte) von und für das Leben benutzt werden. Dies ist eine beachtliche Aussaat an Lebens-Bausteinen. Die Angabe «20 000 Tonnen Mikro-Meteoriten pro Jahr» ergibt nach kurzer Rechnung, daß jeder Quadratmeter unserer Erde 40 Stück pro Jahr empfängt. Und in unserer Frühzeit war dies noch weit häufiger. Mit ihrer starken Gravitation und ihrem Tempo von 30 km/sec fegt unsere Erde als kosmischer Staubsauger in ihrer Bahn um die Sonne. Und wo dieser Staub ins Feuchte fällt, da mag er weiter gedeihen.

Diese reichliche kosmische Versorgung mit guten organischen Bausteinen hängt nicht von irgendwelchen speziellen Annahmen ab (während Millers Ursuppe eine spezielle Uratmosphäre braucht). Sie wird wohl überall dort stattfinden, wo Planeten sich gebildet haben. Auch dies ist wieder ein Grund, um *häufiges* Leben im Weltall zu vermuten.

Zu den Fragen *Wo* und *Woraus* gibt es aber auch noch eine andere Antwort. Es fällt auf, daß es allereinfachste Lebewesen häufig in ganz heißem Wasser mit reichem Mineralgehalt gibt: in heißen Quellen im Yellowstone Park der USA und tief im Ozean, wo im Boden lange Risse entstehen und neues Magma austritt. Es sind hitzeliebende (*thermophile*) Einzeller: Bakterien und auch ein neu benannter Stamm, die Archäa (Urwesen). Viele gedeihen am besten bei etwa 90°C, und sie ernähren sich von energiereichen Molekülen. So nehmen manche Forscher an, sie könnten auch dort entstanden sein, wobei die Oberfläche von Pyrit (Schwefeleisen) als Katalysator gewirkt haben mag. Tief im Ozean hätten sie auch manches frühe Bombardement überleben können, weit besser als andere Wesen nahe der Oberfläche. All dies, und auch einige andere ihrer Eigenheiten, führt dann meist zu der Meinung, daß von allen heutigen Wesen es diese Thermophilen sind, die dem Ursprung des Lebens am nächsten kommen. Offen bleibt aber noch, ob diese hitzigen Vorkämpfer wirklich die ersten waren oder nur die einzig Überlebenden der vernichtenden Bombardierung. An Lebensart und Ursprung der Thermophilen wird jetzt viel geforscht.

Nun kommen wir zu den schwierigsten Fragen des Lebens: *Was* ist zuerst entstanden, und *wie* hat es sich gebildet? Die Doppelhelix der DNS ist schon viel zu kompliziert für einen ersten Beginn. Aber die viel einfachere RNS ist es, die alle Informationen für Proteine und Enzyme enthält und die deren Herstellung veranlaßt. So nimmt man meist an, daß es zunächst nur eine «RNS-Welt» gab, die aber nach Entwicklung der besseren DNS-Welt nicht weiter überlebt hat. In einer flüssigen Umgebung mit vielen organischen Bausteinen, in einer Ursuppe mit kosmischen Zutaten, oder auch bei heißen Quellen am Meeresboden, da muß als erstes sich ein Stück einer Vorstufe von RNS gebildet haben, das fähig war, sich selbst zu kopieren. Und das die Bausteine der Umgebung benutzte, um damit eine Kopie von sich selbst herzustellen. Am Anfang muß also ein langes Molekül entstehen, das die Fähigkeit der *Autokatalyse* besitzt. Dabei ist es noch wichtig, und sehr natürlich ist es ja auch, daß ab und zu beim Kopieren mal ein kleiner Fehler passiert. Die meisten Fehler werden schädlich sein, aber gelegentlich ist auch einer nützlich, dessen Kopien sich dann besser und reichlicher fortpflanzen als die anderen makellosen. Man nimmt somit bei den chemischen Vorstufen des Lebens bereits eine Art «Mutation und natürliche Auslese» an, ähnlich wie «Der Ursprung der Arten» von Darwin 1859. Damit könnte es dann zügig weitergehen.

Es ist allerdings noch viel zu klären bis zur ersten Zelle. Sie braucht eine *Haut*, eine Membran, die das innere Leben umgrenzt und abschirmt von der Außenwelt; die aber doch Nahrung herein- und Abfall hinausläßt. Auch braucht die Protein-Synthese noch *Ribosomen*, das sind ganz kleine Körper aus Nukleinsäuren und Proteinen, auch Enzyme sind noch nötig in der Zelle. Übrigens ist ein Virus nicht etwa eine Vorstufe des Lebens, sondern ein so weit degenerierter Parasit, daß er sich nicht mehr selbst fortpflanzen kann, sondern dazu die DNS und alles Zubehör in einer Beutezelle benötigt. Er gehört also nicht ganz zu den Lebewesen.

Sobald es die ersten Zellen gibt, entsteht auch schon eine große Vielfalt verschiedener Wesen, aber über eine lange Dauer von

1,5 Milliarden Jahren sind das alles nur *Prokaryoten*, Einzeller noch ohne Zellkern. Sehr früh schon haben die Bakterien die *Photosynthese* gelernt, das heißt die Benutzung der Energie der Sonnenstrahlung, um aus dem Kohlendioxid der Luft den Kohlenstoff zu ihrem Aufbau und Stoffwechsel zu verwenden und den Sauerstoff wieder abzustoßen.

Die ursprüngliche Luft enthielt keinen Sauerstoff, der entstand nur als Abgas der Photosynthese und führte zur ersten ernsten Luftverschmutzung. Manche Wesen überlebten sie nicht, andere gewöhnten sich daran; und wieder andere stellten sich um und lernten, vor etwa 2,2 Milliarden Jahren, den Sauerstoff als Energiequelle zu nutzen, durch Verdauung (Verbrennung) des Kohlenstoffes ihrer Nahrung. Dies ist weit ergiebiger als die Photosynthese, und es ermöglicht ein schnelleres Wachstum.

Etwa vor 2 Milliarden Jahren haben sich dann die *Eukaryoten* mit *Zellkern* entwickelt, zuerst auch nur Einzeller, aber mit ihrer DNS in einem Zellkern konzentriert und mit kleinen Organen innerhalb der Zelle für spezielle Aufgaben (siehe Tab. 4.1). Alle Entwicklung ging also meist sehr gemächlich vor sich, und alle Fortpflanzung bestand nur aus der Teilung der Zelle in zwei mit ihr identische Tochterzellen. Alles noch ohne Sex und Tod.

Tabelle 4.1: Ungefähres Alter

vor Milliarden
Jahren

4,5	Entstehung der Sonne und der Erde
3,9	Erstes Leben, organischer Kohlenstoff
3,5	Erste Zellen ohne Kern: Bakterien und Archäa
3,2	Photosynthese, Sauerstoff
2,2	Atmung
2,0	Zellkern, Einzeller
1,2	Sexuelle Fortpflanzung
0,6	Mehrzeller
0,5	Pflanzen, Tiere, Leben an Land

Die sexuelle Fortpflanzung entstand bereits bei den eukariotischen Einzellern, etwa vor 1,2 Milliarden Jahren, wobei zwei Zellen verschmelzen und ihre Erbsubstanzen austauschen, indem sie stückweise einige Teile der DNS austauschen und andere Teile behalten.

Diese Durchmischung erzeugt viel schneller und gründlicher viele lebensfähige neue Varianten als nur die gelegentliche Mutation vorher (die aber auch noch weiterläuft). Es entstand sehr bald eine Fülle neuer Wesen. Für die spätere Entwicklung zu Pflanzen und Tieren war die Entwicklung der Sexualität ein wichtiger vorbereitender Schritt.

Der nächste entscheidende Schritt hat lange gedauert: das Entstehen der ersten Mehrzeller (Rotalgen, Schleim-Schimmel) vor 600 Millionen Jahren. Dadurch wurden dann große Lebewesen möglich, mit speziellen Organen für Nahrung, Atmung und Stoffwechsel; mit Organen für die Wahrnehmung und deren Verarbeitung in Nervenzentren (Gehirn). Bald nach den ersten Mehrzellern entstand eine enorme Vielfalt von Pflanzen, Pilzen und Tieren, erst nur im Meer, aber bald auch alles feste Land erobernd, vor rund 500 Millionen Jahren.

Diese langsame Entwicklung mit schnellen Stufen, von den ersten kernlosen Bakterien bis hin zu den heutigen Lebewesen, ist recht gut durch Funde belegt, wenn auch viele Details noch zu klären bleiben. Für die chemischen Vorstufen des Lebens haben wir einige gute Ideen (Ursuppe, kosmische Moleküle, Autokatalyse). Aber die erste Entstehung des Lebens (einer RNS-Welt?) liegt noch ganz im dunkeln. Von ihr gibt es keine Fakten, keine Fossilien oder andere Reste. Theorien ohne Fakten sind aber ohne Führung und ohne Kontrolle. Und es kann noch lange dauern, bis wir der Natur im Labor auf die Schliche kommen. Nun, die Natur hat wohl einige Millionen Jahre dafür gebraucht, was für Astronomen recht kurz klingt, für Laboranten aber abschreckend lange. Immerhin, die Natur hat es geschafft, vielleicht gelingt es auch uns.

Und daß wir es nicht verstehen können, das ist nun wirklich kein Grund dafür, Leben im Weltall für selten oder einmalig zu halten.

Mit *Entwicklung* und *Fortpflanzung* verbindet man meist eine Richtung: voran, hinauf, zum Besseren («Nicht fort sollst du dich pflanzen, sondern hinauf!», Friedrich Nietzsche). Die Fortpflanzung ist ein Ergebnis des Zufalls, früher der zufälligen Mutation, später auch noch der zufälligen Mischung der Gene der Eltern. Die natürliche Auslese läßt dasjenige sich besser vermehren, das besser angepaßt ist an das jeweilige Klima und seine Wechsel, an Nahrung, Feinde und Konkurrenz. Das führt nicht immer nur hinauf, sondern oft in dumme Sackgassen: zu großen, hindernden Geweihen, von Elch und Hirsch, zu Parasiten, die ihren Wirt töten, und zu Menschen mit Atombomben. Am erfolgreichsten sind die Bakterien, die drei Milliarden Jahre überlebt haben.

4.3 Krisen und Katastrophen

Das vorige Kapitel behandelte die Entstehung des irdischen Lebens, die Bildung neuer Lebewesen und neuer Methoden des Lebens bis hin zu einer enormen Vielfalt. Die Entwicklung verlief nicht gleichmäßig: Sie war nur anfangs sehr langsam, dann zunehmend schneller. Dies klingt verständlich: Die Kompliziertheit nahm zu und damit auch die Länge der Erbinformation; und damit die Rate der Mutationen, die Häufigkeit der erbändernden Treffer. Mehr als $5/6$ der Dauer des Lebens gab es überhaupt nur Einzeller, die Hälfte dieser Zeit sogar nur Bakterien, noch ohne Zellkern. Übrigens sind auch jetzt noch die Bakterien die häufigsten und vielseitigsten Lebewesen. Ein Gramm Ackerboden enthält eine Milliarde Bakterien. Allein im Darm jedes einzelnen heute lebenden Menschen, leben mehr Bakterien, als je auf der Erde Menschen gelebt haben.

Diese erste langandauernde Welt der kernlosen Einzeller war etwas recht Besonderes. Ihre Wesen teilten sich, wie schon gesagt, zu ihrer Vermehrung; sie konnten aber auch noch keine feste Nahrung aufnehmen, lebten nur von Wasser, Luft und Sonne. Man fraß einander noch nicht auf. Es war eine Welt noch ohne Sex, ohne Alterstod, ohne Mord. Also das Paradies auf Erden. Jedenfalls das einzige wissenschaftlich gesicherte.

Unsere Entwicklung bestand meist aus längeren ruhigen Perioden mit nur wenig veränderten neuen Arten, aber dann oft unterbrochen von größeren Schritten oder Sprüngen der Evolution. So führte die Entstehung der Mehrzeller sehr bald zu einer gewaltigen Menge ganz neuer Wesen. Vor etwa 530 Millionen Jahren, während wohl nur fünf Millionen Jahre Dauer, entstanden bereits alle späteren (und heutigen) Tierstämme.

Aber Arten entstehen nicht nur, sie sterben auch aus. Vermutlich sind alle heute lebenden Arten noch nicht $1/100$, vielleicht sogar nur $1/1000$, aller einmal entstandenen Arten. Eine Untersuchung über das Aussterben der Meerestiere wurde unternommen. Dabei ergab sich zunächst ein allgemeines «Hintergrund-Aussterben», im Durchschnitt pro Jahrmillion rund drei Tierfamilien (mit all ihren Tier-gattungen und deren vielen Arten, die sie enthalten). Darüber gab es aber einige «Massen-Aussterben», mit 10 bis 20 aussterbenden Familien pro Jahrmillion. Dabei starben jeweils über 60 % bis zu 90 % aller Arten aus, oft zugleich im Meer und auf dem Land (falls schon bewohnt). Dies waren dann die großen Krisen oder Katastro-phen der Evolution, der Entwicklung des Lebens. Über die Ursa-chen der Krisen gibt es noch eine lebhafte Diskussion, denn vieles ist noch ungeklärt. Auch mag es für verschiedene Krisen auch ganz verschiedene Ursachen gegeben haben.

Aber die Krisen waren nicht nur vermindernde Untergänge, son-dern oft folgten ihnen bereichernde Schöpfungen neuartiger Wesen. Die Untergänge machten den Weg frei, hinterließen weite, leere Nischen für Entwicklungen, die vorher keine «Ellbogenfreiheit» gehabt hätten.

Wir möchten über das Leben im Weltraum nachdenken, auf fremden Planeten, über Leben ganz allgemein. Wir haben aber nur ein Beispiel, das Leben unserer Erde. Und dieses einzige Beispiel sollten wir uns recht genau anschauen und einprägen. Mit seinen großen Krisen des Lebens und seinen wichtigen Neuschöpfungen. Dazu möge die Tabelle 4.2 helfen: eine kurze Übersicht für die letz-ten 650 Millionen Jahre (vorher gab es nur Einzeller, siehe Tab. 4.1). Daß die Massen-Aussterben und die Grenzen geologischer Peri-oden fast immer zusammenfallen, leuchtet ein, denn die Grenzen wurden von den Geologen dort festgesetzt, wo sich an Art und Zahl der Lebewesen etwas ganz wesentlich – vor allem durch Krisen und Katastrophen – geändert hatte.

Aus Tabelle 4.2 können wir sehen:
1. daß Krisen und Katastrophen für das Entstehen immer kompli-zierterer neuer Arten förderlich waren;
2. daß sie häufig passierten, etwa alle 70 Millionen Jahre, wobei 40 % bis 90 % aller Arten ausstarben;
3. daß sie das Leben nie umgebracht haben. Die einzelne Art mag empfindlich sein für starke Änderungen der Umwelt, das Leben selbst jedoch ist ausdauernd und äußerst zäh.

Was waren nun die Ursachen der Krisen? Es kann kosmische Ur-sachen geben: Einschläge von Kometen und Asteroiden, Ausbruch einer nahen Supernova. Auch irdische Ursachen: Abkühlung oder

Tabelle 4.2: Krisen und Entwicklungen des Lebens der Erde.
Lange Linien (– – –) zeigen die zehn größten Massen-Aussterben,
und diese bestimmten auch meist unsere Grenzen der Erdalter.
Pangäa und Gondwana waren frühere Super-Kontinente der Erde.

Ära	Periode	vor Jahr-Millionen	biologische Entwicklungen	geologische Ereignisse	hauptsächliche Opfer der Krisen
Känozoikum	Quartär	1	Menschen erste Affen	5 Eiszeiten	Plankton Säugetiere
		– – – – – 24	– – – – – – – – – – – – – – – – –		marine Wirbellose
	Tertiär		viele Säuge-tiere, Gras	Meeres-spiegel sinkt	
		– – – – – – 65	– – – – – – – – – – – – – – – – –		Dinosaurier Reptilien
Mesozoikum			Laub statt Tannen		
	Kreide	98			marine Wirbellose
			Bedecktsamer		
		– – – – 144	– – – – – – – – – – – – – – – – –		Wirbellose Dinosaurier
	Jura		erste Vögel Ammoniten Riffbildner	Pangäa spaltet	
		– – – – 213	– – – – – – – – – – – – – – – – –		Reptilien Wirbellose
	Trias		Muscheln erste Säuger erste Dinosaurier		Korallen Reptilien
		– – – – – 248	– – – – – – – – – – – – – – – – –		Brachiopoden Wirbellose
	Perm		viele Reptilien	Pangäa entsteht Eis	Ammoniten
		– – – – 286		Gondwana spaltet	
Paläozoikum			viele Amphibien erste Reptilien	Gondwana-Eis taut	
	Karbon		Farne, Schachtel-halme Festland-Tiere		Plankton Trilobiten
		– – – – 360	– – – – – – – – – – – – – – – – –		Riffbildner Ammoniten Brachiopoden
	Devon		Korallen neue Fische	Gondwana vereist	

90

Ära	Periode	vor Jahr-Millionen	biologische Entwicklungen	geologische Ereignisse	hauptsächliche Opfer der Krisen
		— — — 408	Festland-Pflanzen		
	Silur		erste Fische		Riffbildner Trilobiten
		— — — 438 — — — — — — — — — — — — — — —			Nautiloiden
	Ordovizium		erste Korallen Trilobiten-Vielfalt erste Fisch-artige	Gondwana vereist	
		— — — 505 — — — — — — — — — — — — —			Trilobiten
Paläozoikum			erste Trilobiten	Meeres-spiegel sinkt frühe Eiszeiten	Brachiopoden
	Kambrium		zunehmende Vielfalt des Lebens im Meer		
		— — — — — 590			
Präkambrium				Gondwana entsteht	
	Proterozoikum		Quallen Seefedern	Vereisung	
		— — — 650 — — — — — — — — — — — — — — —			Acritarchen

Erwärmung des Klimas, Zeiten verstärkter Vulkanausbrüche. Und selbsterzeugte Ursachen: Veränderung der Luft durch Photosynthese. Krisen können auch wachsen: Stürbe anfangs nur das Plankton der Meere, so verhungerten bald die meisten Fische.

Wahrscheinlich waren *Klimaschwankungen* die häufigste Ursache der Massen-Aussterben; diese wie jene sind global, einen großen Teil der Erde betreffend, vor allem Abkühlungen der Meere sind häufig mit starkem Absterben verbunden. In unserer Umwelt erleben wir, wie wichtig die Temperatur ist: In kalten und in warmen Zonen leben sehr verschiedene Pflanzen und Tiere; die Zugvögel, manche Schmetterlinge und viele Fische wandern Tausende von Kilometern zwischen Sommer und Winter hin und her.

Die gemessenen Abkühlungen der Meerestemperatur waren meist nur etwa 5–8°C; warum reicht das schon für ein Massen-Aussterben? Nun, die typischen Meeresbewohner sind keine Warmblüter, sie schwimmen im Wasser, und ihre Körpertemperatur ist haargenau die des Wassers. Und damit sind die meisten Kleinen grad ebenso empfindlich wie wir auch: Ist unsere Körpertemperatur nur 3°C höher als normal, so haben wir gefährliches Fieber, und ist sie 5°C zu hoch oder 5°C zu tief, so sterben auch wir.

Auch viele Landpflanzen sind empfindlich gegen Änderungen der Temperatur, und oft sind Abkühlungen mit starker Trockenheit verbunden. Stirbt eine größere Gruppe Pflanzen aus und wird durch andere ersetzt, so sterben auch viele (zu einseitige) Pflanzenfresser aus, und mit ihnen deren Räuber.

Klimaänderungen können verschiedene Ursachen haben. Wenn ein großer Kontinent sich an einen der Erdpole schiebt, so lagern sich dann dort weite, kilometerhohe Eismassen auf, das Meer sinkt, alles wird kühler und trockener. Gelegentlich gab es Zeiten mit vermehrten gewaltigen Ausbrüchen vieler Vulkane; das muß eine Menge an Saurem Regen geben, und wenn viel Staub und Ruß höher als 15 km emporgeschleudert werden, so können sie dort lange verbleiben und das Sonnenlicht so schwächen, daß die Erde über Monate oder Jahre düster und kalt bleibt. Auch die zyklischen Änderungen der Erdachse und Erdbahn, berechnet 1930 von M. Milankovitch, könnten eine Rolle gespielt haben, mit Perioden von 23 000, 41 000 und 100 000 Jahren; ihre Übereinstimmung mit Eiszeiten und Massen-Aussterben ist aber wenig überzeugend. Überhaupt weiß man nicht recht, warum gerade die letzte Jahrmillion fünf große Eiszeiten hatte, mit kürzeren Warmzeiten dazwischen.

Die erste große Krise war die «Luftverschmutzung» vor drei Milliarden Jahren: die Erzeugung des zunächst schädlichen Sauerstoffs durch Photosynthese (wie bereits erwähnt, S. 86). Am einschneidendsten war das Aussterben vor 438 und vor 248 Millionen Jahren. Aber am aufregendsten für uns, und am meisten diskutiert, war der Untergang der Dinosaurier vor 65 Millionen Jahren, nachdem sie 170 Millionen Jahre lang die «Herrscher der Erde» gewesen waren. Und von den möglichen Ursachen ihres Aussterbens wäre am aufregendsten der gewaltige Einschlag eines riesigen Asteroiden, auch weil uns dies ebenso selbst einmal drohen könnte.

Für einen tödlichen Einschlag als Vernichtungsursache der Dinosaurier wie auch als Ursache eines gleichzeitigen allgemeinen Massen-Aussterbens gibt es zwei wichtige Hinweise. An vielen Stellen der Erde findet man an der Grenze zwischen den Schichten der Kreide und des Paläogen eine dünne Zwischenschicht, nur einige Zentimeter dick, die 20–100mal mehr Iridium enthält als sonst üblich. Iridium ist ein Schwermetall (ähnlich dem Platin), das auf der Erde sehr selten ist, aber rund 1000mal häufiger in Meteoriten vorkommt. Das legt den Schluß nahe, daß vor 65 Millionen Jahren ein extrem großer Meteorit oder ein Asteroid einschlug, groß genug, um eine globale Katastrophe zu erzeugen. Zweitens fanden sich auch die Überreste eines 200 km weiten Kraters vor Mexikos Halbinsel Yucatán, bei Chicxulub. Art und Größe des Kraters passen gut zu einer globalen Katastrophe, sie deuten auf einen Asteroiden von 10 km Durchmesser hin, und das Alter des Kraters beträgt gerade einmal 65 Millionen Jahre. Eine extreme Katastrophe zur rechten Zeit hat also sicherlich stattgefunden. Die Erde mag viele Monate oder wenige Jahre lang kalt und dunkel gewesen sein.

Aber so schnell ist das Aussterben vielleicht nicht gegangen. Ein paar Millionen Jahre vorher war das Klima schon kühler geworden, die Dinosaurier wurden seltener, wie auch viele Meerestiere. Manche sind tatsächlich erst etwas später ausgestorben. Jedoch ist sehr schwer zu unterscheiden, ob das Aussterben schnell oder langsam vor sich ging, die Diskussion darüber hält noch immer an. Übrigens auch über die Dauer der anderen großen Massen-Aussterben.

Der Untergang der Dinosaurier ermöglichte den Aufstieg der Säugetiere, die vorher nur ein untergeordnetes Dasein hatten, ähnlich unseren Ratten. Oft wird gesagt: «Wären die großen Saurier nicht ausgestorben, so hätte es keine Menschen gegeben und keine Intelligenz.» Ja, warum hätte es denn nach 65 Millionen Jahren nicht auch intelligente Saurier geben können? Warum immer nur intelligente Affen?

5. Intelligentes Leben

Frank Drake war 1960 nicht nur der erste, der nach Radiosignalen aus dem Weltraum suchte, nach Zeichen von intelligentem Leben im All. Er war, soviel ich weiß, auch der erste, der bald ernsthaft und öffentlich eine zweite große Frage stellte: «Gibt es intelligentes Leben auf der Erde?»

Und da auch mich diese Frage viel hat nachdenken lassen, so habe ich gezögert, die Intelligenz bereits im vorigen Kapitel, im «Irdischen Leben», mit einzuordnen. Natürlich meine auch ich, daß der Mensch intelligentes Denken besitzt. Nicht aber, daß die Menschheit intelligent handelt. Und nur dies allein zählt im Grunde, biologisch und auf lange Sicht gesehen. Sind wir, und uns ähnliche Kulturen, eigentlich fähig, lange zu überleben?

5.1 Meilensteine der Entwicklung

Zunächst will ich die mehr technische Seite der Intelligenz behandeln. Im vorigen Kapitel haben wir Entstehung und Entwicklung des Lebens betrachtet, sozusagen mehr «von außen» her: die Entwicklung durch den Einfluß der Umwelt mit ihrer hilfreichen Versorgung (Grundlagen, Nahrung, Lebensräume) und mit ihren tödlichen Gefahren (Klimaänderung, Vulkanismus, Katastrophen). Es zeigte sich die Entstehung immer neuer und komplizierterer Lebewesen durch Mutation und natürliche Auslese.

Jetzt wollen wir die Entwicklung mehr «von innen» her betrachten: die Entwicklung durch die Entfaltung immer neuer, weiterer Fähigkeiten der Lebewesen zur Bewältigung immer schwierigerer Aufgaben. Da ich schon seit 1951 mit Computern arbeite, habe ich diese Entfaltung 1970, zeitgemäß, so formuliert: «Alle entscheidenden Meilensteine der irdischen Entwicklung wurden gesetzt durch neuartige und erweiterte Methoden der Datenverarbeitung.»

Alles Leben, sich fortpflanzendes Leben, basiert auf dem *genetischen Code*. Und der ist eine ganz raffinierte Art, die Information darüber zu speichern, wie man eben diese Information vervielfältigen und erneut speichern kann. Mit weiteren Informationen darüber, wie man einen komplizierten Körper ringsherum baut, nebst Information über dessen Wartung, Reparatur und Funktion.

All diese Fähigkeiten müssen auch bereits die Einzeller gehabt haben.

Das Nächste ist die Vergrößerung der Information und ihre Unterteilung in Einzelbereiche, «bei Bedarf einzuschalten»: Viele Zellen fügen sich zu einem gemeinsamen Wesen zusammen, zu einem Vielzeller. Jede Zelle besitzt die gesamte Information (die Erbmasse), aber nur ein Teil davon ist wirksam, die Zelle ist spezialisiert. Manche Zellen sorgen nur für Nahrung, andere für Verdauung, weitere für Fortbewegung. Der jeweilige Teil der Information ist *eingeschaltet*, alles andere aber ist *abgeschaltet*.

Der dritte große Schritt, die Entwicklung höheren Lebens, braucht weitverzweigte Nervenstränge, *Datenleiter*, und ein zentrales Gehirn, eine komplizierte *Schaltzentrale*. Hier werden die einlaufenden Informationen bewertet, gespeichert und verarbeitet, und die resultierenden Anweisungen für Tätigkeiten werden ausgesandt. In der Erbmasse entwickeln sich hierfür bestimmte *Programme* der Verhaltensmuster, die Instinkte. Zunächst für das eigene Überleben. Dann auch Programme sozialer Art für Umgang mit Artgenossen, für Revierbesitz und Brutpflege; bei manchen Tieren bis zur Bildung von Herden oder Insektenstaaten. Natürlich auch fremde Arten betreffend: Programme für Angriff, Verteidigung und Flucht. Schließlich noch bei weiterentwickelten Tieren ein neuer, ganz wichtiger Teilschritt: die Fähigkeit zum *Umprogrammieren der Zentrale*, zum eigenen Lernen, aus eigenen Fehlern und Erfolgen (wie ein lernfähiges Schach-Programm).

Viertens, nun uns betreffend. Es ist wohl fair zu sagen, daß unsere gesamte menschliche Kultur auf der *Sprache* basiert, daß die frühe Entwicklung der Sprache der entscheidende Wendepunkt war vom Affen zum Menschen. Dabei meine ich sowohl die gewaltig erweiterten Möglichkeiten der Kommunikation (verglichen mit tierischen Warnrufen und Gebärden) als auch die Art des durch Sprache geformten und gefestigten Denkens. Nicht nur durch die eigene Erfahrung lernen wir, sondern auch durch die Erfahrung von Generationen vor uns und durch die der Nachbarn neben uns. Diese sehr *effektive Datenübertragung* ermöglicht weite räumliche Ausbreitung und lange zeitliche Dauer von großen Mengen an Erfahrung und Gedanken vieler anderer. Auch die Hilfe der Sprache für das Denken ist bekannt. Oft werden Gedanken erst dann so richtig klar und deutlich, wenn man versucht, sie anderen zu erklären. Mein

Lehrer von Weizsäcker sagte: «Was Sie einem Laien nicht erklären können, das haben Sie selbst noch nicht verstanden.» Und auf ganz anderer Ebene können wir auch die Schönheit der Sprache bewundern, in guter Poesie, in feiner Prosa und eleganter Form.

Ein weiterer wichtiger Teilschritt war die Entwicklung der Schrift und später des Buchdrucks: das *dauerhafte Speichern* von viel Information, nun außerhalb des Körpers, auf Tontafel, Stein, Pergament und Papier. Unabhängig von Gedächtnis und Überlieferung.

Jetzt sind wir wieder an einem Meilenstein, ohne schon zu wissen, wohin er weist. Es ist die *Kybernetik*, elektronische Steuerung oder auch «Künstliche Intelligenz» genannt. Was wir zur Zeit an Computern und Software, an Robotern und Internet besitzen, all dies ist nur ein winziger Teil dessen, was auf diesem Gebiet prinzipiell möglich ist. Wir sind gerade bei einem ersten Schritt in ein Gebiet hinein, dessen Grenzen noch niemand abschätzen kann.

Wenn wir diese bisherige Entwicklung noch einmal betrachten und dann versuchen, sie zu *extrapolieren*, vom Verlauf der Vergangenheit auf die Zukunft zu schließen, so erscheint es mir ganz natürlich zu denken, daß der nächste große Schritt die interstellare Kommunikation sein sollte: der Versuch, mit anderen Wesen Kontakt aufzunehmen, falls es sie gibt. Also Ron Bracewells «Galaktischer Club». Aber gibt es einen solchen Club? Und falls ja, wie findet man ihn, wie bewirbt man sich um Aufnahme?

Wir wollen nochmals die bisherige Entwicklung betrachten und jetzt versuchen, sie zu *verallgemeinern*, also von uns auf andere zu schließen. Dies ist natürlich Meinungssache, und schließlich könnte alles von Grund auf auch völlig anders sein. Aber mit guter Wahrscheinlichkeit kann man doch manche Ähnlichkeit erwarten, zum Beispiel für folgendes. In irdischen Lebewesen sind gerade die chemischen Elemente am häufigsten enthalten, die auch im Kosmos am häufigsten vorhanden sind: Wasserstoff, Kohlenstoff, Sauerstoff, und Stickstoff. Kohlenstoff hat mit Abstand die beste Möglichkeit zur Bildung sehr großer, vielfältiger Moleküle, und Wasser ist ein ideales Lösungsmittel. So mag auch anderswo das Leben oft auf Kohlenstoff basieren und im Wasser entstanden sein. Die Chemie der Genetik mag zwar ganz verschieden sein, aber Darwins Prinzip, Mutation und Auslese, sieht doch sehr universal aus. Auch die Entwicklung vom Einzeller zum Vielzeller, vom Nerv zum Gehirn und zu einer Vielfalt von hochentwickelten Tieren, im Wasser, auf dem Land und in der Luft, das ist alles recht einleuchtend. Auch eine beachtliche tierische Intelligenz hat sich sicher oft entwickelt und gut bewährt (Oktopus, Delphin, Affe).

Bis hierhin würde ich ähnliches recht häufig im All erwarten. Aber die meisten sonstigen Einzelheiten können völlig fremd und anders sein. Und manch Folgendes auch.

5.2 Das Gehirn

Was unterscheidet nun eigentlich den Menschen vom Tier? Rein biologisch gesehen, nur herzlich wenig. Die Chemie der Erbsubstanz (unserer DNA) und die Mechanik ihrer Fortpflanzung, das haben alle Lebewesen gemeinsam, vom kleinsten Bakterium bis hin zu uns. Die Grundzüge des Körperbaus sind gleich für alle Wirbeltiere, und mit allen Säugetieren haben wir fast alle Organe und ihre Funktionen gemeinsam. Es wirkt etwas beschämend, daß ausgerechnet Ratten und Schweine uns so ähnlich sind, daß Wirkung und Verträglichkeit von Medikamenten häufig an ihnen getestet werden. Auch beim Versagen unserer Herzklappen werden uns die vom Schwein eingepflanzt.

Am erstaunlichsten finde ich die Ähnlichkeit mit unseren nächsten Verwandten, den Schimpansen. Noch nicht so lange her, vor etwa fünf bis sechs Millionen Jahren, da trennten sich unsere Wege der Entwicklung. Und heute haben wir Menschen zu 99 % genau die gleichen Erbanlagen, die gleiche DNA, wie die Schimpansen, die sich inzwischen nur wenig verändert haben. Wir haben also praktisch den gleichen Entwurf für Körperbau und Funktion, für Verhalten und Instinkt wie die Schimpansen. Nur etwa ein Prozent ihrer und unserer Anlagen sind verschieden. Wir sollten uns dies ruhig etwas einprägen, es mag zum besseren Verständnis der Menschheit helfen.

Doch nun zu den biologischen Unterschieden. Zunächst einmal haben wir Schwanz und Fellkleid abgelegt, aber das sind nur Dinge der Mode. Der stärkste Unterschied ist unser großes Gehirn, es ist dreimal so schwer wie das der Schimpansen, unserer Vettern. Dies war eine ungewöhnlich schnelle und bedeutsame Entwicklung eines einzelnen Organs mit einer starken Veränderung

der ganzen Lebensweise. Hier ist eine grobe Skizze nur der wichtigsten Stufen:

Vor Jahr-millionen	Art	Gramm Gehirn	Besonderes, Neues
5	Ur-Schimpanse	400	meist auf Bäumen
4	*Australopithecus*	450	meist auf Füßen
2	*Homo erectus*	900	aufrechter Gang, Feuer, gute Steinaxt, Sprache?
0,2	*Homo sapiens*	1250	komplizierte Werkzeuge, Sprache, Kleidung

Beim Intelligenz-Vergleich sehr verschiedener Arten kommt es aber
auch auf deren Größe an. Das Gehirn reguliert fast alle Funktionen
des ganzen Körpers, und ein kleiner Körper braucht dazu ein kleineres Gehirn als ein großer. Ein Walfisch hat bis zu 8000 Gramm
Gehirn, ein Elefant 6000. So ist es besser, das Verhältnis der Gehirnmasse zur Körpermasse zu beurteilen.

Auch dieser Vergleich der relativen Gehirnmasse zeigt nicht das
Wesentliche oder Herausragende des Menschen. Biologisch ist dies
schwer zu messen. Wir sehen es nur in seinem Verhalten, in seinen
Fähigkeiten. Das ist wohl zuerst die Herstellung von Werkzeugen.
Vorstufen davon haben auch schon die Schimpansen, die sich glatte
Zweige zurechtmachen, um damit nach eßbaren Termiten in deren
Haufen zu angeln. Schimpansen (und See-Otter) benutzen Steine
als Hämmer, um harte Nüsse (oder Austern) zu knacken. Aber die
gut bereiteten Steinäxte und Steinmesser unserer Vorfahren gehen
doch weit darüber hinaus. Leider haben sich nur Stein und Kno-
chen der frühen Zeit erhalten; was sie aus Holz und Fell gemacht
haben, das wissen wir nicht.

Ein enormer, einzigartiger Schritt war die Benutzung des Feuers:
das Zähmen einer mächtigen, einer tödlichen Naturgewalt. Und
dann vor allem die Sprache, wobei wir nicht wissen, wann und wie
sie entstanden ist. Vermutlich für gemeinsame Jagd auf große Tiere
und beim Zusammensitzen am warmen Feuer.

Nerven und Gehirn der Tiere sind «Wunderwerke der Natur».
Impulse laufen entlang Nervenfasern, nicht als elektrischer Strom,
sondern als chemische Änderung (für elektrische Umpolung), mit

einer Geschwindigkeit von etwa 50 m/sec = 180 km/h. Die einzelnen Nervenzellen, die *Neuronen*, sind kleine Schaltwerke. Jedes Neuron hat viele Kontaktstellen, *Synapsen*, von denen feine Nervenfasern, *Dendriten*, zu Synapsen anderer Neuronen führen. Das Abschicken eines Impulses hängt, oft auf komplizierte Art, davon ab, wie viele Impulse und von wo sie bei dem Neuron einlaufen. Unser menschliches Gehirn hat rund 10 Milliarden Neuronen für Gedächtnis und Denken, und noch ebenso viele für Körperfunktion und Regulierung. In unserem Gehirn ist jedes Neuron meist mit über tausend anderen Neuronen durch Dendriten verbunden. Das Gehirn verbraucht neunmal soviel Blut wie jedes andere Organ und ein Fünftel unserer Energieproduktion.

Carl Sagan meint, die Erbmasse kann nicht beliebig vergrößert werden, sie würde zu instabil und anfällig. So brauchen die höherentwickelten Tiere ein größeres, flexibleres Gehirn, um selber viel Information lernen und dort speichern zu können. Jungtiere von Vögeln und Säugern brauchen Pflege; sie lernen von den Eltern und später von eigenem Erleben. So haben wir Menschen sehr viel mehr Information im Gehirn gespeichert als in unseren Genen.

Gibt es bei Tieren auch Vorstufen, Ansätze, für unsere Art *Sprache* und *Denken*? Ja, gewiß, aber nur selten und in Grenzen. Schimpansen haben keinen für Sprachlaute geeigneten Kehlkopf, aber es geht auch anders. Ich hatte 1977 das Glück, selber die Schimpansin «Washoe» kennenzulernen, der man die Anfänge der amerikanischen Standard-Zeichensprache *Ameslan* beibrachte. Sie konnte etwa 100 Ameslan-Zeichen, machte selber Sätze mit 3–4 Worten, erfand sich eigene Worte durch Zusammensetzen. All dies bis zu der Fähigkeit eines zweijährigen Kindes, doch auch später nie weiter. Eines Tages kam ein Reporter, der bei taubstummen Eltern als Kind zunächst nur Ameslan gelernt hatte, und stellte verwundert fest, daß er sich mit einem Tier in seiner Muttersprache unterhielt.

Ein Bonobo (Zwergschimpansenart) namens «Kanzi» lernte, bis zu 200 verschiedene abstrakte Zeichen (einer Schalttafel) durch Knopfdruck zu benutzen (Dinge, Eßbares, Tätigkeiten, Orte, Namen, bitte, ja, nein, danke). Mit dem Satzbau eines dreijährigen Kindes und mit sehr gutem Gedächtnis. Hielt so auch oft lange Sebstgespräche, vom Computer gespeichert. Gesprochen wurde zu ihm in Englisch, mit den Worten, die er verstand. Auch einige andere Bonobos lernten ähnlich, andere Schimpansen nur sehr selten.

Ein sprechender Graupapagei namens «Alex» lernte die Namen von 10 verschiedenen Dingen, von 7 Farben, und 3 Formen. Er konnte Gruppen sortieren, auf einem Tablett mit 6 bis 15 Dingen. Zum Beispiel auf die Frage «Wieviel blau?» mit «vier» antworten, obwohl die vier blauen Dinge verschiedener Form und Art waren. Auch solche Fragen: «Wieviel blau Klotz» und «Wieviel gelb Wolle» wurden zu 80 % richtig beantwortet. Er kannte «gleich», «verschieden», und sagte «ja», «nein». Auch konnte er bis sechs zählen. Und von Delphinen hört man andere, doch ähnliche Leistungen.

Es gibt Experimente, in denen einem Schimpansen oder einem Kolkraben ein Problem vorgesetzt wird, das er zunächst nicht lösen kann. Erst nach längerem Hinschauen kommt er plötzlich auf die richtige Lösung und handelt gleich richtig. Also nicht durch zufälliges Herumprobieren, sondern durch «Nachdenken». So wie wir lange, teure Experimente durch *Computer-Simulation* ersetzen.

Auch bei unseren Tieren gibt es also Vorstufen von Sprache und Denken, selten und begrenzt. Und zwar bei recht verschiedenen Tierarten, also könnte man ähnliches wohl auch anderswo erwarten. Aber warum dann dieser große *Sprung*, zum dreifachen Gehirn und zur Technik? Und warum nur bei einer Tierart, nur bei uns? Das letzte ist einfach: Hätten die Dinosaurier diesen Sprung geschafft, so hätten unsere Vorfahren, die damaligen kleinen, unseren Ratten ähnlichen Nager, nie eine Chance erhalten, Menschen zu werden. Es kann wohl stets nur eine stark dominante Art geben. Aber könnte es die nicht auch anderswo geben?

Die Frage nach einem guten, einleuchtenden Grund für diesen Sprung, für die so schnelle Vergrößerung des Gehirns, ist noch nicht geklärt. Viele Forscher meinen, eine Klimaänderung hat vielleicht Waldgebiete langsam zur Savanne oder Steppe werden lassen. Einige der Baumbewohner mußten ohne gewohnten Schutz die Erde begehen, mußten lernen, starke Jäger zu meiden und selber erfolgreich Beute zu machen. Wenn man an Kraft und Schnelligkeit den einheimischen Bewohnern der Savanne unterlegen ist, so bekommt ein überlegenes Gehirn viel Überlebenswert.

Vielleicht war es so. Eine ohnehin schon recht gescheite Tierart verliert ihren Lebensraum und muß in einen anderen, schon von anderen tüchtig besetzten Raum eindringen, muß sich dort durchsetzen. Das Erlernen einer neuen, überlegenen Lebensart, und einiger technischer Hilfsmittel, geht vielleicht schneller und sicherer als eine gründliche Umänderung des Körpers.

Das kann anderswo auch passieren. Es mag nicht ganz so einleuchtend klingen wie die bisherige Entwicklung, aber nach genügend langer Zeit sollte es doch einmal geschehen. Außerdem: Nachdem das Leben auf einem Planeten bereits alle Nischen von Wasser, Erde und Luft dicht besetzt hat, eröffnet technische Intelligenz eine Vielzahl von großen neuen Nischen.

5.3 Die Krone der Schöpfung

So haben wir uns früher öfters benannt. Heute sind wir zwar zurückhaltender mit solch großen Worten, aber vom Empfinden und Gefühl her bleiben wir doch immer noch die «Krone». Der Mensch ist der Höhepunkt der Schöpfung oder auch der Entwicklung. Und diese zwei Gedanken wollen wir etwas näher betrachten. Zuerst die Schöpfung, also der Anfang der Bibel. *Und Gott sprach: Lasset uns Menschen machen, ein Bild, das uns gleich sey ... Und Gott schuf den Menschen ihm zum Bilde, zum Bilde Gottes schuf er ihn ... Und Gott sahe an alles, was er gemacht hatte; und siehe da, es war sehr gut.*

Aber ganz so gut war es dann doch nicht. Gottes erstes Gebot *Aber vom Baum der Erkenntnis sollst du nicht essen* wurde bald gebrochen. Schon das erste Paar war ungehorsam, verlor die Unschuld, mußte vertrieben werden.

Bereits in der zweiten Generation wurde Kain zum Mörder und erschlug seinen Bruder Abel. Übrigens nicht aus Habgier oder Leidenschaft, sondern aus religiösen Gründen: *Und der Herr sahe gnädiglich an Abel und sein Opfer. Aber Kain und sein Opfer sahe er nicht gnädiglich an. Da ergrimmte Kain sehr ...*

Danach wurde es auch nicht besser. Nach nur neun Generationen wollte Gott die ganze mißratene Schöpfung wieder zurücknehmen: *Da reuete es ihn, daß er die Menschen gemacht hatte ...,* und mit der Sündflut sollte alles ganz vertilgt werden. Aber Noahs Familie und von jedem Getier ein Pärchen wurden noch begnadigt.

Falls also der Mensch eigentlich als Krone gedacht war, so ist es dann doch anders gelaufen. Nicht Krone oder Zierde war er, sondern der mißglückte Endpunkt dieser so schönen Schöpfung. Wem das zu schroff klingt, der lese bitte selbst in der Bibel nach.

Nun zur *Biologie*. Die Evolution, die schrittweise Entwicklung aller Lebewesen, geschieht durch rein zufällige Mutationen, durch kleine Änderungen eines Gens im Erbgut. Und die natürliche Auslese läßt dann denjenigen die meisten Nachkommen haben, der am besten angepaßt ist an die Umwelt: an Klima, Nahrung, Feinde und Konkurrenz. Hier gibt es keine Schöpfung, also auch keine Krone; keinen Plan, also auch kein Mißlingen.

Ernüchternd ist dabei, daß die Begriffe «Mutation, Auslese, Entwicklung» sich überhaupt nicht auf das Lebewesen selbst beziehen, sondern nur auf das eigentliche Erbgut, nur auf die Gene der Eizelle und der Spermazelle. Denn nur diese pflanzen sich fort, nur deren Mutation zählt, nur sie erzeugen Nachkommen.

Wenn nun alles purer Zufall ist, woher dann diese erstaunliche Evolution von primitiven, winzigen Einzellern bis zu großen, höchst komplizierten Tieren, bis hin zum Menschen? In der Theoretischen Physik gibt es einen Lehrsatz, das *Ergodische Prinzip*: «Alles, was nach den Naturgesetzen möglich ist, passiert auch tatsächlich, wenn genug Raum und Zeit gegeben sind.»

Das heißt für das Leben: Je länger es dauert, um so kompliziertere Wesen entstehen. Tiere und Menschen sind offensichtlich möglich, nach genügend langer Zeit. Den Raum betreffend, lockt mich die Aussage: je mehr bewohnbare Planeten, um so erstaunlicher deren Bewohner.

Daß wir das Komplizierte mehr bewundern als das Einfache, liegt nur an unserer subjektiven Wertung. Biologisch gesehen, ist alles Lebende gleich tüchtig, gleich gut. Was lebt und überlebt, ist gut angepaßt (die Kleinen oft besser als die Großen).

Vor allem aber gibt es keinen Grund, uns für das Endprodukt der Evolution zu halten. Die großen Dinosaurier waren 150 Millionen Jahre lang die Herren der Erde, aber eben nicht auf ewig. Sonne und Erde haben noch ein paar Milliarden Jahre vor sich. Wir auch.

Die *technische Intelligenz*. Wir sind zwar keine Krone der Schöpfung, auch nicht Höhepunkt oder gar Endprodukt der Evolution, aber unsere Intelligenz gibt uns doch eine beachtliche Sonderstellung. Wir treiben Ackerbau und Viehzucht, bauen Häuser, leben in Städten und bilden große Staaten.

Allerdings gibt es all dies auch bei Tieren, zum Beispiel bei Ameisen mehrerer Arten. Schon längst vor uns, vor etwa 50 Millionen Jahren, wurden aus Jägern und Sammlern bereits Ackerbauern und

Tierzüchter. Die Blattschneider-Ameisen in Südamerika zerschneiden Blätter, tragen sie in den unterirdischen Bau und zerkauen sie dort zu einem Brei. Auf diesem Ackerboden wird eine Pilzart gezüchtet, von deren kleinen Knollen die Ameisen und ihre Brut leben. Aber Monokulturen leiden unter Parasiten, auch dort. So tragen diese Ameisen, auf ihrer Unterseite, Kulturen von Bakterien, die Antibiotika gegen die Parasiten erzeugen (und auch noch Dünger für die Pilze). Eine solche Stadt der Blattschneider-Ameisen kann bis zu acht Millionen gut organisierte Einwohner haben. Andere Ameisenarten pflegen und melken Blattläuse, wieder andere rauben und halten sich Sklaven. Klingt alles recht menschlich.

Das könnte es anderswo auch in ähnlicher Weise geben. Aber das ist es ja nicht, wonach wir suchen. Die erstaunliche Intelligenz dieser Ameisen ist eine *arteigene, genetische Intelligenz*, es ist alles Instinkt und Vererbung, betrifft die Art als Ganzes. Es fällt schwer, sich vorzustellen, daß auf diese Weise interstellarer Kontakt, von Stern zu Stern, entstehen könnte.

Für SETI hoffen wir also anderswo auf fortschreitende Technik und Wissenschaft, vor allem auf Wesen, die neugierig und gesprächig sind, die sich Wissensdrang und Mitteilung sogar einiges kosten lassen. Und es scheint, daß dafür, wie bei uns Menschen, eine starke *individuelle, denkende Intelligenz* nötig ist. Gerade das ist ja der Hauptunterschied zwischen Mensch und Tier, und dafür brauchen wir unser großes Gehirn. Nur die einzelnen suchen nach Wissen und machen Erfindungen, nicht die Staaten.

In der langen Steinzeit verbesserte sich unsere Kenntnis zur Herstellung von Werkzeug und Waffen; auch von Behausung und Kleidung, nicht unwichtig für ein Überleben in kälterem Klima. So wuchs unsere technische Intelligenz, erst noch langsam, dann immer schneller. Die damit verglichen extrem langsame genetische Evolution wurde rasant überflügelt von einer *kulturellen Evolution*, ermöglicht durch Sprache, Lehre und Tradition. Nach den 500 Millionen Jahren tierischer genetischer Entwicklung ist dies nun eine ganz andere neue Art der Evolution, weit schneller und umfassender. Nicht mehr in den Genen verankert, sondern in den Gehirnen; nicht mehr vererbt, sondern stets neu gelernt; nicht mehr entwickelt durch zufällige Mutationen, sondern durch erarbeitete neue Ideen.

So sind wir nun angelangt bei maschineller Ernte und halbautomatischen Fabriken; wir verfügen über Strom, heißes Wasser; Telefon, Fernsehen, Computer und Internet; auch Auto, Bahn, Flugzeug und den Beginn der Raumfahrt. Wir haben Verwaltung, Militär und Polizei, wir sind versichert gegen Krankheit, Armut und Unfälle. In der UNO sind über 160 Staaten der Erde vereint. Tausende Wissenschaftler arbeiten für Medizin, Chemie, Physik und Astronomie. Außerdem erzeugen und genießen wir Musik, Malerei und Poesie. All dies sind beachtliche Leistungen, sind Zeichen von gut entwickelter Intelligenz und Kultur, von Fleiß und Arbeit. Man könnte durchaus stolz sein und zufrieden.

Aber eben nur dann, wenn man das große Glück hat, zu dem einen Viertel der Menschheit zu gehören, das in fortschrittlichen Ländern wohnt. Und falls es gerade keinen Krieg dort gibt, und falls man nicht etwa arbeitslos ist. Und auch nur dann, wenn man die eigene Vergangenheit und alle anderen Länder außer acht läßt. Andernfalls jedoch gibt es reichlich Anlaß zu der großen Frage. *Gibt es intelligentes Leben auf der Erde?* Dies wäre auch die erste Frage eventueller Besucher aus dem All oder von Betrachtern unseres Fernsehens. Versuchen also auch wir einmal, unsere Erde und ihr Leben etwas aus der Ferne zu betrachten, mit einigem äußeren und auch innerem Abstand. So, als kämen wir frisch aus dem All, neugierig auf Geschichte und Gegenwart dieser Wesen hier auf der Erde. Gerade das Nachdenken über Leben im Weltall, über SETI und intelligentes Leben, sollte uns hierzu anregen.

Zunächst eine schlimme Erkenntnis: Solange es hier überhaupt Geschichte gab, solange gab es auch dauernd Kriege. Mörderische Kriege um Land und Besitz, um Herrschaft oder zum Ausrotten der Konkurrenz. Aber auch heilige Kriege, zur Ehre eines Gottes (der gesagt hat: *Du sollst nicht töten*). Überhaupt haben unsere Herrscher, die Könige, Diktatoren oder Regierungen, all das gegen andere Länder getan, was sie ihren Untertanen bei Strafe verboten haben: Mord (Krieg), Raub (Beute), Betrug (Verträge). Moral und Gesetze haben sie stets streng gefordert, selbst aber nicht befolgt.

Man bekommt auch den Eindruck, als haben alle großen Taten der Menschheit, groß im Verhältnis zum Sozialprodukt, meist der Vernichtung gedient und nicht dem Aufbau.

Hier einige Zahlen, aus offiziellen Quellen, über das vergangene Jahrhundert dieser Erde. Von 1900 bis 1996 gab es 250 Kriege und

Bürgerkriege (mit je über 1000 Toten/Jahr) mit insgesamt 109 Millionen Toten, davon 63 Millionen Zivilisten. 1996 gab es in 69 Ländern noch etwa 100 Millionen vergrabene Tretminen mit pro Jahr 26 000 Toten und Schwerverletzten, meistens Kinder. Um 1986 betrug die Sprengkraft der Atombomben aller Länder 18 000 Megatonnen TNT (18 Milliarden Tonnen). Geteilt durch die Erdbevölkerung waren das 4,0 Tonnen TNT pro Person; das ist eine solide Kugel Dynamit, von 1,5 m Durchmesser – eine solche Kugel Dynamit für jeden Menschen der Erde.

Besucher aus dem All würden sich fragen: Wie können Wesen, die intelligent genug sind, um Atombomben zu erfinden, auch dumm genug sein, sie tatsächlich zu bauen? Auch anderes ist schwer zu verstehen. Es gibt einen empörten Kampf gegen Abtreibung, weil auch das ungeborene menschliche Leben nicht getötet werden darf; und eine der größten Religionen verbietet sogar alle modernen Methoden der Empfängnisverhütung. Aber die meisten dieser Schützer des Lebens haben nichts dagegen, ihre Soldaten in Kriege zu schicken. Also erst moralischer Kampf gegen Abtreibung und Pille, dann Ausbildung erwachsener Männer zu gegenseitigem Töten.

Und dann unser Lebensstandard: Ein Viertel der Menschheit leidet (und stirbt) an Überfütterung, die Hälfte lebt in dürftigen Verhältnissen, und ein weiteres Viertel leidet (und stirbt) an Unterernährung. Genauer gesagt: Nur 23 % aller Menschen leben in modernen Ländern, 77 % in unterentwickelten Ländern; und 22 % aller Menschen leben in tiefster Armut.

Wir vergeuden unsere Reserven und gefährden die Zukunft unserer Enkel. Energie bekämen wir genug von der Sonne; den Vorrat an Erdöl sollte man der Chemie belassen. Die Abgase der Autos und das Abholzen der Regenwälder sind ernste Gefahren für das Klima. Abfälle der Industrie verderben Luft, Wasser und Böden.

Diese vielen Zeichen krasser Unvernunft muß man im Zusammenhang mit der «Bevölkerungs-Explosion» sehen, der rasant zunehmenden Übervölkerung der Erde: Verdoppelung der Anzahl alle 45 Jahre; jedes Jahr rund 70 Millionen mehr Menschen. Aber Zunahme der Enge bringt Zunahme an Reibung, Neid, Verbrechen. Und es verstärkt die Bereitschaft zum Krieg.

5.4 Diskussion

Die Menschheit steckt in einer ernsten Misere, die immer schlimmer wird. Die Zahl der «heißen» Kriege und Bürgerkriege lag im Jahr 1900 noch bei 5, betrug 1960 schon 10 und stieg bis 1995 auf 30 kriegerische Auseinandersetzungen an – mit 3 Millionen Toten im Jahr (90 % davon Zivilisten). Außer den bisherigen Waffen besitzen wir heute auch noch chemisch-biologische Waffen auf Vorrat, und zwar 31 500 Tonnen (1996) in den USA, 40 000 Tonnen in Rußland. Der Irak besaß über 1000 Tonnen, vermutlich auch Iran und Libyen. Das Waffenarsenal wird immer raffinierter und effektiver, immer grausamer.

Aber wie soll es, wie kann es nun weitergehen, steuern wir auf eine schreckliche Katastrophe zu? Was bedeutet das alles, heißt es, daß die Menschheit nicht auf Dauer zum Überleben geeignet ist? Fast scheint es so. Hatten andere Wesen im All ähnliche Probleme? Wurden sie gelöst? Schauen wir uns einmal die Hintergründe an.

Trotz aller neuen Intelligenz sind wir in der Tiefe noch immer geleitet durch *uralte Instinkte*, und der Aufbau unseres Gehirns ist ein Abbild unserer biologischen Vergangenheit. «Weit unten» haben wir noch Instinkte aus der Frühzeit der Reptilien: den puren Überlebens-Egoismus. Seit den frühen Säugetieren gibt es soziale Instinkte, zuerst nur für Aufzucht und Schutz der Jungen. Dann bei vielen Arten auch für das gemeinsame Leben in Gruppen und Herden, mit Rangordnung und mit Führung und Gefolgschaft. Dazu auch starke Instinkte für gemeinsame Jagd und gegenseitige Hilfe in der Gruppe sowie Feindschaft und Kampf gegen fremde Gruppen, zur Sicherung des eigenen Territoriums und seiner Nahrungsquellen. Dabei besteht der Kampf um Rang, auch der Kampf gegen fremde Gruppen, zumeist nur aus Drohgebärden, falls nötig auch aus Rammen, Schlagen und Beißen; aber nicht aus gegenseitigem Töten. Das kommt zwar auch vor, aber nur selten, meist nur als Betriebsunfall. Auch gibt es dann instinktive Gebärden der Unterwerfung, die den Angriff des Siegers beenden.

Über diese ganze Stufenleiter der biologischen Instinkte verfügen auch wir. Über den puren Egoismus ebenso, wenn auch überlagert von starken sozialen Kräften der Kindesliebe und der Gruppengemeinschaft. Mit dem Gerangel um Karriere und Rang, mit der Fähigkeit zum Führen und der Bereitschaft zum Gehorchen. Und mit dem starken Willen zum gemeinsamen Kampf gegen alle fremden Gruppen.

Das ist alles gut und natürlich, verlief ja auch gut bei den Vorfahren auf den Bäumen. Doch mit wachsender Intelligenz schufen wir bessere Werkzeuge, die auch gut als Waffen taugten; primär zur Jagd, aber ebenso zum gegenseitigen Töten. Auch wir Heutigen hätten wenig Mord und keine Millionen Kriegstote, könnten wir nur mit Händen und Zähnen töten. Mit Keule und Axt hat es angefangen, mit Lanze und Schwert ging es weiter.

Ein recht ehrliches Geschichtsbuch ist die Bibel. Da wird von vielen Kriegen berichtet, in denen man ein anderes besiegtes Volk komplett ausgerottet und erschlagen hat, mit allen Männern, Frauen und Kindern (zur Ehre Gottes). Und Christen im Sinne des *Liebet eure Feinde!* sind wir nachher auch keine geworden; fast nichts hat sich gebessert, wenn man genau und ehrlich hinschaut. Nur fällt dies Hinschauen schwer, und es schmerzt zutiefst, wenn es um Opfer der Hexenprozesse, grausamster langer Folter geht oder gar um Millionen gemordeter Juden. Zu allen Zeiten haben Machthaber unsere alten Instinkte, für die Gruppe und gegen Fremde zu agieren, zu Krieg, Vernichtung und Eroberung geschürt und ausgenutzt.

Was ist nun das Besondere an der gegenwärtigen Situation? Unsere Instinkte wurden in Millionen Jahren entwickelt für das Leben in kleinen, natürlichen Gruppen. Doch sie taugen nicht für Völker mit gewaltigen Waffen. Und schon gar nicht für kleine fanatische Gruppen mit selbstgebastelten Bomben. Unser erstes Unglück ist also die Verbindung uralter, dauerhafter Instinkte mit rasant gewachsener Waffentechnik.

Das zweite heutige Problem sind unsere *Traditionen*, die sich in Tausenden von Jahren geformt haben, insbesondere in vielen Kriegen und Kämpfen. Traditionen des Mannesmuts und Heldentums, für Ehre und Ansehen, für Nationalstolz mit Fahne und Hymne. Auch dies taugt nicht mehr für unsere aufgewühlte, aggressive Zeit, die dringend Frieden, Toleranz und Verständnis bräuchte. Für Wirtschaft, Transport und Reisen ist unsere ganze Erde enger zusammengewachsen durch unsere mächtige Technik. Nun muß sie auch zusammenwachsen für Frieden, Hilfe und Freundschaft. Durch weltweit leitende Vernunft, die wir noch nicht haben.

Noch ein drittes, mehr zukünftiges Problem: Die für uns sehr segensreiche Technik der Medizin hat auch ihren «Beipackzettel».

Sie hat die Bevölkerung schneller wachsen lassen, sie hat auch unsere natürliche Auslese beendet, unsere genetische *Evolution*. Wir lassen nicht aussterben, wie die Natur es tut, wir heilen und erhalten am Leben. Der Kranke soll nicht sterben, selbst dem Mörder wird nicht mit Gleichem seine Tat vergolten. Auch dies ist menschlich, zum Glück. Es soll und darf auch nicht geändert werden. Und dennoch müssen wir, irgendwie, für die weitere Zukunft sorgen und uns ändern. Aber wie? Sollen wir weltweit die Kinderzahl regulieren – und wenn ja, wie? Gar «friedliche Menschen» züchten? Ich weiß keine Antwort. Aber darüber nachdenken sollten wir.

Zum ersten Mal muß eine irdische Art ihre eigene Evolution selbst in die Hand nehmen, ihre Entwicklung bewußt planen.

Ich stelle mir vor, daß bei den Entwicklungen im Weltall die *Technik als Filter* wirkt. Als ein Filter, der nur solche Kulturen in eine weitere Zukunft hindurchläßt, die neben der technischen Intelligenz auch ein gleiches Maß an Vernunft und Weisheit entwickelt haben.

Technik ist Werkzeug, ist selbst weder «gut» noch «böse». Das sind nur unsere Ziele, zu denen wir sie benutzen. Ich habe hier viel «Böses» betont, weil das Nachdenken über Intelligenz im All uns helfen soll, unsere eigene Misere klar zu sehen, um dann uns eine gute lange Zukunft zu ermöglichen. Mit Kontakt zu den «Anderen» im All?

Bisher habe ich oft unser Beispiel verallgemeinert und von uns auf andere geschlossen. Aber jetzt möchte ich doch lieber ein bekanntes Sprichwort benutzen: «Man soll nicht immer von sich auf andere schließen, es gibt auch anständige Leute.»

Hoffen wir, trotz unserer ernsten Lage, auf Besserung. Und auf viele vernünftige Kulturen im All; auf «sauber gefilterte», die ihre Kinderkrankheiten überwunden haben, die nicht im Chaos uralter Instinkte plus High-Tech untergegangen sind. Und selbst wenn das geschieht, so braucht es nicht das Ende des Planeten zu bedeuten. Bei Diskussionen während der Eskalation des Kalten Krieges fragten wir uns: «Angenommen, die Menschheit bringt sich um, durch Großangriff und nuklearen Winter, was dann?» Eine recht realistische Antwort war dann: «Dann hätten die Ratten wieder eine Chance», wie nach dem Untergang der Dinosaurier.

5.5 Die Entfernung

Zurück zu SETI, zur Suche nach intelligenten Lebenszeichen im All. Und zu der Frage: Wie weit mag es sein, bis zu den nächsten Nachbarn im All, bis zu Partnern für Ferngespräche? Bei der Planung von SETI ist dies auch bald und mehrfach gefragt worden, auf verschiedene Art und mit verschiedenem Ergebnis. So will ich es jetzt auch wieder tun, auf meine Art und anhand unserer bisherigen Überlegungen. Und bei Unsicherheit werde ich die günstige Seite bevorzugen, so wie es diejenigen tun, die aktiv für SETI arbeiten.

Wir hatten geschätzt, daß die nächsten *lebensfreundlichen Planeten* in etwa 15–30 Lichtjahren Entfernung zu erwarten seien. Die chemischen Bausteine des Lebens sind vorhanden, wo sich Sterne aus dichten Gaswolken bilden. Unser Leben war erstaunlich schnell entstanden und in widrigsten Umständen. Durch Mutation und Auslese hat sich eine große Vielfalt von Wesen entwickelt; das Leben hat Wasser, Land und Luft bevölkert, hielt sich dauerhaft und zäh trotz vieler Krisen und Katastrophen. Immer neue Arten sind entstanden, bis zu intelligenten Tieren verschiedener Art. Bis hierhin klang alles recht einleuchtend, häufig im All zu erwarten.

Meist nimmt man ja an, daß gleiche Umstände zu gleichen Ereignissen führen. So wollen wir jetzt annehmen, daß unter ähnlichen Umständen auch ähnliches Leben entsteht. Daß also die lebensfreundlichen Planeten tatsächlich belebt sind, daß die nächsten höheren Lebewesen 15–30 Lichtjahre entfernt sind.

Der Sprung zur *Technischen Intelligenz* aber mag etwas ganz Besonderes gewesen sein, oder auch nicht. Er mag auch meist so lebensgefährlich abgelaufen sein wie bei uns, oder auch nicht. Wir wissen beides nicht. Hier beginnt die große Unsicherheit. Wir wissen zu wenig über Ursachen und Einzelheiten unserer übereilten Menschwerdung, außerdem ist diese ja auch noch gar nicht abgeschlossen. Ist unsere Menschheit, auf lange Sicht, zum Überleben geeignet?

Wie häufig technische Intelligenz im Weltall entsteht und wie oft man dabei weltweite Vernunft entwickelt, um deren Gefahren zu überleben, das können wir nicht abschätzen. Das allgemeine Vorhandensein hoher Intelligenz können wir so nicht erwarten, wir können es nur erhoffen. Das aber sollen wir tun, und danach wurde auch die SETI-Planung ausgerichtet. Meist nicht mit der Erwartung, aber mit der Hoffnung, Erfolg zu haben. Wir begannen die Abschätzungen mit dem ersten Grundsatz: *Nichts ist einmalig.* Dies hat auch meine bisherige Darstellung geleitet.

Nun folgen wir dem zweiten Satz: *Nichts währt ewig;* und diese Feststellung, die Verminderung der Anzahl, vergrößert die Entfernung. Intelligente Lebenszeichen benötigen, hier wie dort, Technik und Wissenschaft. In unserem heutigen Zustand sind dies unsere treibenden Kräfte, die Grundlagen unseres Weltbildes. Kein Zustand dauert ewig, auch dieser nicht. Den nächsten Zustand können wir ebensowenig erahnen, wie ein Mensch der Steinzeit dies mit unseren heutigen gekonnt hätte.

Eine für uns wirksame Begrenzung ist vermutlich die astronomische Jugend unserer Sonne, somit auch unserer Kultur, und damit die begrenzte Möglichkeit einer Verständigung mit extrem alten Kulturen. Haben sie überhaupt Interesse an uns primitiven Anfängern? Könnten wir sie überhaupt begreifen? Nun, wir versuchen ja auch, uns mit Schimpansen zu unterhalten, täten es aber nicht, wenn es ein paar hundert Millionen Dollar kostete; beibringen können wir der Affenwelt ohnehin nichts.

Wieviel älter mögen die «Anderen» sein? Lebensfreundliche Planeten erwarten wir nur bei Sternen mit mindestens 0,98 Sonnenmassen (Biozone plus Rotation), und solche Sterne können nur bis zu 9,5 Milliarden Jahre alt werden (Abb. 3.1). Technische Intelligenz bräuchte zu ihrer Entwicklung bei uns 4,5 Milliarden nach Entstehung der Sonne. Verallgemeinert heißt dies, daß die anderen bis fünf Milliarden Jahre älter (9,5–4,5) werden können als wir.

Bis zu welchem Altersunterschied reicht unser geistiger Horizont? Und bis zu welchem Unterschied wollen die Älteren überhaupt noch mit uns reden? Schwer zu sagen. Unsere Planung braucht aber eine Antwort. Um nicht völlig zu phantasieren, blicken wir in die Vergangenheit. Mit wem unserer Vorfahren könnten wir uns wohl eben noch unterhalten? Ich würde meinen, mit einem am Anfang des *Homo sapiens*, vor rund 200 000 Jahren (heutige Gehirngröße). So setzen wir das einmal probeweise ein, als unseren maximalen Altersunterschied für Kommunikation. Diese Begrenzung der Dauer, von 5 Milliarden auf 200 000 Jahre, ergibt eine ebenso starke Verminderung der Anzahl (der Dichte) möglicher Partner und damit eine Verlängerung des (dreidimensionalen) gegenseitigen Abstandes, von 15–30 auf 440–880 Lichtjahre. Dies

Beispiel des *Homo sapiens* klingt vielleicht etwas weit hergeholt, aber hoffentlich auch nicht zu weit. Hätten wir nur 100 000 Jahre eingesetzt, so wäre der Abstand 500–1100 Lichtjahre ausgefallen. Für spätere Rechenbeispiele unserer Suche sagen wir: In rund 300–1000 Lichtjahren Entfernung hoffen wir also, auf die nächsten möglichen Partner für interstellaren Austausch zu treffen.

Für die Planung und Durchführung einer großen Suche mag all dies sehr unsicher klingen. Vielleicht gibt es auch in 100 Lichtjahren schon mögliche Partner. Aber auf die Frage, ob es die «Anderen» denn überhaupt gebe, haben wir nur die Antwort: Wir werden es nie wissen, wenn wir es nicht versuchen.

6. Grundlagen unserer Suche

6.1 Besuche, Briefpost, Ferngespräche?

Wenn wir mit jemandem Kontakt aufnehmen wollen, gibt es drei Möglichkeiten. Wir können einander besuchen, wir können uns Briefe schreiben, oder wir telefonieren. Die Wahl hängt ab von Dauer und Art des geplanten Kontaktes, vor allem aber von Entfernung und Eile. Bei großer Entfernung brauchen Besuche lange Vorbereitung und sehr viel Geld und kommen deshalb nur selten in Frage. Briefe sind da am billigsten, sind aber auch einige Tage unterwegs. Doch ein Ferngespräch geht weitaus am schnellsten, und falls es nur kurz ausfällt, ist es genauso billig wie ein Brief.

Reisen von Stern zu Stern. Bei den Nachbarn im All wäre am schönsten, am interessantesten und ergiebigsten natürlich ein richtiger Besuch bei ihnen, mit gegenseitigem Kennenlernen, mit Austausch von Erfahrung und Gedanken. Danach die Rückkehr zur Erde, mit Koffern voll fremder Schätze, voller Reiseandenken und Photos; mit Aktendeckeln voll neuen Wissens. Ja, das wäre herrlich, ist aber leider nicht mehr als ein schöner Wunschtraum.

Schon eine Reise von Stuttgart nach Hawaii ist recht mühsam und teuer und dauert über 25 Stunden, «weil es halt so weit ist» (laut Reisebüro). Aber Entfernungen im Weltraum sind unglaublich viel weiter. Nach Hawaii bräuchte ein Lichtstrahl nur eine 20stel Sekunde, zum nächsten Stern jedoch über 4 Jahre. Nach unseren Schätzungen braucht das Licht etwa 15–30 Jahre bis zu den nächsten lebensfreundlichen Planeten anderer Sterne und sogar 300–1000 Jahre bis zu möglichen Gesprächspartnern. Doch nichts, gar nichts, kann schneller fliegen als das Licht, kein Ding und keine Mitteilung.

Einsteins Relativitätstheorie ist inzwischen durch viele Experimente und Beobachtungen bestätigt. Für uns ist folgendes wichtig. Erstens, die höchste Geschwindigkeit ist:

Lichtgeschwindigkeit, c = 300 000 km/sec

(reichlich eine Sekunde bis zum Mond). Zweitens gibt es keine absolute Zeit, sie hängt ab von der Geschwindigkeit. Flöge ein Raumschiff extrem schnell, so verginge im Schiff die Zeit viel langsamer als auf der (nur wenig bewegten) Erde. Ist das Ziel 1000 Lichtjahre entfernt, so wäre die Mannschaft im Schiff vielleicht nicht viel gealtert, auch nicht auf ihrer Rückreise. Auf der Erde allerdings wären dann bei ihrer Rückkehr inzwischen 2000 Jahre vergangen. Ist das Ziel nur 30 Lichtjahre entfernt, so wären auf Erden immerhin schon 60 Jahre vergangen.

Drittens muß ein Raumschiff schon ganz dicht an die Lichtgeschwindigkeit herankommen, um einen wesentlichen Zeitgewinn zu erhalten. Tabelle 6.1 wird dafür einige Beispiele geben.

Viertens aber braucht es ganz ungeheuer viel Energie, um ein Schiff bis fast auf Lichtgeschwindigkeit zu beschleunigen (denn die Trägheit wächst mit der Geschwindigkeit). Und es braucht ebensoviel Energie, um es wieder abzubremsen, sowohl dort als auch wieder hier. Außerdem muß all diese Energie in Form von Treibstoff mitgenommen und auch mit beschleunigt werden.

Doch wenn man nicht bis ganz dicht an die Lichtgeschwindigkeit herankommt, so spielt die Zeitverkürzung der Mannschaft kaum noch eine Rolle, dann dauert die Reise auch für sie viel zu lange. Interstellare Reisen, während der Lebensdauer einer Mannschaft, sind deshalb ganz ausgeschlossen.

Dies Problem möchte ich ausführlich schildern als Begründung dafür, daß ferne Reisen für die SETI-Planung völlig ausgeschlossen sind. Auch werde ich oft gefragt: Warum fliegt ihr nicht einfach hin und schaut nach? In der Science Fiction geht das doch alles zu machen? Also will ich zeigen, daß nicht alles, was denkbar ist, auch machbar ist und daß man die «Fiction» oft gut finden kann, aber die «Science» dabei nicht ernst nehmen soll. Und drittens mag dies Problem vielleicht sogar der Grund dafür sein, daß uns noch keiner der «Anderen» hier besucht hat. Doch zunächst will ich erzählen, warum ich mich so ernsthaft mit dem Reiseproblem beschäftigt habe.

Ich wurde 1960 an die neu gegründete Radio-Sternwarte *Green Bank* eingeladen, in den Bergen von West Virginia in den USA. Ich war ganz begeistert, dort mit am Aufbau der später größten Sternwarte zu arbeiten, in einem noch ganz jungen Gebiet der Wissenschaft, das ich übrigens dort erst noch zu lernen hatte. Es gab noch nicht einmal ein Lehrbuch der Radioastronomie, man lernte es von Kollegen, wie wir so sagten, «beim Kaffeetrinken».

Was ist nun Radioastronomie? Hierzu nur ganz kurz, später mehr. Das Licht ist eine *elektromagnetische Welle.* Das ganze Spektrum dieser Wellen geht von den längsten Radiowellen, über Kurzwelle, UKW, Infrarot, Licht, Ultraviolett, Röntgenstrahlung bis hin zur kürzesten Gammastrahlung. Im Weltraum strahlen die Sterne, die Gaswolken, Galaxien und Quasare oft über alle Bereiche des Spektrums. Unsere Atmosphäre aber läßt davon nur zwei begrenzte Bereiche hindurch: das Licht, das unsere Augen sehen und mit dem unsere Fernrohre in die Welt blicken. Und einen längeren Bereich der Radiowellen, den die Radioteleskope, unsere großen Spiegel-Antennen, auffangen, verstärken und registrieren. Green Bank hatte damals erst nur ein Radioteleskop von nur 26 m Durchmeser; und zwei Drittel der Wissenschaftler kamen aus aller Welt. Dort haben wir uns gleich, und dann 24 Jahre lang, sehr wohl und «zu Hause» gefühlt.

Völlig fasziniert war ich vor allem, daß dort ein guter, junger Astronom, Frank Drake, mit diesem Radioteleskop als erster der Welt versuchte, ob man von anderen Intelligenzen, auf Planeten anderer Sterne, Radiosignale empfangen könnte. Er hat also einen uralten Traum der Menschheit erstmals praktisch angepackt, nicht nur wie bisher nur mit klugen Gedanken (das natürlich auch), sondern mit einem Apparat aus Stahl und Aluminium und mit selbstgebauter Elektronik. Er nannte es «Project Ozma», nach einem fernen Märchenland. Ich fing sofort an mitzumachen: mit einer langen Arbeit über Abschätzungen und Vorschläge (1961) und damit als einer der wenigen ersten, die dieses Gebiet ernst nahmen. Die meisten Wissenschaftler schüttelten damals den Kopf, machten spöttische oder bissige Bemerkungen.

Bald darauf aber fragte ich mich: Warum können wir eigentlich nicht zu aussichtsreichen Sternen hinreisen? Was genau sind die Gründe? So nahm ich mir die Relativitätstheorie vor und entwickelte mir die Gleichungen für extrem schnelle Raketenflüge. Die ernüchternden Ergebnisse enthält die Arbeit von 1962: «Die allgemeinen Grenzen der Raumfahrt» (*The General Limits of Space Travel).* Die folgende Tabelle 6.1 soll die Probleme deutlich machen. Wir schreiben dabei die Geschwindigkeit, v, als Bruchteil der Lichtgeschwindigkeit, v/c.

Unsere Mannschaft verträgt auf Dauer nicht mehr als «1 G» an Beschleunigung; das ist gerade die Schwerkraft, mit der wir auf der

Erde stehen. Nehmen wir einmal an, wir hätten genug Energie, um lange mit genau 1 G zu beschleunigen, und zwar gemessen im Schiff (zum Beispiel mit einem Kilogramm-Gewicht auf einer Federwaage, die genau «1,000 kg» anzeigen soll). Dann gibt die zweite Spalte an, wie viele Jahre auf der Erde vergehen, bis die Geschwindigkeit v/c erreicht ist. Die dritte Spalte sagt, wie viele Jahre ihres Lebens die Mannschaft so geflogen ist, und die vierte Spalte gibt die dann erreichte Entfernung an, in Lichtjahren. Die fünfte Spalte besagt: Wenn die Mannschaft nun den Motor abschaltet, so kann sie so (mit v/c) weiterfliegen, ohne weiteren Verbrauch an Brennstoff-Energie, wobei ihre Zeit nun um den «Faktor» langsamer läuft als die Erdzeit.

Die sechste Spalte ist entscheidend. Dies ist die Energie, die für das Beschleunigen (von der Ruhe bis zu v/c) nötig war. Das Bremsen braucht dann später noch einmal ebensoviel Zeit und Energie, wie das Beschleunigen vorher gebraucht hat. Die nötige Energie ist gewaltig, hier angegeben in Milliarden Kilowattstunden, pro Kilogramm der Rakete. Für jedes Kilogramm der Rakete, von Mannschaft, Brennstoffvorrat und Motor.

Tabelle 6.1: Hohe Geschwindigkeit: Dauer, Entfernung, Kosten

v/c	Erdzeit	Schiffszeit	Entfernung	Zeitlauf	Energie
0,01	0,010	0,010	0,000	1,000	0,0012
0,10	0,097	0,097	0,005	1,005	0,126
0,50	0,56	0,53	0,150	1,155	3,86
0,90	2,00	1,43	1,25	2,29	32,3
0,99	6,8	2,56	5,90	7,09	152
0,999	21,6	3,68	20,7	22,4	533
0,9999	68,5	4,80	67,5	70,7	1740
0,99 999	217	5,91	216	224	5560
0,999 999	685	7,03	684	707	17 600

v/c = Geschwindigkeit, als Teil der Lichtgeschwindigkeit.
Zeit = Jahre Dauer, bis v/c erreicht ist, bei 1 G Beschleunigung.
Entfernung in Lichtjahren, nachdem v/c erreicht ist.
Bei v/c läuft Schiffszeit jetzt um den Faktor langsamer als Erdzeit.
Energie benötigt, in Milliarden Kilowattstunden pro kg vom Schiff.

Wollten wir nur ein Prozent der Lichtgeschwindigkeit erreichen, v/c = 0,01, so sagt die letzte Spalte der ersten Zeile von Tabelle 6.1, daß dafür bereits 1,2 Millionen Kilowattstunden Energie benötigt würden, pro Kilogramm der Rakete. Also schon gewaltig teuer. Aber die Gleichheit von zweiter und dritter Spalte besagt, daß die relativistische Zeitverkürzung bei v/c = 0,01 noch nichts hilft, die Zeit im Raumschiff läuft praktisch noch genauso schnell wie die der Erde. Selbst bei der halben Lichtgeschwindigkeit, v/c = 0,50, nützt die Zeitverkürzung noch nicht recht, obwohl nun schon eine ganz unmögliche Menge Energie von 3,86 Milliarden Kilowattstunden benötigt wird, für jedes Kilogramm von Raumschiff und Zubehör. So richtig nützlich wird die Zeitverkürzung erst ab 99 % der Lichtgeschwindigkeit (v/c = 0,99), allerdings mit unmöglich viel Energieaufwand.

Hier ein Beispiel: eine kleine Rakete für ein Dutzend Leute und ein paar Jahre Schiffszeit. Falls 20 000 Tonnen Gesamtmasse dafür genügen, so sind das 20 Millionen Kilogramm, und damit ist die letzte Spalte der Tabelle zu multiplizieren. Die Beschleunigung auf *10* % der Lichtgeschwindigkeit (v/c = 0,10) braucht 2 520 000 Milliarden Kilowattstunden Energie. Das ist rund 20mal so viel, wie der gesamte Energieverbrauch der Erde in einem Jahr (1998). Für *50* % bräuchte man rund 700 Jahre Weltenergie-Verbrauch, für 90 % noch achtmal mehr und für 99 % noch fünfmal mehr. All diese Zahlen sind für uns unmöglich je zu erreichen. Und falls sie für andere, hochentwickelte Technik doch möglich würden, so wären sie wohl indiskutabel teuer. Vermutlich ist dies auch der Grund, warum wir noch keinen schnellen Besuch bekommen haben.

Übrigens hängen die Energie und ihre Kosten nur ab von der Endgeschwindigkeit, aber nicht davon, ob man lange nur schwach beschleunigt hat oder aber kurz und heftig. Anfangs steigt die Energie mit dem Quadrat der Geschwindigkeit, dann schneller, und für v = c würde sie unendlich. Eine extreme Gefahr sind auch kleine Mikro-Meteorite. Ein Eisenbröckchen, 1 mm groß, besitzt beim Aufprall auf ein Schiff mit v/c = 0,99 die Energie einer Atombombe von 1000 Tonnen TNT, konzentriert auf einen Millimeter Schiffswand!

Wir lassen nun viele andere Probleme beiseite und fragen nur nach der Energie. Unsere Satelliten nutzen im Orbit meist die Energie der Sonnenstrahlung, die in der Ferne entfällt. Zum Verlassen der Erde benutzen sie Verbrennung; am meisten Energie gibt Verbrennen von Wasserstoff und Sauerstoff, es ist aber für weite Raumflüge viel zu wenig. Schauen wir uns also atomaren «Brennstoff» an, der viele Millionen mal ergiebiger ist: die Fission (Kernspaltung) von Uran, Fusion (Verschmelzung) von Wasserstoff zu Helium und die Annihilation (Verstrahlung) von Materie und Antimaterie.

Tabelle 6.2: Energiequellen

Quelle	Kilowattstunden Energie pro Kilogramm «Brennstoff»
Verbrennung	3,2
Fission	18,1 Millionen
Fusion	175 Millionen
Annihilation	25 Milliarden

Raketen beschleunigen nur durch ihren Rückstoß. Die erreichbare Geschwindigkeit hängt ab vom Energiegehalt (siehe Tab. 6.2) und außerdem vom «Massenverhältnis» = Masse mit vollem Tank geteilt durch Masse mit leerem Tank. Als Beispiel nehme ich ein Verhältnis von 10, also neunmal soviel Brennstoff wie die Schiffsmasse. Benutzbar für uns ist jetzt nur die Fission. Wir nehmen also einen Kernreaktor mit auf die Reise und neunmal mehr Uran als das Gewicht des Schiffes (mit Mannschaft, Vorräten und Reaktor). Könnten wir die Spaltprodukte mit der Spaltenergie ausstoßen, so würden wir 10% der Lichtgeschwindigkeit erreichen. Und falls uns später auch die Fusion gelänge, so kämen wir auf 30%. Auch hier also noch keine nützliche Zeitverkürzung.

Die äußerste noch denkbare Möglichkeit wäre Annihilation, eine Reise mit Photonen-Antrieb. Aber wie speichert man Antimaterie, die sofort bei Berührung mit normaler Materie explodiert? Auch müßte sie erst einmal hergestellt werden, was uns genau dieselbe unvorstellbare Riesenmenge an Energie kostet, die sie später wieder abgeben kann. Aber trotzdem, mal angenommen, es wäre möglich. Dann erreichten wir v/c = 0,98. In 2,5 Jahren Schiffszeit wären wir bei den nächsten Sternen, nun ohne Brennstoff, und könnten so unbeschleunigt noch drei Jahre weiterfliegen, müßten dann aber (mit einer zweiten Stufe, Verhältnis 10!) wieder abbremsen. Um uns bei 30 Lichtjahren Entfernung umzuschauen, nun acht Jahre älter. In der verwegenen Hoffnung, dort irgendwie (in fünf Jahren?) wieder zwei Stufen zu bauen und mit Energie der dortigen Sonne Unmassen von Antimaterie herzustellen. Um auf gleiche Weise nach Hause zu reisen, dann allerdings um 21 Jahre älter. Daheim sind inzwischen rund 75 Jahre vergangen.

All dies ist zwar denkbar, machbar aber nicht. Natürlich nicht heute, auch nicht in 100 Jahren und wohl kaum in fernster Zukunft. Warum also dann die lange Beschreibung des Unmöglichen? Um einmal mit Beispielen und mit Zahlen klarzumachen, daß schnelle Reisen zu anderen Sternen prinzipiell unmöglich sind. Nicht wegen mangelnder Technik, sondern wegen der bestehenden Naturgesetze.

Auch um klar zu zeigen, daß die meiste «Science Fiction» in Wirklichkeit «Phantasy» ist. Natürlich kann eine phantastische Geschichte als solche sehr gut sein, spannend zu lesen oder anregend zum Nachdenken; oft auf heutige Probleme verweisend oder auf Gefahren in der Zukunft. Neben viel Unsinn gibt es da auch sehr Gutes. Nur ist es meist als Science, als Wissenschaft, nicht weiter ernst zu nehmen.

Vor allem soll damit erklärt werden, warum SETI keine Reisen und Besuche planen kann, so schön dies auch wäre. Weite Reisen zu anderen Sternen müßten viele Generationen lang andauern. Und das ist Zukunftsmusik, für die uns die Instrumente fehlen.

Auch für andere, ältere Wesen, uns technisch weit überlegen, mögen solche Reisen, viele Generationen dauernd, vielleicht zwar möglich sein, aber ganz einfach viel zu teuer, um sie durchzuführen. Die letzte Spalte der Tabelle 6.1 ist nicht zu umgehen und paßt in keine «Kosten/Nutzen»-Planung.

Wenn wir Besuche also streichen, wie ist es dann mit *Briefpost*? Das war bereits ein früher Vorschlag von Ron Bracewell. Nicht, daß wir jetzt Briefe oder Pakete abschicken, sondern daß die «Anderen», die Weitentwickelten, schon seit langem viele kleine Roboterpakete absenden zu jungen Sternen von der rechten Art, die sie dann dort umkreisen sollen, um deren Planeten zu beobachten. Falls sich nach Millionen Jahren dort intelligente Wesen zeigen, so senden sie denen viel Information. Oder sie berichten nach Hause, was es dort zu beobachten gibt. Daheim mag man sich dann überlegen, ob man Kontakt aufnehmen möchte oder lieber erst mal abwarten, bis es dort vernünftig zugeht. Will man Kontakt, so sendet man starke, gezielte Signale dorthin, ohne alle unnötige Eile.

Diese Idee ist auch bereits ernst genommen worden, man hat, so gut es eben geht, nachgeschaut, ob man auf dem Mond oder im Orbit um die Erde oder um die Sonne etwas Sondenähnliches entdecken könnte. Aber eine solche Suche ist nicht einfach, vielleicht hat man später einmal Erfolg damit. Da wir keine Briefpost finden, und auch nicht auf Reisen gehen können, so heißt dies: Für SETI bleiben nur die *Ferngespräche*.

Ein häufiger Einwand dagegen ist die lange Laufzeit einer jeden Botschaft. Ist unser Partner 1000 Lichtjahre entfernt und stellen wir ihm eine Frage, so können wir seine Antwort erst in 2000 Jahren erhalten. Nun, vielleicht haben wir das Glück, schon bei 20 Lichtjahren einen Partner zu finden, und dann gäbe es viel Interessantes zu fragen. Zweitens, für ganz alte Kulturen mögen 2000 Jahre nur eine kurze Zeit sein. Drittens, und vor allem, man soll die Bedeutung von langen *Einwegkontakten* nicht unterschätzen. Unsere heutige Kultur gründet auf der Kultur der Griechen und Römer vor 2000 Jahren, die uns vor allem Bücher und Kunstwerke im Einwegverkehr überlassen haben. Auch all unsere Tradition pflanzt sich einwegartig fort: von Großeltern zu Eltern und Kindern. Selbst jedes wirkliche Genie arbeitet für die Nachwelt.

6.2 Warum gerade Radiowellen?

Nachdem wir Reisen, Briefpost und Pakete ausgeschlossen haben, müssen wir für SETI also Ferngespräche planen. Von Stern zu Stern kommen da nur *elektromagnetische Wellen* in Frage, die sich auch im leeren Weltraum ausbreiten können. Ihr gesamtes Spektrum reicht von den längsten Radiowellen, über Millimeterwellen zu Infrarot (Wärmestrahlung), zu sichtbarem Licht und Ultraviolett, zu Röntgenstrahlen und kürzesten Gammawellen. Sterne und Gas strahlen zwar all dieses auch aus, aber unsere Erdatmosphäre läßt nur Radiowellen hindurch und dann wieder Infrarot und Licht. Teleskope im Weltraum wären für SETI viel zu teuer, wir müssen also vom Erdboden aus beobachten: Radio oder Licht. Sehr starke Lichtpulse von Laserstrahlen können mit optischen Teleskopen gesendet und empfangen werden. Auch dies wird jetzt für SETI benutzt, und soll später (Kapitel 7–8) besprochen werden. Aber so starke Laser hat man erst seit kurzem; Radio gibt es schon lange, mit gut entwickelter Technik, und so suchte SETI erst nur auf Radiowellen, und das ist auch jetzt noch die Hauptarbeit.

Nun gibt es im leeren Raum außer diesen elektromagnetischen Wellen nur noch die Gravitationswellen. Die aber sind ganz ungeeignet. Zur Erzeugung spürbarer Wellen müßte man ganze Sterne zusammenwerfen oder auseinanderreißen (und das im Takt eines Morsecodes!). Auch dann sind sie in großer Entfernung nur so schwach, daß wir selbst mit raffinierten Methoden bisher noch keine Gravitationswellen von den natürlichen Sternkatastrophen haben nachweisen können.

Man könnte Signale ja auch mit Teilchen senden statt mit Wellen. Aber das ist sehr viel umständlicher und teurer. Auch würden geladene Teilchen (Elektronen, Protonen) durch die Magnetfelder in Galaxien stark abgelenkt werden oder gar auf Spiralbahnen eingefangen. Auch neutrale ungeladene Teilchen sind nicht geeignet: Neutronen zerfallen, und Neutrinos sind zwar langlebig, aber sie durchdringen alles fast ungehindert (sogar die ganze Erdkugel), und sie sind deshalb nur mit riesigem Aufwand einzufangen und nachzuweisen.

SETI sucht also Signale auf Radiowellen. Was wären nun hierfür die besten Wellenlängen? Zunächst wieder die Frage der Kosten. Die Stärke der Wellen nimmt mit der Entfernung ab, und zwar quadratisch: In zehnfacher Entfernung ist sie hundertfach schwächer. Auch wenn mit großer Leistung gesendet wird, so wird in weiter Ferne nur ein schwaches Signal empfangen; und um dort verständlich zu sein, muß es stärker sein als das «Rauschen des Hintergrundes». (Rauschen = über einen weiten Frequenzbereich verteiltes Geräusch, so wie vom Wasserfall oder Wind im Wald.) Abbildung 6.1 zeigt das störende Rauschen, abhängig von der Wellenlänge. Je höher das Rauschen, um so stärker muß gesendet werden, um so teurer wird das Senden.

Für Wellen länger als 30 cm überwiegt das *Rauschen der Milchstraße*, das zu langen Wellen hin stark zunimmt. Zwischen 30 und 1 cm ist es die *Kosmische Hintergrundstrahlung*, die nun bis 2,7 Grad Kelvin abgekühlte Strahlung vom Urknall der Weltentstehung. Und für Millimeterwellen überwiegt das *Photonen-Rauschen*, stark ansteigend zu kurzen Wellen. Das kommt daher, daß auch Wellen als Teilchen wirken, und die Energie dieser Photonen wird rasch größer für kurze Wellen, und jedes «beep» eines Signals muß mehrere Photonen enthalten; deshalb viel Energie-Verbrauch bei kurzen Wellen.

Am billigsten sind Signale also bei Wellen mit niedrigem Rauschen des Hintergrundes. Sind Sendung und Empfang beide im lee-

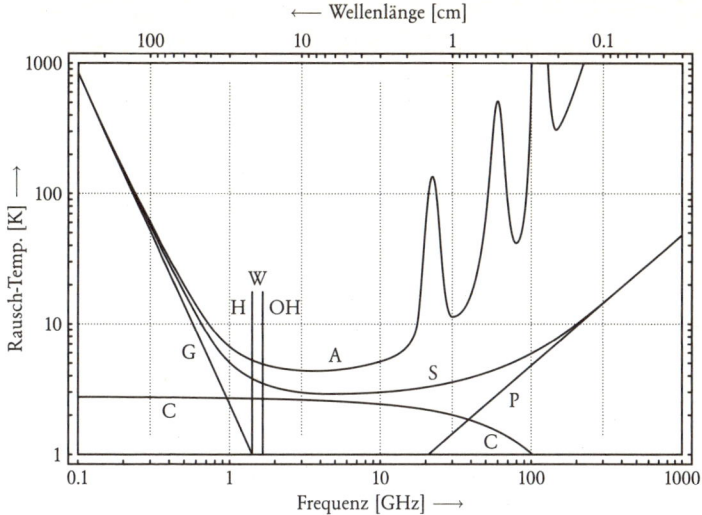

Abb. 6.1: Das «Mikrowellen-Fenster» der Radiowellen für Signale.
Oben: Wellenlänge, in cm; unten Frequenz, in GHz (Gigahertz).
Links: Temperatur der Rauschenergie, in Grad Kelvin (Grad absolut).

G = Galaktisches Rauschen; C = Kosmischer Hintergrund;
P = Photonen-Rauschen. Diese drei zusammen ergeben:
S = Space-Fenster, bei Sendung und Empfang im leeren Raum.
A = Atmosphärisches Rauschen, bei Empfang auf der Erde.
W = «Wasserloch», zwischen den zwei wichtigen Spektrallinien:
H = Hydrogen, Wasserstoff; und OH = Hydroxyl-Radikal.

ren Raum (auf Satelliten), so hat man ein weites Fenster von rund
3 mm bis 30 cm Wellenlänge mit Frequenzen von 1 bis 100 GHz.
Dies ist ein günstiges «Radio-Space-Fenster», das auch für jeden an-
deren Ort in der Scheibe unserer Milchstraße fast das gleiche ist.
(GHz = Milliarden Hz; Hz = Hertz = Wellen/Sekunde.)
Für unsere SETI-Suche können wir nur die großen Radioteleskope
auf der Erde benutzen, und durch unsere Lufthülle sind wir auf den
Bereich von rund 2 cm bis 30 cm begrenzt, das heißt von 1 GHz bis
15 GHz Frequenz.
Wasserdampf und Sauerstoff der Luft stören durch Absorption
(Verschlucken) und Strahlung (Rauschen) vor allem in mehreren en-
gen Bereichen oberhalb von rund 15 GHz (rechts oben in Abb. 6.1).

Die Lufthülle ist völlig undurchsichtig außerhalb dieser zwei «Fenster». Wir hoffen also, daß es Signale gibt in dem uns auf der Erde zugänglichen Bereich, den «Atmosphärischen Fenstern».

Leider stellt uns unsere Suche im Bereich der Radiowellen vor ein ganz großes Problem, das mit den Jahren immer ernster wird: Unser atmosphärisches Fenster ist überdeckt mit einigen tausend Frequenzen irdischer Sender für Kommunikation, Radar, Satelliten, Militärfunk, die alle weit stärker sind als die extrem schwachen Signale nach denen wir suchen. Diese SETI-Signale aber kommen von einem Stern, der sich langsam weiterbewegt, mit der sich drehenden Himmelskugel. Wir suchen also nach Radiostrahlung, die erstens von einem bestimmten Himmelsort kommt (und nicht auch daneben), die sich zweitens genau wie der Himmel weiterbewegt und die drittens «nicht natürlich» aussieht. Aber Vorsicht! Bei der Entdeckung des ersten Pulsars 1967 sah es zunächst ganz nach intelligenten Signalen aus: fester Ort am Himmel, kurze schnelle Pulse, mit einem so regelmäßigen «Ticken» wie unsere genauesten Uhren! Der allerbeste Ort zur Suche nach SETI-Signalen wäre auf der Rückseite unseres Mondes: der einzige Platz in unserem Planetensystem, der völlig abgeschirmt ist von aller irdischen Störung. Und zudem ohne Lufthülle. Aber dazu müßten wir erst einmal eine Kolonie und Werkstätten auf dem Mond haben.

6.3 Spezielle Frequenzen, Bandbreite, Verschiebung

Am besten und billigsten werden Sendung und Empfang, wenn beide beschränkt sind auf einen möglichst engen Bereich der Frequenz, also bei sehr kleiner *Bandbreite*. Natürlich müssen beide, Sendung und Empfang, bei gleicher Frequenz sein, mit möglichst gleichem Band. Dann empfängt man zwar das ganze Signal, aber nur einen kleinen Betrag des Rauschens (im engen Band), man hat also das beste *Signal/Rausch-Verhältnis*. Nur so kann man Signale aus großer Ferne überhaupt noch bemerken.

Dies ist aber ein Fall der berühmten «Suche nach der Nadel im Heuhaufen». Hier ist es die Frage nach der *Frequenz des Senders*.

Wollten wir unser irdisches Mikrowellen-Fenster mit der günstigen engen Bandbreite von 1 Hz ganz durchsuchen, so hat dies

Fenster, von 1 bis 15 GHZ, genau 14 Milliarden solcher Bänder von 1 Hz, wir müßten also 14 Milliarden Bänder abhören. Es wäre ein gewaltig großer Heuhaufen zu durchsuchen (G = Giga = Milliarden).

Hätten wir nur einen einzigen Empfangskanal, so wie am Beginn der Radioastronomie, und blieben wir bei jedem Band nur eine Mindestdauer von 10 Sekunden (das Jahr hat rund 30 Millionen Sekunden), so hätte diese Suche, bei einem einzigen Stern, eine Dauer von fast 5000 Jahren!

Auch für die normale Radioastronomie wurden schon bald Empfänger entwickelt, die gleichzeitig mehrere Kanäle beobachten können, und Mehrkanal-Empfänger mit einigen tausend Kanälen sind jetzt ganz üblich. Für SETI wurden aber inzwischen spezielle Empfänger mit vielen Millionen gleichzeitiger Kanäle entwickelt und gebaut. Eine beachtliche Leistung.

Aber auch dies genügt nicht, um das ganze Fenster zu überdecken. Man muß es in viele kleine Teile aufteilen und jeden davon einzeln und nacheinander beobachten. Außerdem sollte erstens jedes Frequenzband recht lange beobachtet werden, bevor man sagen kann: «kein Signal empfangen». Zweitens sollte man einige 100, wohl besser etwa 1000, sonnenähnliche Sterne anpeilen, man kann also nicht zu lange bei jedem einzelnen bleiben. Es wäre eine ganz wichtige Hilfe, wenn wir die Sendefrequenz erraten könnten. So haben wir ja bereits die «Billigkeit» erraten (unter der Annahme, daß Sparsamkeit universal ist) und damit das «Space-Fenster» in Abbildung 6.1 definiert.

Wenn es der Zweck der Signale ist, Aufmerksamkeit zu erregen, um neue Partner zu finden und Kontakt anzuregen, so sollte die Frequenz von jedem *leicht zu erraten* sein, der technisch bereits zum Kontakt fähig und daran interessiert ist. Die erste starke Spektrallinie der Radioastronomie war die berühmte «21-cm-Linie» des Wasserstoffes, bei 1,420 GHz Frequenz. Und Wasserstoff ist das mit Abstand häufigste Element des ganzen Weltalls. Also ist dies wohl die am leichtesten zu erratende Frequenz.

Bahnbrechend für SETI war 1959 eine Arbeit von G. Cocconi und Phil Morrison (*Searching for Interstellar Communication*), die eine Suche im Bereich der Mikrowellen vorschlugen, mit besonderem Nachdruck auf der 21-cm-Linie des Wasserstoffes. Und ohne davon zu wissen hatte Frank Drake die gleiche Idee und machte

1960 den ersten praktischen Versuch mit «Project Ozma» bei dieser Linie. In Abbildung 6.1 ist die Linie mit «H» eingezeichnet (Wasserstoff = Hydrogen).

Daneben ist eine zweite wichtige Linie der Radioastronomie mit «OH» bezeichnet, die Linie des Hydroxyl-Radikals, ein Sauerstoff-Wasserstoff-Molekül. Auch dies wäre eine spezielle erratbare Frequenz, von 1,662 GHz. Nun kommt eine vielleicht etwas «zu irdische» nette Idee hinzu: H und OH zusammen geben H_2O = Wasser, das ja Grundlage und Entstehungsort des Lebens ist. Und an den Wasserlöchern der weiten Wüste treffen sich alle Tiere zum gemeinsamen Trinken. Also mögen sich auch Intelligenzen auf der Suche nach Kontakt an diesem schmalen *Wasserloch* des weiten Space-Fensters treffen, mit «W» in Abbildung 6.1 bezeichnet. Es kann nichts schaden, aber sehr viel nützen, wenn wir dies Wasserloch besonders intensiv abkämmen. Und das wird auch getan.

Zwischen den beiden Linien «H» und «OH» liegt ein Bereich von 242 MHz (M = Mega = Millionen), also 242 Millionen Hertz. Dies bräuchte 242 Millionen Kanäle von 1 Hz Bandbreite, und das wäre mit einem Multimillionen-Kanal-Empfänger und mit einer noch leidlichen Unterteilung des Bereiches zu schaffen. Oder man muß eben doch mit größerer Bandbreite beobachten.

Auch andere spezielle Kanäle sind vorgeschlagen worden. Gerade weil die 21-cm-Linie so weit verbreitet und auffällig ist, sollte sie nicht als Hintergrund die Suche stören, und deshalb würde vielleicht auf der doppelten Frequenz gesendet, oder der dreifachen oder bei anderen «Obertönen». Auch dies wurde probiert. Manch andere interessante Vorschläge liegen außerhalb unseres atmosphärischen Fensters von Abbildung 6.1, sind also jetzt nicht zu beobachten, sie bräuchten große Radioteleskope im freien Raum oder auf dem Mond. Nun, vielleicht später.

Kann man die *Bandbreite* erraten? Wir fanden bereits, daß sie möglichst klein sein soll, um möglichst wenig Rauschen aufzufangen. Vielleicht sollte ich deutlich machen, daß man ein extrem schwaches Signal zwar ohne Probleme beliebig verstärken kann, daß aber dabei auch das aufgefangene Rauschen ebenso verstärkt wird; es kommt also nur auf das Signal/Rausch-Verhältnis an. Deshalb also sollten die Signale in enger Bandbreite gesendet und so auch empfangen werden. Aber wie eng? Gibt es eine untere Grenze? Dann sollte man dicht über der Grenze arbeiten.

Hierfür gab es 1977 eine gute Arbeit von Frank Drake und George Helou. Das interstellare Gas zwischen den Sternen ist zwar äußerst dünn, aber seine Wolken sind sehr viele Lichtjahre groß, und so haben Signale auf ihrem Weg doch einen größeren Anteil Masse zu durchlaufen. Radiowellen werden nur wenig absorbiert und haben eine große Reichweite. Aber starke energetische Strahlung junger massiver Sterne schlägt den Gasatomen und Molekülen ein Elektron oder auch mehrere weg, es entsteht ein *Plasma* aus geladenen Teilchen, mit ungeordneten Bewegungen. Und dies erzeugt eine schwache aber spürbare Verbreiterung jeder Frequenz einer durchlaufenden Strahlung von Signalen.

Die so entstehende Bandbreite (eines ursprünglich ganz engen Signals) ist kleiner für hohe Frequenzen, aber für hohe Frequenzen steigt das Photonen-Rauschen. Und so gibt es eine beste Frequenz, mit größtem Signal/Rausch-Verhältnis. Diese beste Frequenz ist etwa 70 GHz. Das ist leider außerhalb unseres atmosphärischen Fensters, bräuchte also große Radioteleskope im Weltraum.

Die kleinste Bandbreite wächst mit der Entfernung. Suchen wir nach Signalen bei Sternen bis zu 1000 Lichtjahren, so ist bei der Frequenz von rund 1,5 GHz des «Wasserloches» die kleinste Bandbreite 0,1 Hz. Nun wäre ja die kleinste eigentlich auch die beste Bandbreite. Aber dann müßte man eine zu gewaltige Anzahl winziger Kanäle beobachten. So hat man diese Anzahl lieber durch 10 geteilt und in vielen Fällen 1 Hz als «beste» Bandbreite für das Wasserloch gewählt. Deshalb habe ich dies auch in den obigen Beispielen benutzt.

Es gibt aber auch noch eine *Verschiebung* der Frequenz, je nach Geschwindigkeit von Sender und Empfänger, durch den *Dopplereffekt* (siehe: Rotverschiebung der Linien ferner Galaxien). Entfernen sich beide voneinander, so wird die Frequenz beim Empfang etwas niedriger, und etwas höher, wenn sie sich nähern. Nun ist ja im Weltall alles in Bewegung, wir werden also nie genau die Frequenz empfangen, die gesendet worden ist. Wollen wir bei der Suche ein weites Fenster überstreichen, so sind kleinere Verschiebungen gar kein Problem. Sie werden erst zum Problem, wenn wir die Hilfe spezieller Kanäle benutzen, wenn wir z.B. die 21-cm-Linie mit kleiner Bandbreite von 1 Hz abhorchen möchten. Verglichen mit diesem sehr engen Band, sehen die «kleineren Verschiebungen» plötzlich riesengroß aus.

Kennt man die Geschwindigkeiten, so kann man die Verschiebung korrigieren. Unsere eigenen Geschwindigkeiten kennen wir, aber nicht die des Senders. Außerdem ist ja Geschwindigkeit etwas Relatives, sie bezieht sich stets auf einen als ruhend genommenen *Bezugspunkt*. Beim Autofahren ist dies der «ruhende» Erdboden (der in Wahrheit gar nicht ruht, sondern täglich mit der Erde rotiert). Haben Sender und Empfänger sich auf einen Bezugspunkt geeinigt, so kann der Sender seine Frequenz für seine eigene Geschwindigkeit korrigieren, und ebenso der Empfänger für die seinige. Nur können wir uns noch nicht «einigen», bevor wir überhaupt Kontakt haben. Wir können also wieder nur zu erraten versuchen, welcher Bezug wohl am besten wäre. Für engbandige Signale auf spezieller Frequenz.

Dies hängt ab von Ziel und Zweck der Signale. Also müssen wir die erst erraten. Sie könnten z. B. an die Allgemeinheit gehen, wie der kreisende Schein eines *Leuchtturmes* für Navigation, vielleicht mit Flughinweisen (entsprechend der Angaben über Wetter, Stau und Umleitung bei uns). Ein möglicher «ruhender» Bezugspunkt könnte da z. B. das Zentrum unserer Milchstraße sein (die selbst mit einigen 100 km/sec durch den Rest des Weltalls fliegt). Dann sollten wir unseren Empfang, mit unserer Geschwindigkeit, auf diese «Ruhe» korrigieren.

Die Signale könnten aber auch direkt an uns (und auch an andere Anfänger) gerichtet sein, als *Kontaktsignale*, um unsere Aufmerksamkeit zu erregen und Kontakt anzuregen. Mit Hinweisen auf bessere Methoden (statt Radiowellen?) und bessere Technik, vielleicht auch mit einer Fülle von Wissen, das neu für uns ist und hilfreich. In diesem Fall kennen wir den Senderstern, den wir gerade anpeilen, und seine relative Geschwindigkeit zur Sonne, denn die steht für alle nahen oder hellen Sterne in astronomischen Katalogen. Da wäre es wohl am einfachsten, wenn der Sender (ob nun auf einem dortigen Planeten oder im Orbit) seine Frequenz korrigiert hat auf «Ruhe» seines Sternes und wenn wir beim Empfang unsere Frequenz auf die «ruhende» Sonne korrigieren. Dies tun wir ja ohnehin bei allen Messungen von Spektrallinien von Sternen und Gaswolken, wir korrigieren immer für die Rotation der Erde und für ihre Bahn um die Sonne.

Hier einige Zahlen: Eine enge Signallinie von 1 Hz Bandbreite, bei 1,5 GHz Frequenz gesendet, überstreicht bei uns 4400 Kanäle von 1 Hz Breite im Laufe von 24 Stunden, durch unsere Rotation. Die Bahngeschwindigkeit der Erde ist rund 30 km/sec, und die Linie überstreicht dadurch 280 000 Kanäle im Jahr.

Diese Korrekturen sind nichts Neues, Astronomen tun das täglich. Neu ist jedoch die jetzt nötige sehr hohe Genauigkeit, für die sonst nicht übliche kleine Bandbreite von nur 1 Hz. Außerdem müssen wir auch die zeitliche Änderung der Verschiebung beachten. Bei der Rotation pro Tag läuft das Signal pro Minute durch drei Kanäle.

Vielleicht hat aber der Sender nur einiges oder gar nichts korrigiert. Dann müssen wir unsere Beobachtung auch noch nach (unbekannten) Verschiebungen und Änderungen abfragen. Und das alles tun auch unsere Empfänger. Zugleich mit der Unterdrückung aller irdischen Signale – eine gewaltige Menge Computerarbeit.

6.4 Reichweite und Dauer der Suche

Wie fern und wie lange werden wir wohl suchen müssen? Dies sind unsere nächsten Fragen. Der Abschnitt 5.5 behandelte die Entfernung zu intelligentem Leben, uns in der Entwicklung zwar weit voraus, aber doch nicht gar zu weit. Das Ergebnis lautete: «In rund 300–1000 Lichtjahren Entfernung hoffen wir auf die nächsten möglichen Partner für interstellaren Austausch zu stoßen.» Tausend Lichtjahre – ist das nun eigentlich nah oder fern? Für die Teleskope der Astronomen ist das noch recht nah, nur ein 30stel von der Mitte unserer Milchstraße entfernt; und zur Andromeda-Galaxie sind es zwei Millionen Lichtjahre. Aber verglichen mit unserer Raumfahrt sind tausend Lichtjahre extrem weit, zwei Millionen mal weiter als bis zu Neptun und Pluto, dem Rand unseres Planetensystems.

Die Reichweite von SETI, unserer Suche nach Signalen der «Anderen», hängt ab vom Stand der Technik (und vom finanziellen Einsatz) auf beiden Seiten, sowohl beim fernen Sender als auch bei unserem Empfänger. Sicher werden Technik (und wohl auch Einsatz) beim Sender uns weit überlegen sein, aber als erstes, einfachstes Beispiel nehmen wir einmal an: «Gleiches auf beiden Seiten», mit unserem heutigen Stand. Was wäre da die maximale Entfernung?

Der Sender braucht viele Watt an Leistung für ein starkes Signal und eine große Antenne für starke Bündelung. Auch der Empfän-

Abb. 6.2: Das Arecibo-Teleskop in Puerto Rico, mit 305 Meter Durchmesser das größte der Erde seit 1968, fest einmontiert in einen runden Talkessel. 150 Meter darüber ist die bewegliche Fokus-Apparatur an Kabeln aufgehängt, und damit läßt sich am Himmel eine Kreisfläche von 40° Durchmesser und mit der täglichen Drehung der Erde dann ein Band um den Himmel von 40° Breite beobachten.

ger braucht eine große Antenne für starken Empfang und enges Fokussieren. Er braucht auch geringstes *Eigenrauschen* (von Empfänger und Antenne) für ein genügend hohes Signal/Rausch-Verhältnis, und es sollen hierfür beide, Sender und Empfänger, die gleiche, möglichst kleine Bandbreite benutzen. Und schließlich müssen beide gleichzeitig für eine nicht zu kurze Dauer aktiv sein, und sie müssen aufeinander gerichtet sein.

Da für SETI noch nie ein eigenes Teleskop gebaut worden ist, beantragen wir Zeit bei den großen vorhandenen. Unsere größte Antenne ist das Arecibo-Teleskop in Puerto Rico, mit 305 m Durchmesser fest in ein rundes Tal montiert; aber nur 213 m Durchmesser werden benutzt, um Beweglichkeit am Himmel zu belassen. Für die Radarbeobachtung der Planeten und der Ionosphäre kann Arecibo mit einer Leistung von einem Megawatt (1 MW = 1000 Kilowatt) stetig senden. Beides setzen wir in unserem Beispiel auch für den fernen Sender an (213 m Durchmesser, 1 MW Leistung). Beide benutzen die Wellenlänge von 20 cm (das «Wasserloch») und eine enge Bandbreite von 1,0 Hz. Das Eigenrauschen für Arecibo ist 30° Kelvin, als Beobachtungsdauer nehmen wir fünf Minuten an (so wie oft beim SETI-Projekt «Phoenix»), und wir verlangen ein Signal/ Rausch-Verhältnis von 5,0. Mit all diesen Werten erhalten wir eine Reichweite von 2200 Lichtjahren. Also schon doppelt so weit wie die erhofften 1000 Lichtjahre, und hierfür genügte auch schon eine Leistung von nur 207 KW.

Ein gutes Ergebnis. Es zeigt, daß unsere heutige Technik für den Kontakt mit einem fernen Partner bereits voll ausreicht. Mit einem Partner, der auch nicht mehr hat und mehr kann als wir; der allerdings auf uns zielt und wir auf ihn. Aber wie finden wir überhaupt einen Partner, oder wie findet der uns?

Das folgende ist reine Ansichtssache. Ohne es weiter zu begründen, schreibe ich, was ich für wahrscheinlich halte und was nicht. So glaube ich nicht, daß interstellarer Kontakt selten ist. Entweder gibt es ihn gar nicht oder sehr häufig (genau wie auch Telefone: es gibt entweder keine oder ganz viele). Falls gar nicht, so haben wir mit SETI Pech, wir werden keinen Partner finden. Falls er aber häufig ist, so kann Kontakt auf viele Weisen entstehen. Keines der folgenden Beispiele ist zwingend, aber unmöglich ist auch keines.

Haben zahlreiche Partner dauerhaften Kontakt miteinander, seit astronomisch langen Zeiten, so sollte sich eine in vielem gemeinsame Kultur entwickelt haben, eine Art «Galaktischer Club» (Abschnitt 5.1). Aktive Mitglieder mögen sich bemühen, neue Partner zu finden. Sie senden *Kontaktsignale* (vorhergehendes Kapitel) gezielt auf sonnenähnliche Sterne, also auch zu uns. Mit dem Arecibo-Teleskop können wir sie empfangen, auch wenn sie, mit einem gleichwertigen Teleskop, aus 1000 Lichtjahren Entfernung mit rund 200 Kilowatt Leistung gesendet werden.

Eine weniger direkte Sendung, vielleicht für ganz andere Zwecke, wäre der kreisende Schein einer Art *Leuchtturm*, der auch uns bei jeder Drehung überstreicht. Ebenso könnten wir, rein zufällig, zwischen zwei Partnern sitzen und deren Sendungen mit empfangen; das ist zwar wenig wahrscheinlich, aber doch möglich. Oder es könnte auch von einer *Zentrale* des Clubs oder von einer örtlichen Filiale Sendungen allgemeiner Art geben, an alle Mitglieder, mit großer Leistung rings durch die Milchstraße. Zum Beispiel zur Navigation für Raumflüge, so wie wir ein System von Satelliten haben zur genauen Navigation zu Lande und zu Wasser.

Oder statt der Kontaktsignale könnte es auch gerade umgekehrt laufen. Ein vornehmer Club wirbt keine Mitglieder, er läßt sich umwerben. Neulinge bewerben sich also dort um Aufnahme und werden erst einmal kritisch überprüft. Für uns heißt das: Mit *Senden* zu sonnenähnlichen Sternen müßten *wir* anfangen! Unser Empfang von Antworten käme, falls überhaupt, erst sehr viel später (nach 2000 Jahren zum Beispiel). Hektische, kurzatmige Geister wie wir hätten da wohl keine Chance.

Die bisherigen Beispiele zur Kontaktsuche betrafen starke Signale, gesendet für interstellare Entfernungen von vielleicht tausend Lichtjahren. Wir könnten sie durchaus empfangen, wenn sie uns treffen und wenn wir in der rechten Richtung die rechte Frequenz beobachten. Hierfür überstreichen wir bei SETI einen Stern nach dem anderen und gleichzeitig mit Millionen enger Frequenz-Kanäle.

Aber wie ist es nun mit den vielen schwächeren örtlichen Signalen, nicht für die Ferne gedacht, sondern zum eigenen Hausbedarf? Könnten wir da die «Anderen» heimlich belauschen? Oder sie uns? Hiervon gibt es bei uns drei Arten Signale. Am stärksten sind unsere Radar-Strahlen zur Erforschung der anderen Planeten unseres Systems; die werden aber nur ganz selten gesendet. Zweitens: unsere militärischen Radars zur Überwachung gegnerischer Raketen (BMEWS = *B*allistic *M*issile *E*arly *W*arning *S*ystem). Drittens und weit schwächer: die stärksten unserer Fernsehsender (Funkverkehr ist viel zu schwach).

Wir sind allerdings Neulinge, und da wir starkes Radar erst seit 50 Jahren senden, so haben wir uns erst im Umkreis von 50 Lichtjahren bemerkbar gemacht. Umgekehrt jedoch könnten uns solche örtlichen Strahlen älterer Kulturen treffen und von SETI belauscht werden. Aber aus welcher Entfernung noch? Als Beispiel nehmen wir wieder Gleiches auf beiden Seiten an: bei den «Anderen» die gleichen Radars und TV-Sender wie bei uns, ebenso die gleichen Antennen und Empfänger.

Um unseren irdischen Ausfluß an Radiostrahlung zu messen, müßten wir eine SETI-Empfangsanlage mit Antenne weit in den Raum schicken und die Erde von dort aus abhören, ein viel zu teures Experiment. Eine weit bessere Idee hatten Sullivan und Knowles (1985). Sie richteten die Arecibo-Antenne auf den Mond und registrierten alle vom Mond reflektierte irdische Strahlung von 70 bis 500 MHz, ihre Stärke und Häufigkeit, für vier Nächte zu je vier Stunden. Aus Größe und Entfernung des Mondes läßt sich aus der von dort reflektierten Stärke die dortige direkte Stärke berechnen und damit die Stärke in jeder anderen weiten Entfernung. Mit der Arecibo-Antenne und damaligen Empfängern hätte man unsere militärischen BMEWS-Radars bis zu höchstens 30 Lichtjahren Entfernung noch entdecken können, unsere Fernsehsender nur bis zu 2 Lichtjahren. Inzwischen haben sich Sender verstärkt und Empfänger verbessert. Kent Cullers, ein Experte am SETI-Institut in Kalifornien, schätzt die heutige Reichweite des militärischen Radars auf *100 Lichtjahre*, des Fernsehens auf *20 Lichtjahre*.

Ein etwas mageres Ergebnis für unsere Chancen, die «Anderen» erfolgreich belauschen zu können. Aber auch ein sehr unsicheres Ergebnis. Die Annahme «Gleiches auf beiden Seiten» war nur das einfachste Beispiel. Unsere Art Fernseh-Übertragung ist eine Vergeudung von Energie: Nur ein winziger Bruchteil trifft den Benutzer, fast alles geht in den Weltraum, und Energie wird in Zukunft knapp. Die «Anderen» mögen entweder ihr Energieproblem so gelöst haben, daß Vergeudung keine Rolle spielt und weit stärkere Strahlung als bei uns in den Raum geht. Oder sie mögen ihre Vergeudung beendet haben, alle Übertragung läuft ganz in Kabeln, verstrahlt wird gar nichts mehr. Militärisches Radar sollte es überhaupt nicht mehr geben, man ist entweder friedlich geworden, oder man bringt sich um.

Kurz zusammengefaßt: Wenn interstellare Ferngespräche in der Milchstraße häufig sind, so besteht gute Aussicht, starke Signale zu empfangen – auch aus 2000 Lichtjahren Entfernung, mit unseren heutigen Geräten gesendet und empfangen. Unser Lauschen auf den dortigen Sendeverkehr hätte aber nur Chancen, wenn dort stärker gesendet würde oder wenn die «Anderen» uns viel näher wären; was zwar nicht sehr wahrscheinlich, aber doch möglich ist.

Nun zur zweiten Frage. Für welche *Dauer* sollten wir unsere Suche nach Signalen planen? Ganz allgemein würde ich sagen: bis wir Erfolg haben. Oder bis wir aus astronomischen und biologischen Gründen ganz eindeutig beweisen können, daß wir tatsächlich die einzigen sind mit genügend Intelligenz, Technik und Neugier. Die einzigen in unserer Milchstraße mit ihren 200 Milliarden Sternen. SETI, unsere Suche nach außerirdischen Signalen, ist nun über 40 Jahre lang betrieben worden, von immer mehr Astronomen, auf den größten Teleskopen und mit immer besseren Empfängern und Computern. Bisher ohne Erfolg. Ist dies nun ein Grund für Enttäuschung? Ganz sicher nicht. SETI ist ein astronomisches Projekt, über astronomische Entfernungen hinweg, und so mag es auch astronomische Zeiten erfordern. Es braucht dazu eben die Fähigkeit und Reife, in langen Zeitspannen zu denken und zu planen.

Kann man eine Abschätzung geben für die benötigte Zeit? Ich kann dies nicht tun, falls wir Nachzügler sind zu einem schon lange existierenden Club. Der kann die Zeit durch starke auf uns gerichtete Signale beliebig verkürzen. Oder er kann die Zeit nach Bedarf verlängern, weil er bei Neulingen erst einmal abwartet, ob sie Vernunft und Frieden entwickelt haben.

Ich habe aber 1961 eine nette Einschätzung für die Mindestdauer abgegeben, während der ganz am Anfang die Zivilisationen haben senden und horchen müssen, wenn sie die *ersten* waren, die nach Kontakt suchten. Ich will die technischen Einzelheiten weglassen und nur sagen: Je länger sie suchen, desto mehr Suchende gibt es, um so geringer sind also die Entfernungen zwischen ihnen. Für die Mindestdauer nehmen wir eine perfekte Methode an, das heißt: Die Suchdauer ist gerade gleich der doppelten Entfernung geteilt durch die Lichtgeschwindigkeit (die Laufzeit von Frage plus Antwort). Das ergibt eine Dauer von rund *5000 Jahren* und eine Entfernung von etwa *2500 Lichtjahren*. Weil wir eine perfekte Methode annahmen, so sind die 5000 Jahre eine gute untere Grenze. Jeder frühe Bewohner der Milchstraße konnte dies auch so abschätzen. Und nur mit so viel planender Geduld hat sich Kommunikation, und der Club, beginnen lassen. Falls es beides gibt.

Für uns junge Neulinge klingen 5000 Jahre entmutigend lang. Für langlebige Kulturen aber ist das wohl einladend kurz. Hoffen wir also auf einen bereits vorhandenen Club, der uns die Suche erleichtert. Und suchen wir geduldig noch lange weiter, mit immer verbesserten Methoden. Ob und wann der Erfolg uns winkt – wir werden es nie wissen, wenn wir nicht danach suchen.

6.5 Verständigung ohne Lexikon

Wie aber soll man die Signale eines fremden Wesens verstehen können, ganz ohne Lexikon, ohne Dolmetscher? Oder umgekehrt: Wie könnten wir zu solchen Fremdlingen eine lesbare, eine verständliche Botschaft senden? Zu Wesen, die völlig verschieden von uns sind, in ihrer ganzen Art: in ihrer Wahrnehmung und Verständigung, in ihrem Tun und Denken?

Zunächst einmal wäre für uns auch der bloße Empfang eines fremdem Signals bereits eine ganz enorme Botschaft, die uns sagt: «Wir Menschen sind nicht allein im All, es gibt außer uns noch andere Intelligenzen, wir haben Nachbarn!» Die Richtung, aus der wir dies empfangen, gibt uns auch noch die Botschaft, von welchem Stern sie kommt. Und dorthin könnten wir dann von uns aus starke Kontaktsignale senden.

All dies gilt auch weiterhin, falls sich herausstellen sollte, daß das Signal uns nur zufällig getroffen hat, sich gar nicht an uns richtet (Leuchtturm, örtliches Radar). Dann werden wir die eigentliche Botschaft im Signal nicht entziffern können.

Anders und weit ergiebiger ist es, falls wir Kontaktsignale empfangen. Sie sind die ersten Versuche, mit anderen Wesen eine Verbindung zu eröffnen. Ihre eigentliche Botschaft mag zum Beispiel der Vorschlag sein, zu einer besseren, für uns noch unbekannten Methode der Signaltechnik zuwechseln oder der Hinweis auf die Aufenthaltsorte noch anderer Partner.

Am *Anfang* jedoch muß eine leicht verständliche Einführung kommen: in die Sprache und in die Symbole und Begriffe der dann folgenden Botschaft. Diese Einführung muß auf etwas basieren, was beide, Sender und Empfänger, mit Sicherheit gemein haben und benutzen. Sie muß so sein, daß jede Kultur, die überhaupt technisch fähig ist, die Sendung zu empfangen, dadurch auch sicher fähig ist, die Einführung zu begreifen. Was etwa haben wir da zu erwarten?

Am besten ist es, wenn wir uns überlegen, wie wir selber solche Kontaktsignale beginnen würden. Hans Freudenthal aus Amsterdam hat schon früh darüber nachgedacht. Er nannte zwei Möglichkeiten: das punktweise Senden von Bildern, so wie beim Fernsehen, aber nur stehende Bilder, langsam Punkt für Punkt. Oder ein direkter Sprachkurs, für den er sich entschied. Schon 1960 erschien sein Buch *LINCOS, Design of a Language for Cosmic Intercourse* (Ent-

Abb. 6.3: «Nimm den Finger aus dem Ohr und hör mir zu!»
(Probleme der Verständigung)

wurf einer Sprache für Kosmischen Verkehr). LINCOS ist die Kurzfassung für Lingua Cosmica, für kosmische Sprache. Als Mathematiker weist Freudenthal darauf hin, daß bei der Übersetzung von Textbüchern mathematische Formeln nie übersetzt werden müssen, sie sind für jeden verständlich, der Mathematik kennt, ganz gleich in welcher Sprache das Buch geschrieben ist (auch Bilder werden ja nicht übersetzt.)

Der Anfang, die Grundlage der Mathematik, ist die Zahl, die Anzahl, das Zählen. Die einfachen Verbindungsregeln der Zahlen (Arithmetik genannt) können demonstriert oder vorgezeigt werden durch viele Beispiele der gleichen Regel. Dies ist in sich verständlich und bedarf keiner sprachlichen Erklärung. Um die Bedeutung der Symbole oder Zeichen $+ - = < > \neq$ zu beschreiben benutzt Freudenthal einfache Beispiele:

$$... + .. = ...\qquad\qquad . + ... = ...\qquad\text{usw.}$$
$$... - .. = .\qquad\qquad\quad ..... - ... = ..\qquad\text{usw.}$$
$$.... < ......\quad\ .... > ..\qquad ... < .....\qquad\text{usw.}$$
$$... \neq .....\qquad ... \neq ....\qquad\quad .. \neq ...\qquad\text{usw.}$$

Durch sehr viele ähnliche Beispiele für jedes Symbol sind nicht nur diese mathematischen Symbole deutlich eingeführt worden, sondern auch die Worte und Begriffe allgemeiner Bedeutung: *und, ohne, gleich, weniger, mehr, ungleich.* In welcher Form man diese Zeichen sendet, läßt Freudenthal offen (wie wäre es mit Morsecodes von Buchstaben?). Durch Benutzung der Logik und deren Zeichen werden dann, wieder durch viele Beispiele, Worte und Begriffe eingeführt wie: *sowohl als auch, entweder oder, wenn dann; immer, niemals, alle, keiner, richtig, falsch.*

Die obigen Pünktchen werden dann bald durch Zahlen ersetzt, nicht in unserem willkürlichen Dezimalsystem (Ziffern 0 bis 9), sondern im logisch einfachsten Binärsystem (Ziffern 0 und 1), in dem alle Computer rechnen. Und Zahlen werden später durch Variablen ersetzt: a, b, x, y, z. Mit höherer Mathematik können dann viele komplizierte und weitreichende Begriffe eingeführt werden. Und durch geschickte Benutzung der nun bekannten Begriffe werden neue eingeführt. Schließlich hat man ein ganzes Wörterbuch. Damit läßt sich unsere Welt beschreiben, und man kann Fragen stellen. Ein im weiteren Verlauf oft recht mühsamer, aber ein durchaus möglicher Sprachkurs.

Auch mit Bildern kann man beginnen. Es heißt ja: «Ein Bild sagt mehr als tausend Worte.» Ich habe einige Vorschläge gesehen, wo eine Folge von Einsen und Nullen gesendet wird, insgesamt eine Anzahl, die das Produkt zweier Primzahlen ist. Das bringt den Empfänger auf die Idee, es könnte ein zweidimensionales Bild sein, wo Breite und Höhe diese Primzahlen sind. Probiert er das aus, so gibt es genau zwei Arten (ist die Breite die erste oder die zweite Zahl?). Die eine Art ergibt Unsinn, die zweite Art das Bild. Die Beispiele zeigten, daß man auf raffinierte Weise eine Menge Information in ein einziges kleines Bild packen kann, in der Annahme, ein raffinierter Empfänger könne das alles entschlüsseln.

Mir leuchtet diese Methode wenig ein. Warum viel Information in einem kleinen Bild? Eine Nachricht, die Hunderte von Jahren unterwegs ist, die braucht doch nicht die Kürze eines Telegramms. Und warum die Spitzfindigkeit mit dem Produkt zweier Primzahlen, was man einem sehr großen Produkt ja nicht gleich ansieht? Und wieso nur ein Bild? Mein Vorschlag wäre, eine sehr lange, gründliche Sendung vorzubereiten, die ohne viel Raffinesse zu verstehen ist. Auch wieder Punkt-Bilder, aber groß (und pixelreich) wie Photos und viele Bilder, eben wie ein Album. Mit Pausen unterteilt: Zeile für Zeile; mit längeren Pausen: Seite für Seite; noch längere Pausen: Kapitel für Kapitel. Das Ganze seitenweise numeriert. Und das ganze Buch immer wieder von Anfang bis Ende wiederholt. Vielleicht sollte jemand die Folge eines solchen Bilderbuchs vorbereiten und veröffentlichen. So wie Freudenthals LINCOS-Buch. Falls man überhaupt je ernsthaft ans Senden denkt.

Noch etwas ist zu bedenken. Man kann leider nicht erst mal kurz was senden und dann abwarten, ob der andere es kapiert und wie er antwortet, um sich so, nach und nach, in die Verständigung einzuarbeiten. Zwischen Sendung und Antwort mögen Jahrhunderte vergehen. Man sollte also gleich mit vielen Nachrichten und vielen Fragen beginnen, damit es sich lohnt, sehr lange zu warten. Es muß also am Anfang eine ausführliche Einführung, ein richtiger Sprachkurs oder jedenfalls etwas Ähnliches stehen.

Werden wir die Mitteilungen der «Anderen» überhaupt verstehen können? Sie werden weit älter sein als wir, werden uns in allem unfaßbar weit voraus sein. Trotzdem: Auch ein Nobelpreisträger kann sich mit einem Baby unterhalten, nur halt anders als mit einem Kollegen. Und Biologen versuchen, sich mit Schimpansen und Papageien zu unterhalten. Aber nicht mit Regenwürmern, es hat alles seine Grenzen.

Und worüber werden wir uns unterhalten können? «Über alles, was wir gemeinsam haben», sagt man meistens. Also zum Beispiel über Radioteleskope, über Sender und Empfänger. Und da wir beide in der gleichen Welt leben und beide offensichtlich Technik und Astronomie entwickelt haben, wenn auch in verschiedenen Graden, so sollten wir uns darüber unterhalten können, wenn auch nur auf unserem irdischen Niveau. Auch die Mathematik haben wir gemeinsam. Man kann sie verschieden weit und in verschiedener Richtung betreiben, aber es kann nicht zwei verschiedene Arten geben. Ihre Lehrsätze werden nicht *er*funden, sondern *ge*funden. In aller Welt, für jeden Rechner, ist zwei und zwei gleich vier. Und fünf mal drei ist gleich drei mal fünf, hier und in anderen Galaxien. Nur haben unsere Mathematiker noch viele offene Fragen, die von den älteren außerirdischen Kollegen längst gelöst sein mögen.

Weil ich gern Musik höre, so habe ich auch hierüber nachgedacht: «*Universal Music*? 1974». Ohren sind weit verbreitet, manche Insekten haben sie an den Beinen. Gute, empfindliche Ohren sind nützlich zum Überleben, intelligente Wesen werden sie meist haben. Da wir nicht wissen, warum wir eigentlich so viel Wert auf Musik legen, so wissen wir nicht, wie häufig das anderswo vorkommt. Wo es aber der Fall ist, und wenn es mehrstimmige Musik auf Instrumenten gibt, dann gibt es gute mathematische Gründe dafür, die Oktave, je nach Gehör und Gedächtnis, in 5 oder 12 oder 31 gleiche Teile zu teilen. 12 sind es bei uns. Auch fand ich, daß es immer nur zwei Harmonie-Akkorde geben wird: Dur und Moll, so wie bei uns. Und es läßt sich zeigen, warum unser Klavier pro Oktave gerade *sieben* weiße und *fünf* schwarze Tasten haben muß. Sogar über Musik könnten wir uns also unterhalten, zumindest mit einigen der «Anderen».

6.6 Sollen wir auch senden?

Diese Frage ist, von Anfang an bis heute, schon oft diskutiert worden, für und wider. So ist mehrfach gewarnt worden, wir sollten aggressiven feindlichen Wesen nicht verraten, daß es uns gibt und wo wir uns befinden. Die könnten dann herfliegen und uns versklaven oder ausrotten. Wenn man plötzlich im Urwald aufwacht, dann soll man Augen und Ohren weit aufmachen, nicht aber den Mund. Starken Anlaß zu solchen Ängsten gibt leider eine Menge an schlechter Science Fiction in Büchern und Filmen. Aber deren Science ist keinerlei Wissenschaft, und deren Fiction ist oft Resultat krankhafter Phantasie. Auch verraten wir uns ja ohnehin dauernd durch unser Fernsehen.

Die meisten aktiven SETI-Horcher meinen: Ja, wir sollten eigentlich senden, sind aber noch nicht in der Lage dazu. Auch ich meine das. Um es ernstlich zu betreiben, bräuchten wir einige große Teleskope, die nur für starkes Senden gebaut sind und die Hunderte von Jahren nichts anderes tun. (Genaugenommen wäre dieser Aufwand eigentlich auch für unsere SETI-Suche zu fordern.) Auch wurde beschlossen, daß über solches Senden sich alle Welt zuerst zu einigen hätte sowie über den Text. Einige Male haben wir allerdings schon winzige Botschaften ins All geschickt, ohne viele Formalitäten. Und weil dabei auch intensiv über Verständigung nachgedacht worden ist, so will ich auch dies hier schildern.

Durch raffinierte Flugbahnen unserer Raumsonden um die näheren Planeten wird «Schwung geholt» für ihren Flug auch zu den äußersten Planeten. Die beiden Sonden *Pioneer 10* und *Pioneer 11* (1972 und 1973) bekamen als erste dabei so viel Schwung, daß sie nach Erkundung von Uranus, Neptun und Pluto unser Sonnensystem ganz verlassen konnten und nun frei in den Raum weiterfliegen. Vor dem Start tauchte die nette Idee auf, man könne doch auch einen kleinen «Kartengruß» beifügen, falls die Sonden von anderen Wesen gefunden werden. Carl Sagan, seine Frau Linda und Frank Drake haben einen solchen Gruß entworfen, er wurde auf zwei dauerhaften Metallplatten (15 × 23 cm) eingeritzt, und an jede der Sonden wurde eine solche Platte außen befestigt. Sie ist hier dargestellt in Abbildung 6.4.

Das Strahlen-Gebilde links gibt Ort und Zeit der Sendung an. Die Strahlen zeigen Richtung und Entfernung zu 14 Pulsaren und somit unseren Ort. Die Binärzahlen bei jedem Pulsar zeigen deren Pulsfrequenzen, die aber zeitlich schwach veränderlich sind, sie sagen also einem späteren Betrachter unsere heutige Zeit. Links oben ist ein Wasserstoff-Molekül (zwei Atome, je ein Elektron um ein Proton kreisend). Dessen Wellenlänge (21 cm) gibt ein Längenmaß; dies wird am rechten Rand benutzt, um die Größe der Menschen und der Sonde zu zeigen. Der untere Rand zeigt die Sonne und ihre neun Planeten, und die Sonde stammt vom dritten Planeten. Diese Sendung sollte eigentlich für jeden gut lesbar sein, der genug Astronomie und Physik beherrscht, um die Sonde überhaupt zu finden. Die Sonden fliegen mit rund 10 km/sec, das mag uns zwar extrem schnell erscheinen, sie bräuchten jedoch 70000 Jahre bis zum nächsten Stern. Sie sind aber auf keinen Stern gerichtet. In vielen Millionen Jahren mögen sie per Zufall durch ein anderes Planetensystem fliegen. Also eine arg langsame Art interstellarer Flaschenpost. Aber im Grunde sind sie das auch gar nicht, sondern eine reizvolle Denkaufgabe für uns als kleine Vorbereitung auf spätere große Aufgaben.

Spaßigerweise erzeugte die Sendung eine starke Botschaft an die Absender selbst und gab denen zu denken. In den USA hatten die Zeitungen über die Sendung berichtet und meist das Bild gezeigt. Es folgte sofort eine Fülle entrüsteter Leserzuschriften und Aufsätze: Das Bild des nackten Paares sei eine Schande, ein Zeugnis der Unzucht, es wurde Pornographie genannt und hätte unbedingt verboten werden sollen. Einige Zeitungen hatten sogar in vorauseilender Vorsicht bereits alle Merkmale des Geschlechtes wegretuschiert. Merkwürdiges Amerika!

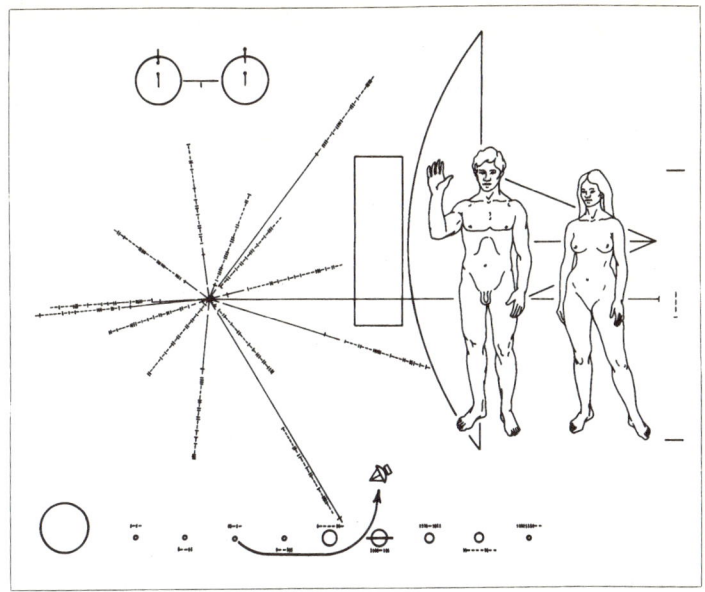

Abb. 6.4: Die Botschaft auf den Sonden Pioneer 10 und Pioneer 11,
ein Gruß von den Menschen an andere Wesen im All; 1972–1973.

Im Jahr 1974 wurde ein spezieller Satellit *LAGEOS* gestartet (*Laser Geodynamic Satellite*), um die Kontinentalverschiebungen zu vermessen, die Bewegungen und Stauchungen der Platten unserer Erdkruste, die Ursache von Gebirgen, Vulkanen und Erdbeben. Der Satellit benötigte dazu eine ganz stabile Umlaufbahn: Er war schwer und klein, in sehr hoher, möglichst kreisförmiger Bahn, also fast ohne Luftreibung. Erst nach etwa acht Millionen Jahren würde er, dann genügend gebremst, in tieferer Luftschicht verglühen.

Nach solch langer Zeit mag eine Menge Wissen über uns Heutige verlorengegangen sein, auch über den Zweck dieses langlebigen Satelliten, und so erhielt Carl Sagan von der NASA den Auftrag, wieder einen einfachen «Kartengruß» anzufügen. Er zeigt drei Erdkarten: unsere Kontinente vor rund 250 Millionen Jahren, dann die heutige Karte mit dem Abflug eines kleinen Satelliten und der berechnete Anblick der Erde nach acht Millionen Jahren mit dem Absturz des Satelliten. Ein kleines Bild der Erdbahn um die Sonne definiert das Zeitmaß, alle Jahreszahlen sind wieder binär.

Also eine kurze Botschaft, zu lesen etwa so: «Vor 250 Millionen Jahren waren alle Kontinente noch zusammen; heute sind sie weit auseinander, und dieser Satellit soll ihre Bewegungen messen; in acht Millionen Jahren sieht die Erde etwa so aus, und der Satellit ist dann wieder verschwunden. Eine Botschaft an wen? An die später sehr veränderte Menschheit, falls es uns dann noch gibt, oder an eventuelle Besucher aus dem All. Also eine Art «Zeitkapsel».

Im November 1974 wurde auch schon einmal eine kurze *Radio-botschaft* (drei Minuten) zu dem Kugelsternhaufen *M 13* gesendet, zwar 21 000 Lichtjahre entfernt, aber dort gleichzeitig auf alle 200 000 Sterne des Haufens treffend. Eigentlich wieder nur ein «Übungsbeispiel» für uns selber. Und zwar ein Beispiel mit einer Folge von 1679 Einsen und Nullen, wie im vorigen Kapitel beschrieben. Nun ist 1679 gleich 23 × 73, und dies sind zwei Primzahlen. Ordnet der Empfänger die Einsen und Nullen in 73 Zeilen mit je 23 Zeichen und zeichnet er dann nur die Einsen schwarz, so entsteht die Botschaft wie in Abbildung 6.5. Nur weniges ist bildhaft, unten ein Radioteleskop, darüber ein Männchen (oder Weibchen?). Fast alles andere ist in Form von Binärzahlen gesagt, und das Bild enthält eine Fülle von Informationen. Ich erinnere mich, daß dies Bild mehreren sehr gescheiten Wissenschaftlern gezeigt worden ist, keiner aber hat alles richtig entschlüsseln können. Ich hab es auch mal probiert, doch bald wieder aufgeben müssen. Und was man nicht versteht, das lehnt man ab, daher meine Kritik an dieser Art Botschaft im vorigen Kapitel. Hiernach wurde ganz offiziell gegen solche Sendungen protestiert und vor den Gefahren gewarnt, und zwar von Sir Martin Ryle, dem Britisch-Königlichen Hofastronomen. Die Fachwelt wunderte sich, warum der hohe Herr dann nicht auch das Fernsehen verbot. Auch hatte er ganz übersehen, daß die Botschaft erst einmal 21 000 Jahre unterwegs sein würde.

Nun kam als letztes noch eine ausführliche und sehr interessante Sendung, wieder nicht als Radiowelle, sondern angeheftet an die beiden Raumsonden *Voyager 1* und *Voyager 2*, gestartet 1977. Diesmal als eine dauerhafte metallische Langspielplatte mit beigefügtem Tonabnehmer und bildhaft-technischer Gebrauchsanweisung (gut lesbar, würde ich sagen). Eine Seite erzeugt 118 Bilder, 20 davon sogar in Farbe, die andere Seite 90 Minuten Musik. Abbildung 6.6 zeigt die Gebrauchsanweisung auf dem Deckblatt der runden Schallplatte, die hier an einer der Raumsonden montiert ist.

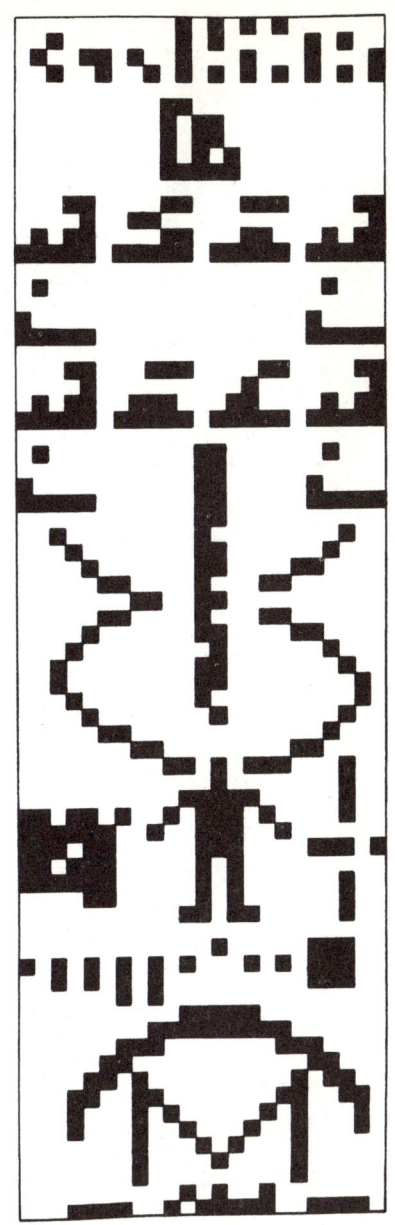

Abb. 6.5: Kurze Radiobotschaft zu M 13, mit 1679 = 23 × 73 Zeichen (Null oder Eins), als Bild mit 73 Zeilen zu 23 Zeichen zu zeichnen. Gesendet im November 1974, zur Feier der Modernisierung des Arecibo-Teleskops.

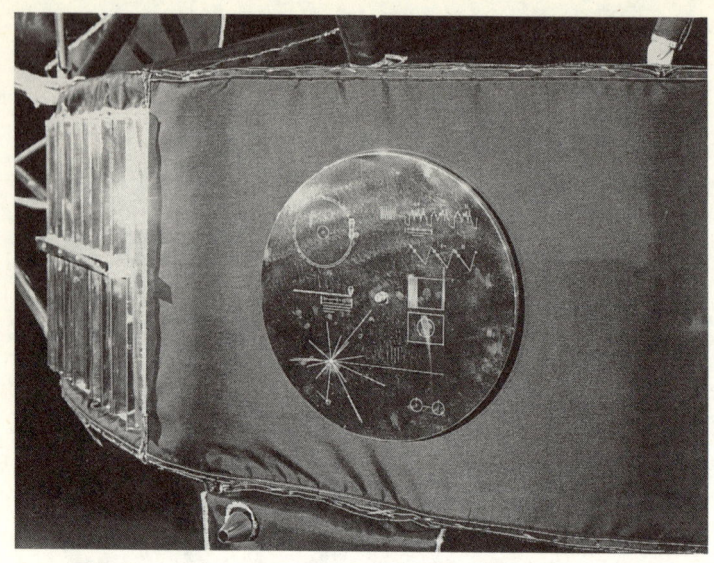

Abb. 6.6: Ein Teil der Raumsonde Voyager 1, gestartet 1977
zur Erkundung unserer äußeren Planeten. Danach fliegt sie weiter
ins Weltall. Seitlich ist eine runde Langspielplatte angeheftet,
mit Botschaften an eventuelle fremde Finder.
Ihre Deckplatte zeigt die Gebrauchsanweisung.

Abbildung 6.7 zeigt zwei der ersten Bilder, oben die Einführung
in Binärzahlen, Dezimalzahlen, Brüche und Exponenten. Darunter
das Wasserstoff-Molekül, das die Maßeinheiten liefert für Masse
(M), Zeit (t) und Länge (L). Diese Einheiten werden dann benutzt
zur Definition unserer Skalen: Sekunde (s), Tag (d) und Jahr (y) sowie von Gramm (g), Kilogramm (kg) und Erdmasse (e); und rechts
werden Längen definiert. Damit folgt dann auf den nächsten Bildern eine kurze Beschreibung unseres Sonnensystems, von Chemie
und Genen des Lebens, von Mensch und Tier. Die meisten der 118
Bilder aber zeigen menschliches Leben, vielfältig und eindrucksvoll, interessant und bunt ausgewählt.

Die andere Seite der Platte gibt einen Querschnitt sowohl durch
die letzten Jahrhunderte westlicher Musik als auch durch die Musik
vieler Länder und Völker. Eine mit viel Kenntnis, Geschick und
Urteil getroffene Auswahl der besten und interessantesten Stücke.

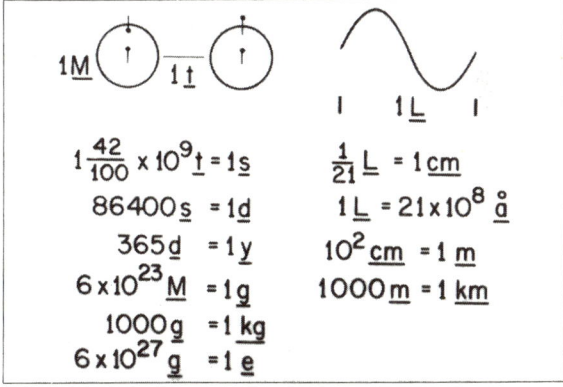

Abb. 6.7: Die ersten zwei Bilder der Voyager-Botschaft.
Oben eine Einführung in unsere Zahlen, darunter die Einheiten
für Zeit, Masse und Länge.

Ich war sehr erfreut zu hören, daß meine Arbeit über *Universal Music* (1974) auch mit dazu beigetragen hatte, das Senden von Musik an fremde Wesen überhaupt für sinnvoll zu halten.

Noch ein nettes Nachspiel: Als ich nach einem Herzinfarkt 1978 in der Reha-Klinik lag, bekam ich auf zwei Tonband-Kassetten die ganze Musik der Voyager-Sonden geschickt, aber noch ohne Namen und Herkunft der Stücke. Ich war ganz begeistert und lud sofort alle zu einem großen musikalischen Rätselabend ein, Patienten, Personal und Ärzte. Ich ließ ein Stück nach dem anderen spielen.

Jeder sollte raten, was es sei, und ich machte Notizen. Eine Woche darauf bekam ich auch Namen und Herkunft aller Stücke. Ich war erstaunt, wie viele Stücke der westlichen Musik das Publikum richtig geraten hatte. Auch von der Volksmusik hatte ich vieles richtig erkannt, da ich vor Jahren selber instrumentale Volksmusik aus aller Welt gesammelt hatte. Sogar über einen Fehler konnte ich Sagan berichten.

Diese ganze Voyager-Sendung wurde 1978 sehr gut und ausführlich in dem Buch *Murmurs of Earth* (Geflüster der Erde) beschrieben von Carl Sagan (bekannt durch seine TV-Sendung «Kosmos»), Frank Drake und anderen. Mit Vorgeschichte, Inhalt und Erklärungen und mit vielen weiteren amüsanten Einzelheiten. So wurden auch kurze Grußreden in 54 Sprachen der Erde gesendet, und eine davon beginnt mit: «Wie ihr wahrscheinlich wißt, liegt mein Land an der Westküste von Afrika …» Probleme und Eile der Auswahl werden berichtet, auch Eigenheiten einiger Komponisten. Es war fest geplant, die ausgewählte Musik auf Langspielplatten oder Kassetten zu verkaufen, aber leider scheiterte dies an den endlosen Verhandlungen über die Autorenrechte. Auf Seite 11 des Buches sagt Bernard Oliver (Vizepräsident von *Hewlett Packard*):

> «Die Chance ist nur verschwindend klein, daß diese Bilder jemals von einem einzigen Außerirdischen gesehen werden, sie werden aber von vielen Millionen Erdbewohnern gesehen. Daher ist dies der eigentliche Sinn der Sendung: Sie soll den menschlichen Geist anregen und erweitern und nach Kontakt mit intelligenten Wesen im All suchen lassen.»

Inzwischen haben sich auch die Juristen eine Nische im Weltall ausgebaut: Es gibt ein *International Institute for Space Law* (Weltraum-Gesetze). Die UNO hat ein *Committee on Space Research* und eines für die friedliche Nutzung des Weltraumes ins Leben gerufen. Spezielle SETI-Komitees gibt es bei der Internationalen Astronomischen Union und der Internationalen Akademie für Raumfahrt. In Zusammenarbeit mit dem SETI-Institut sind zwei offizielle Dukumente ausgearbeitet und verbreitet worden.

Erstens: *Über das Verhalten nach Empfang einer Sendung aus dem Weltall oder anderer Anzeichen von intelligentem Leben.* Kurz gesagt: Man soll zunächst still und ruhig sicherstellen, daß das

Empfangene wirklich und ohne Zweifel aus dem All kommt und daß es keine natürliche Ursache hat. Dann aber den großen Sternwarten in aller Welt die Daten senden und sie um Kontrolle bitten: um Verneinung oder Bestätigung. Werden die Daten bestätigt, dann aller Welt die Fakten klar und sachlich bekanntgeben, allen Regierungen und den Medien.

Zweitens: *Über ein Dokument über die irdischen Sendungen an den Absender von uns empfangener Signale oder sonstiger Anzeichen.* Kurz gesagt: Man soll nichts unternehmen, bevor man sich nicht (am besten durch die UNO) über Art und Inhalt unserer Sendung geeinigt hat. Am besten beginnt man schon jetzt, sich Gedanken darüber zu machen und eine internationale Gruppe dafür zu benennen. Auf jeden Fall solle verhindert werden, daß irgendeine einzelne Sternwarte oder Nation voreilig etwas von sich gibt. Immerhin betrifft dies die Erde als Ganzes; und bei Weltraum-Kontakten gibt es überhaupt keine Eile, alles kann und soll zuvor gut bedacht werden.

Zum Glück wird kein begeisterter Kurzwellen-Amateur dazu technisch in der Lage sein. Er benötigte hierzu eine Großantenne und ein Megawatt an Leistung, um in hundert Lichtjahren Entfernung (nach hundert Jahren Laufzeit) noch empfangen werden zu können.

Nun noch einmal zurück zu der Frage: *Sollen wir auch senden?* Ganz sicher sollten wir das, so meine ich. Wer hören will, soll reden; wer Antwort will, soll fragen. Wie wäre es, wenn alle Welt nur horchte? Auch meine ich, wir sollten nicht erst dann senden, wenn wir schon etwas empfangen haben. Vielleicht läuft es genau umgekehrt: Gesendet wird von den «Anderen» nur dorthin, von wo sich ein Neuling bereits gemeldet hat. Warum sollten sie eine Unmenge Energie, hundert Millionen Jahre lang, an Dinosaurier verschwenden oder an Affen? Da wartet man doch lieber ab, bis es sich lohnt! Für uns aber hieße es: «Klopfet an, so wird euch aufgetan.» Nun ja, hoffentlich.

7. Die bisherige Suche

7.1 «Project Ozma» und die Anfänge

Schon vor zweitausend Jahren wurde über andere belebte Welten nachgedacht, vor zweihundert Jahren wurde schon vorgeschlagen, wie man die Aufmerksamkeit der Marsbewohner erregen könnte. Und im August 1924 gab es bereits einen Versuch, Radiosignale vom Mars zu empfangen, der gerade seine geringste Entfernung von uns hatte. Für drei Tage wurde der amerikanische Radioverkehr über den Pazifischen Ozean abgesagt, um dort auf Schiffen ungestört nach Signalen vom Mars zu lauschen. Ohne Erfolg, wie auch schon vorher bei kleineren Versuchen der Radiopioniere Guglielmo Marconi 1922 und Nicola Tesla 1899. Inzwischen ist klar, daß der Mars höchstens von Mikroben bewohnt ist. Auch hätte die damalige Technik noch längst nicht bis zu anderen Sternen gereicht.

Aber die Technik hat sich dann rasant verbessert. Das *Radio* war ein wichtiges Mittel geworden, für das Senden von Information über weite Strecken, es fand immer mehr Verwendung. Aber bei schwachen Sendern oder in großer Ferne wurde der Empfang sehr behindert durch das Rauschen des Hintergrundes, und oft auch durch starke zeitliche oder örtliche Störungen.

So hatte der Ingenieur Karl Guthe Jansky von den *Bell Telephone Laboratories* in USA den Auftrag bekommen, diese Störungen zu untersuchen. Er konstruierte eine spezielle Richtantenne (Abb. 7.1), von Spöttern «drehbare Wäscheleine» genannt. Damit entdeckte er 1931 eine besondere Art Störung, die mit dem Himmel auf- und unterging. Und nach Gesprächen mit Astronomen wußte er, daß diese breitbandige Radiostrahlung von der Milchstraße kam, vor allem von ihrem Zentrum. Das war der Beginn der Radioastronomie. Oder hätte es jedenfalls sein sollen. Aber Janskys Arbeit war in einem technischen Journal veröffentlicht worden, das von Astronomen kaum gelesen wird. Die Zeitungen hatten davon berichtet, es blieb aber von den Astronomen kaum beachtet.

Nach mehreren Jahren wollte Grote Reber, auch ein Ingenieur derselben Firma, den Himmel weiter nach Strahlung untersuchen, aber die Firma hatte kein Interesse. Doch Grote Reber war ein erfinderischer, energischer Eigenbrötler. Im eigenen Garten, vom eigenen Geld und in seiner Freizeit baute er sein eigenes Radiotele-

Abb. 7.1: Karl Guthe Jansky mit seiner Richtantenne, 1931.
Bei der Untersuchung von Radiostörungen entdeckte er die Strahlung
der Milchstraße. Und so begann die Radioastronomie.

skop. Nach ganz eigenem Entwurf: eine schwenkbare runde Schüssel mit 10 m Durchmesser, ein Spiegel von parabolischer Form. Vier Streben halten darüber, im Fokus des Parabols, den Empfänger. Also bereits ganz von der Art der heutigen großen Teleskope. Damit fand er 1938 nicht nur die Milchstraße, sondern er entdeckte noch etwa ein Dutzend einzelne starke Radioquellen, verteilt über den ganzen Himmel. Das war nun der eigentliche Anfang der gezielt betriebenen Radioastronomie.

Entscheidend war, daß Grote Reber dies den Astronomen zeigen wollte. Er schickte also sein Manuskript an das große Journal *Astronomy and Astrophysics*. Amüsant war, wie es weiterging. Der Herausgeber des Journals war Otto Struve, ein weithin bekannter Astronom alter Schule. Wie üblich schickte er die Arbeit an zwei Referenten zur Prüfung. Beide hielten das für völligen Unsinn, einen von den vielen «spinnerten» Artikeln, die alle Journale häufig bekommen. Struve selbst konnte auch nicht viel mit diesem Zeug anfangen und war schon dabei, es abzulehnen. Da kam gerade Bart Bock zu Besuch, ebenfalls ein berühmter Astronom. Der sah die Arbeit und sagte: «Otto, du hast schon mal eine merkwürdige Arbeit als Unsinn abgelehnt, die nachher eine großartige Entdeckung geworden ist. Du kannst dir das kein zweites Mal leisten.» So wurde die Arbeit also doch gedruckt und auch gelesen. Sie wurde allgemein bekannt, von Astronomen überprüft und fortgeführt. Und so entstand ein neues, großes Feld der Forschung.

Rasch noch einiges zu Grote Reber. Ich lernte ihn 1960 kennen, als er eine Weile in Green Bank war. Dort hatte er auch ein kleines Feld mit Bohnen bepflanzt. Die wachsen immer links um ihre Strebe herum. Reber hatte die Hälfte von ihnen täglich dazu bewegt, sich rechts herum zu ranken. Falls ich mich recht erinnere, erhielt er dadurch eine um 10 % höhere Ernte (durch seine liebevolle Zuwendung?). Er war sehr schwerhörig, und wenn eine Unterhaltung anfing ihn zu langweilen, schaltete er einfach sein Hörgerät aus. Reber hat in einer Wüste in Tasmanien eine neue Art Richtantenne gebaut, zur Untersuchung ganz langwelliger Strahlung: viele hohe Masten weit verteilt, oben mit Drähten verbunden. Beim Bohren tiefer Löcher für die Masten bemerkte er tief unten etwas Feuchtigkeit. Er fragte Biologen, welche nützlichen Gräser tiefe Wurzeln bilden, bepflanzte ein Stück Wüste damit und hatte eine neue nützliche Erfindung gemacht.

Die Technik der Elektronik, der starken Sender und empfindlichen Empfänger, erhielt einen großen Aufschwung, als im Zweiten Weltkrieg das *Radar* zum Erkennen und Orten feindlicher Flugzeuge und Schiffe entwickelt wurde. Man sendet Radiowellen, die am Zielobjekt reflektiert werden, und empfängt die reflektierten Wellen. So wie man mit einem Scheinwerfer ein fernes Ziel hell beleuchtet und erkennt.

Nach der Bewältigung der schlimmsten Kriegsfolgen begann in vielen Ländern die Radioastronomie. Erst wohl in England und Holland, bald auch Australien und USA. Hier wurde 1958 in Green Bank, in den Bergen von West Virginia, die Grundlage geschaffen für eine zukünftige, ganz große Radiosternwarte, das *National Radio Astronomy Observatory* oder kurz NRAO. In einem weiten Tal, 900 m hoch, umgeben und elektrisch abgeschirmt von Bergreihen bis 1500 m Höhe und weit entfernt von aller Industrie und großen Straßen. Auch die Funken der Zündkerzen stören!

Eigentlich war man nun so weit, mit neuer Technik wieder einmal nach den Sternen zu horchen. Doch nur wenige hatten dies erfaßt. Eine erste Arbeit darüber erschien 1959 in *Nature*, von Giuseppe Cocconi und Philip Morrison: *Searching for Interstellar*

Abb. 7.2: Frank Drake, der die Suche nach Signalen
mit «Project Ozma» startete, vor dem 91-Meter-Teleskop
des National Radio Astronomy Observatory, das 1958 in den
Bergen von West Virginia, USA, gegründet wurde.

Communication (Die Suche nach interstellarer Kommunikation).
Die Arbeit zeigte, daß unsere vorhandenen Radioteleskope und
Empfänger bereits empfindlich genug waren, um Signale von nahen
Sterne zu empfangen, gesendet mit einer Stärke, die auch wir schon
senden könnten. Als eine leicht zu erratende Frequenz schlugen

sie die 21-cm-Linie des Wasserstoffes vor, des weitaus häufigsten Elements im Kosmos.

Ohne diese Arbeit zu kennen, hatte Frank Drake, ein guter, junger Radioastronom, die gleiche Idee gehabt. Er hatte die Möglichkeiten berechnet und sich sogar zu aktivem Tun entschlossen: Er war schon seit 1958 dabei, einen 21-cm-Empfänger dafür zu bauen (zugleich auch brauchbar für normale Astronomie). Frank hatte in Harvard studiert und schon dort darüber nachgedacht. Aber hier in Green Bank wurde gerade ein frei bewegliches Teleskop gebaut, mit 26 m Durchmesser damals eines der größten (nur England verfügte über eines mit 75 m, dies war aber nicht genau genug für kurze Wellen). Frank fand, daß er mit diesem Teleskop, und mit einem speziellen neuen Empfänger, gut genug gerüstet sei, einen ersten Versuch zu starten. Leider waren seine Kollegen und guten Freunde wenig begeistert von «diesem Unsinn». Aber Frank hatte Glück, Otto Struve war jetzt Direktor von Green Bank, war einverstanden, und Frank durfte seinen Plan durchführen.

Frank Drake hatte zwei Sterne dafür ausgesucht, die unserer Sonne möglichst ähnlich und uns auch möglichst nahe sind. Die helleren Sterne jedes Sternbildes werden, der Helligkeit nach, mit griechischen Buchstaben und ihrem Bild benannt. Franks erster Stern war Tau Ceti, der neunzehnte Stern im Bilde Cetus, der Walfisch. Der zweite Stern hieß Epsilon Eridani, der fünfthellste im Bilde Fluß Eridanus. Beide sind nicht sehr hell (3,5 und 3,7 mag), aber mit bloßem Auge sichtbar, und beide sind rund 10 Lichtjahre entfernt. Seine Suche nannte er «Project Ozma», nach der Prinzessin Ozma eines sehr fernen Märchenlandes Oz.

Die Beobachtungen fanden im April 1960 statt und nochmals im Sommer, insgesamt mit 200 Stunden Suche. Die Ausgabe lief damals noch mit graphischem Schreiber auf Papier (und gleichzeitig auf Lautsprecher). Das «Rauschen» war ein schwaches Zufalls-Auf-und-Ab der Feder; jedes «Signal» war ein höherer Ausschlag, meist sofort als «irdisch» erkannt und verworfen. Bei verdächtigen Signalen (z.B. Pulse mit enger Bandbreite) wurde das Teleskop vom Stern etwas weg bewegt und wieder hin, ein echtes Signal vom Stern sollte dabei erst verschwinden und dann wiederkommen. Frank hatte einige Sommerstudenten als Helfer, insgesamt wurden über 100 km Papier betrachtet und geprüft (ja, so wurde damals, 1960, die Radioastronomie betrieben).

Es gab eine Anzahl recht aufregender Fälle, aber letztlich doch leider kein echtes außerirdisches Signal. Natürlich war das enttäuschend. Aber große Dinge funktionieren nur selten gleich auf Anhieb. Immerhin, es hätte ja sein können! Vor allem war jedoch durch Ozma bewiesen worden, daß eine solche Suche nach Partnern im All jetzt technisch möglich und sinnvoll war und sogar ohne finanziellen Einsatz.

«Project Ozma» sprach sich nun herum, es kam in die Zeitungen und erregte ziemliches Aufsehen. Auch eine Menge Kopfschütteln: von verwundert über ablehnend bis entrüstet. Doch gab es auch begeisterten Zuspruch vieler Art, gerade von einigen führenden Wissenschaftlern. Bernard «Barney» Oliver, Vizepräsident für Forschung bei *Hewlett Packard* im Silicon Valley, kam einmal für einen Tag dazu, im eigenen Flugzeug. Schon bald wurde er eine starke treibende Kraft für SETI. Ein junger Doktorand aus Chicago, Carl Sagan, interessierte sich für Drakes gleichzeitig laufende Venus-Arbeiten, zudem sehr für Ozma, woraus eine lebenslange Freundschaft und gemeinsame Arbeit für SETI entstand.

Als ich 1960 nach Green Bank kam, gerade nach Abschluß der Beobachtungen, hatte ich nichts von Ozma gewußt. Meine baldige dauerhafte Liebe für Green Bank und meine große Faszination von Ozma, habe ich in Abschnitt 6.1 schon geschildert. Meine sofortige Mitarbeit begann mit Arbeiten über die Suche nach Signalen und über Grenzen der Raumfahrt. Auch die ersten SETI-Pioniere habe ich gut kennengelernt und manch dauerhafte Freundschaft geschlossen. Dies Thema, seine Hintergründe und Auswirkungen haben mich nie mehr losgelassen; seit damals habe ich rund 20 Arbeiten darüber geschrieben und auf Kongressen Vorträge gehalten. Selbst beobachtet habe ich allerdings nie, ich war ja zeitlebens Theoretiker. Meine Hauptarbeit, nach der Kosmologie, wurde ab 1975 der Entwurf und die Modernisierung großer Radioteleskope.

Nach einem Jahr Green Bank war ich wieder für ein Jahr in Heidelberg am Astronomischen Recheninstitut, um eine dort begonnene Computer-Arbeit über die zeitliche Entwicklung von Sternhaufen abzuschließen. Damit hatte ich ein inzwischen weitentwickeltes Feld eröffnet: die «Numerische Integration des N-Körperproblems».

So war ich nicht bei der ersten SETI-Konferenz im November 1961. Ein höherer Beamter der *National Academy of Sciences* in

Washington, Peter Pearman, hatte bei Frank Drake angerufen. Er habe viel von «Project Ozma» gehört und sei bemüht, bei der Regierung um Unterstützung für die Suche nach Leben im All zu werben. Er schlug eine baldige Tagung in Green Bank vor und fragte nach Namen geeigneter Wissenschaftler. Sie suchten nach anerkannten Fachleuten, die bereits Interesse an Ozma gezeigt hatten. Nach einigen Diskussionen und Telefonaten war es dann eine Gruppe von zehn: natürlich Drake, Pearman und Struve; dann Philip Morrison (Cocconi sagte ab); Carl Sagan, er war inzwischen Mitglied in einem Akademie-Komitee für *Exobiology* (Leben fern der Erde); Barney Oliver von *Hewlett Packard*; Melvin Calvin (er hatte die Photosynthese der Pflanzen entschlüsselt); Su Shu Huang (er arbeitete über bewohnbare Planeten); Dan Atchley, der für Ozma einen neuartigen Verstärker gestiftet hatte; und John Lilly (er studierte Delphine und meinte, sie hätten eine Sprache, die er zu enträtseln suchte).

Eine kleine, aber recht beachtliche Gruppe. Während der ersten Nacht ihrer Tagung kam um vier Uhr früh ein Anruf aus Schweden: Melvin Calvin hatte den Nobelpreis für Chemie gewonnen! Alle sprangen aus den Betten, und es gab eine große Feier. Drake hatte die Aufgabe, eine Agenda aufzustellen: die Liste und die Reihenfolge der zu besprechenden Dinge. So benannte er diese Themen der Reihe nach, schrieb sie mit Buchstaben bezeichnet an die Tafel und machte dann eine Gleichung daraus:

$$N = R \, f_p \, n_e \, f_l \, f_i \, f_c \, L$$

Dies war dann die später so berühmte *Drake-Gleichung*. Hierbei bedeutet N die gesuchte Anzahl möglicher Partner in der Milchstraße. Und die ist gleich der zeitlichen Rate (R) der Entstehung von Sternen ähnlich der Sonne mal dem Bruchteil (f_p) dieser Sterne, die Planeten haben mal der Anzahl (n_e) der erdähnlichen Planeten; mal dem Bruchteil (f_l) wo Leben auch entsteht; mal dem Bruchteil (f_i), wo sich Intelligenz entwickelt; mal dem Bruchteil (f_c) mit Fähigkeit und Willen zur Kommunikation; mal der Dauer oder Langlebigkeit (L) dieses Zustandes.

Für R hatte man astronomische Daten, und R = 1 wurde angesetzt (ein neuer Stern pro Jahr in der Galaxis). Von entstehenden Sternen war schon bekannt, daß sie meist eine rotierende Scheibe aus Gas und Staub um sich haben, wo vermutlich Planeten entstehen, also auch $f_p = 1$. Die nächsten vier Faktoren wurden einzeln ausführlich diskutiert. Wir haben aber nur die Erde als Anhalt, und wenn man dies verallgemeinert, so sind sie alle gleich eins, und auch ihr Produkt ist dann gleich eins. Somit ist zunächst $N = L$, die Anzahl galaktischer Partner ist gleich der Lebensdauer (in Jahren) des technischen, interessierten Zustandes. Doch für L haben wir noch keinen Anhalt, auch uns nicht, denn wir wissen ja nicht, wie lange wir noch überleben werden. Wir könnten uns nach ein paar hundert Jahren mit totalem Atomkrieg umgebracht haben; falls aber nicht, so könnten wir vielleicht so lange überleben wie die vorigen Herren der Erde, die Dinosaurier.

Die Zahl der galaktischen Partner mag also, nach dieser Schätzung von 1961, so etwa zwischen tausend und 100 Millionen betragen, doch dies ließ man noch offen. Zum Abschluß der Tagung waren sich aber alle darüber einig:

Die Suche nach Signalen ist sinnvoll und wichtig, und nur durch eine solche Suche kann man Wissen über intelligentes Leben im All erhalten. Die Suche soll mit immer weiter verbesserten Mitteln intensiv fortgesetzt werden. Sie bekam den Namen *SETI*, die *S*uche nach *E*xtra*T*errestrischer (außerirdischer) *I*ntelligenz.

Die Schätzung der Anzahl außerirdischen intelligenten Lebens ist seit 1961 mehrfach wiederholt worden, von verschiedenen Kollegen und mit recht verschiedenen Ergebnissen. Unsere frühere Abschätzung (in den Kapiteln 3 bis 5) wurde etwas verändert durchgeführt, mit vielen neuen Einzelheiten und neuen Daten. Am Ende von Abschnitt 3.5 hielten wir fest, daß wir in etwa 15–30 Lichtjahren Entfernung die nächsten Lebewesen finden würden; und bei Abschnitt 5.5, daß wir in etwa 300–1000 Lichtjahren auf die ersten möglichen Partner hoffen.

Da ist es interessant, die Ergebnisse der beiden Abschätzungen zu vergleichen. 1961 schätzte man eine untere und eine obere Grenze für die Lebensdauer und damit für die Anzahl der Partner. Teilt man nun das Volumen der Milchstraße durch diese Anzahl und nimmt dann die dritte Wurzel, so hat man den mittleren Abstand. Bei tausend Partnern wären unsere Nachbarn etwa 2300 Lichtjahre entfernt, bei 100 Millionen nur 50 Lichtjahre. Das waren also 1961 bereits vergleichbare Größenordnungen.

Vor allem gelten die Schlußfolgerungen von 1961 auch heute noch für alle, die aktiv an SETI beteiligt sind, und für die vielen, die dem zustimmen. Und daß wir bisher noch keinen Erfolg hatten, das besagt, nach nur wenigen Jahrzehnten, noch gar nichts. Jedenfalls nicht bei astronomischen Entfernungen und bei der am Anfang von Abschnitt 3.1 geschilderten «Suche nach der Nadel im Heuhaufen».

Bei SETI geht es also um die Suche nach intelligentem Leben im Weltall. Doch schon früh schweifte Frank Drakes Blick vom fernen Ozma nachdenklich zurück zur Erde, und außen an seiner Bürotür hing ein Schild: *Is there Intelligent Life on Earth?* (Gibt es intelligentes Leben auf der Erde?) Auch mich hat diese Frage immer stark bewegt, angeregt durch Gedanken über fremdes Leben, so wie ich es hier mehrfach geschildert habe. Diese Anregung nun auch weiter zu vermitteln, war einer der Gründe für mich, dieses Buch zu schreiben.

7.2 Die ersten zehn Jahre

Frank Drakes «Project Ozma» war derart neu und andersartig (oder gar abwegig?), daß es eine Weile dauerte, bis auch andere Astronomen begannen, mit Experimenten nach Signalen ferner Wesen zu suchen. Und hat man sich dann schließlich doch dazu entschlossen, so muß ja erst ein spezieller Empfänger dafür vorbereitet werden, Teleskopzeit muß beantragt (und genehmigt) werden, und so vergingen einige Jahre bis zu weiteren Experimenten.

Doch das Nachdenken über diese oder andere Suchen hat sehr schnell begonnen. Zum Beispiel auch über die Frage, was hochentwickelte alte Kulturen, außer Signalen, wohl sonst noch tun könnten und was davon wir sehen könnten, wonach wir also suchen sollten. Nun, das müßten wohl ganz gewaltige technische Dinge sein. Und das wurde dann *Astroengineering* genannt. Gemeint ist «Ingenieurstechnik astronomischen Ausmaßes»; nennen wir es also *Astrotechnik*. Hier ein Beispiel:

Der junge russische Astronom Nikolai Kardashev (inzwischen Chef der Weltraumforschung) benutzte den Energieverbrauch als Maß für die Größe der technischen Entwicklung; und er vermutete, daß diese Entwicklung im Laufe sehr langer Zeit auch sehr weit gehen könne. So unterteilte er technische Zivilisationen und Super-Zivilisationen in drei Typen. Typ I ist so etwa unser heutiger Zustand: die Benutzung aller Energiequellen des eigenen Planeten. Typ II beherrscht und benutzt die gesamte Energie-Erzeugung der eigenen Sonne. Und Typ III die Energie einer ganzen Galaxie. Was ja irgendwie auffallen sollte.

Dies ist nicht nur eine interessante Spekulation, sie hat auch direkte Folgen für die Art unserer Suche. Die haben wir bisher nur diskutiert als eine Suche gezielt auf nahe, sonnenähnliche Sterne. Denn wegen ihrer Nähe würden wir ihre Signale stärker empfangen als die Signale weit entfernter Sender. Das ist einleuchtend und auch ganz richtig, solange sehr starke Sender nur sehr selten vorkommen. Überschreitet ihre Häufigkeit jedoch eine gewisse Grenze, so empfangen wir die stärksten Signale gerade von den fernen Sendern. Das ist ja auch der Fall für die Helligkeit der Sterne (Abschnitt 1.1). Die uns nächsten 10 Sterne sind im Mittel sieben Lichtjahre entfernt, aber die Entfernung der 10 hellsten Sterne beträgt im Mittel 230 Lichtjahre. Dies liegt an der extrem weiten Spanne der Leuchtkraft, der absoluten Helligkeit. Der für uns ganz helle Stern Rigel, der rechte Fuß des Orion, ist zwar 880 Lichtjahre entfernt, aber seine Leuchtkraft ist 49 000mal stärker als die der Sonne. Und ähnlich ist es auch bei den Radioquellen. Einige der für uns stärksten Quellen sind Quasare in weitester Ferne.

Ähnlich könnte es auch sein bei den Sendern von Signalen, nach denen wir suchen wollen. Gibt es superstarke Sender gar nicht oder nur ganz selten, so suchen wir am besten in der Nähe gezielt auf die uns nächsten Sterne. Sind jedoch superstarke Sender, bei Zivilisationen vom Typ II oder III, zwar selten, aber doch nicht zu selten, dann hat es keinen Sinn, auf bestimmte Sterne zu zielen, denn die Sender mögen unsichtbar weit weg sein. Dann muß man einfach den ganzen Himmel absuchen, ihn gleichmäßig überstreichen.

Dies sollte unbedingt auch getan werden. Es gibt aber dabei ein ernsthaftes Problem für Radioteleskope. Sie sollten so groß sein wie nur möglich, um mit großer Fläche viel der schwachen Strahlung aufzufangen. Bei größerer Fläche wird aber stets die Fokussierung enger, man horcht zwar intensiver, aber nur in einen kleineren Teil des Himmels. Das Arecibo-Teleskop beobachtet (bei der

21-cm-Linie des Wasserstoffs) nur eine winzige Fläche des Himmels, nur so groß wie etwa $1/_{100}$ der Fläche des Vollmondes. Für jede Vollmondfläche am Himmel bräuchte es also bereits hundert Beobachtungen.

Auch für dies Problem hatten Kardashev und seine russischen Kollegen eine verblüffende Lösung. Kurze Blitze sind viel sichtbarer als gleichmäßiges Strahlen. Man benutzt dies bei den blinkenden Warnlichtern der Flugzeuge (auch die amerikanischen Leuchtkäfer, so fanden wir heraus, werben mit hellem kurzen Blinken deutlicher als unsere hübschen deutschen Dauerleuchter). So kann man mit superkurzen Radioblitzen auch superstarke Signale senden, bei normalem Energieverbrauch. Tun dies die Super-Zivilisationen nun auch mit deren Superenergie, dann bräuchten wir zum Empfang vielleicht gar keine Flächen mehr. Es genügt ein simpler einzelner Dipol, der überhaupt nicht fokussiert, sondern den ganzen (halben sichtbaren) Himmel gleichzeitig beobachtet.

Zur Kontrolle gegen irdische Störungen hatte man beim gezielten Horchen die Forderung: Das Signal darf nur vom Stern kommen, nicht auch vom Ort daneben. Das gibt es nun nicht beim Dipol der überhaupt nicht «zielt». So benutzt man eine gute Anzahl einzelner Dipole, über das ganze riesige Rußland verteilt. Man sucht nun nach fast gleichzeitigen, superkurzen Radioblitzen bei allen Dipolen. «Fast» gleichzeitig, weil durch die Krümmung und Neigung der Erdfläche die Laufzeit eines jeden Signals ein bißchen verschieden ist (um hundertstel Sekunden). Diese zeitlichen Unterschiede der Dipol-Blitze kann man genau messen, sie müssen alle genau «zusammenpassen» für einen bestimmten Ort am Himmel, und wenn ja, so kennt man dann auch genau den Ort des Senders. Eine weitere Kontrolle ist auch wieder die Forderung, daß dieser Ort des Senders sich genau mit der Himmelskugel mitdrehen muß. Und um wirklich ein Signal zu sein, sollten solche Blitze sich am gleichen Ort in regelmäßigen Abständen wiederholen.

Dieses ganz neue Prinzip der russischen Kollegen ist eine gute Idee. Es benötigt keinen großen Aufwand, vor allem keine Anträge für Beobachtungszeit auf großen Teleskopen. Es kann tausend Stunden lang laufen, ohne andere Astronomen zu verdrängen; auch betrachtet man gleichzeitig den gesamten Himmel. Und bei großen Abständen zwischen den Dipolen wird man nicht mehr gestört durch die Vielzahl der irdischen Sender. Fraglich aber ist dabei, ob es Zivilisationen vom Typ II oder Typ III nun wirklich gibt, ob sie auf ihrem hohen Niveau dann noch Interesse haben an uns und anderen primitiven Anfängern und ob sie derartige Superblitze überhaupt für eine gute Idee halten.

Frank Drakes Ozma regte dazu an, auch bei ganz *normalen* astronomischen Beobachtungen auf «Ungewöhnliches» zu achten, was vielleicht von fremden Wesen stammen könnte. So geschahen kurz nach Ozma zwei aufregende Dinge. Kardashev und Sholomitsky studierten 1965 normale kompakte Radioquellen und fanden, daß eine davon (CTA 102) ganz ungewöhnliche Änderungen der Helligkeit zeigte, die man vielleicht für Signale halten konnte, von einer Zivilisation des Typs III. Leider waren Freude und Aufregung so groß, daß gleich eine Pressekonferenz stattfand und die Nachricht in alle Welt ging. Später zeigte sich, daß CTA 102 ein Quasar ist und daß auch einige andere Quasare variabel sind. Heute ist man fast sicher, daß Quasare massereiche Schwarze Löcher sind, in die Materie einfällt, gelegentlich auch ganze Sterne mit großen Ausbrüchen. Also insgesamt eine arge Enttäuschung. Nun, immerhin war es auch eine bedeutende Entdeckung der beiden, daß es Quasare mit stark variabler Radiostrahlung gibt.

Jocelyn Bell, eine Studentin von Anthony Hewish in Cambridge, untersuchte 1967 schwaches Flackern bei kompakten Radioquellen. Dabei entdeckte sie, daß eine der Quellen ganz starke kurze Pulse abgab, und zwar, was das tollste war, in ganz regelmäßigen, gleichen Abständen. Haargenau alle 1,2 Sekunden ein scharfer kurzer Puls. Dies sah nun wirklich ganz nach absichtlichen Signalen aus, nach Signalen der «kleinen grünen Männchen», wie man es nannte. Aber diesmal war man vorsichtiger und stiller. Erst wurde weiter beobachtet und nachgedacht. Bell fand bald ein halbes Dutzend ähnliche pulsierende Radiosterne, für kleine grüne Männchen war das doch zu häufig. Schließlich gab Hewish eine gute Erklärung ab: es handelt sich hier um schnell rotierende Neutronensterne, die einen starken Radiostrahl nur in eine Richtung senden. Wie ein Leuchtturm mit rotierendem Lichtstrahl. Sind wir im richtigen Winkel, so trifft uns der Strahl bei jeder Umdrehung einmal kurz. Frank Drake prägte den Namen «Pulsar», der sich bald einbürgerte. Hewish erhielt dafür den Nobelpreis, nicht aber Jocelyn.

Die ersten paar Jahre nach Ozma gab es also erfreulich viele neue Ideen und auch zwei aufregende Fehlschläge oder «Beinah-Erfolge». Bald begannen auch die weiteren Experimente. Den Anfang machte Ken Kellermann aus Green Bank, der 1966 in Australien für ganz normale Astronomie mit dem großen 64-Meter-Teleskop war. Er untersuchte auch eine andere Galaxis nach eventuellen Signalen, fand aber leider dafür keine Anzeichen.

Von allen Ländern der Erde war Rußland am schnellsten aufgeschlossen für SETI, für die experimentelle Suche nach den «Anderen»: Bis 1971 gab es sechs weitere Suchen, fünf davon durch Russen. Weiterhin fällt auf, daß bis 1971 gleich drei neue Methoden zum Einsatz kamen: die Suche mit Dipolen nach Superblitzen, die gleichzeitige Beobachtung vieler Frequenzen mit Mehrkanal-Empfängern und die Suche nach künstlicher Modulation der natürlichen Maser-Strahlung einiger Gaswolken bei der OH-Linie (Maser gleichen bei Radiowellen den Lasern beim optischen Licht; und die OH-Linie ist in Abbildung 6.1 gezeigt und erklärt).

Zuerst wurde ein Dipol von 1968 bis 1982 in Gorki von Troitskii eingesetzt. Zusammen mit etlichen Mitarbeitern wurde dann ein Netz von vier Dipolen über 8000 km weit gespannt, und es begann eine Dauerbeobachtung des Himmels von 1969 bis 1983.

1968 und 1969 suchten Troitskii und Mitarbeiter (gezielt, mit Mehrkanal) nach Signalen bei elf Sternen und beim Andromeda-Nebel. Der Empfänger hatte 20 einzelne Filter für gleichzeitige Beobachtung in 20 Kanälen. Die Anzahl der Kanäle konnte erst wesentlich erhöht werden, nachdem es gelang, die Filter durch «Autokorrelation» zu ersetzen. So konnte Verschuur 1971 und 1972 in Green Bank neun Sterne mit 384 Kanälen gleichzeitig beobachten.

In zwei Versuchsreihen suchten Slysh und andere mit dem Teleskop bei Nançay in Frankreich nach Signalen auf der OH-Linie. Aber leider blieben auch all diese neuen Versuche der ersten zehn Jahre erfolglos.

Übrigens hatte sich in Rußland Iosif Shklovsky, der führende Astrophysiker, anfangs sehr intensiv für SETI eingesetzt; er war auch in Green Bank (und bei uns) zu Besuch. Aber in den letzten Jahren meinte er, technische Intelligenz würde fast immer zur Selbstzerstörung führen, nahe Partner gäbe es also nicht, weshalb SETI keinen Sinn hätte.

7.3 Die großen Pläne: Cyclops, Weltraum, Mond

Auch die NASA nahm SETI ernst und war gewillt, sich zu beteiligen. Am *NASA Ames Research Center*, in Moffett Field in Kalifornien, fand 1971 eine dreimonatige intensive Arbeit statt, mit Experten aus vielen Fächern. Angeregt und geleitet von Barney Oliver (*Hewlett Packard*) und John Billingham (*NASA Ames*), wurde erstens die Frage untersucht, welcher Aufwand vermutlich nötig wäre, um bei SETI auf guten Erfolg hoffen zu können. Zweitens wurden verschiedene Teleskop-Anlagen dieser Größe diskutiert und verglichen. Und drittens wurde eine davon als beste ausgewählt und ein Entwurf im einzelnen ausgearbeitet. Ich war auch eine Woche dabei, mit Beiträgen über «Neue Bauart großer Radioteleskope», und war ganz fasziniert von dieser Arbeitsgruppe und von dem Ausmaß ihrer Pläne.

Um auch schwächere Signale noch aus größerer Ferne zu empfangen, ist extrem viel Antennenfläche nötig. Nun wachsen aber die Kosten eines Teleskops steil an mit seiner Größe. So wählte man als gerade noch rentable Größe 100 m Durchmesser für die Einzelteleskope, und davon braucht es dann eine große Anzahl. Diese Zahl soll so lange wachsen, bis man entweder erfolgreich ist oder bis zu einer bestimmten Obergrenze. Man könnte mit 100 Teleskopen die Suche beginnen und – falls man nicht schon vorher Erfolg hat – bis zu der Gesamtzahl von 1500 Teleskopen weiterbauen. Abbildung 7.3 zeigt den Blick auf eine solche Anlage. Die 1500 Teleskope stehen in einem hexagonalen (Honigwaben-)Gitter, mit genügend Abstand vom Nachbarn, um beim Beobachten bis herab zu 20° über dem Horizont einander nicht zu beschatten. Dieses «Riesenauge» in den Weltraum bekam den Namen «Project Cyclops», nach dem einäugigen Riesen, dem Zyklopen (= Rundauge) der griechischen Sage.

Die Arbeitsgruppe lieferte gute Entwürfe auch für die elektronische Zusammenschaltung der vielen Teleskope zu einem einzigen Instrument (einem *Interferometer*) für jede Richtung, was bei 1500 keine leichte Aufgabe ist. Cyclops ist dann für schwache Signale ebenso empfindlich wie ein einzelnes Teleskop von 4 km Durchmesser. Gute Entwürfe wurden ausgearbeitet für die Erkennung ferner Signale gegenüber allen irdischen und auch den natürlichen fernen Radioquellen. All dies gleichzeitig bei einer großen Anzahl von schmalen Kanälen einzelner Frequenzen.

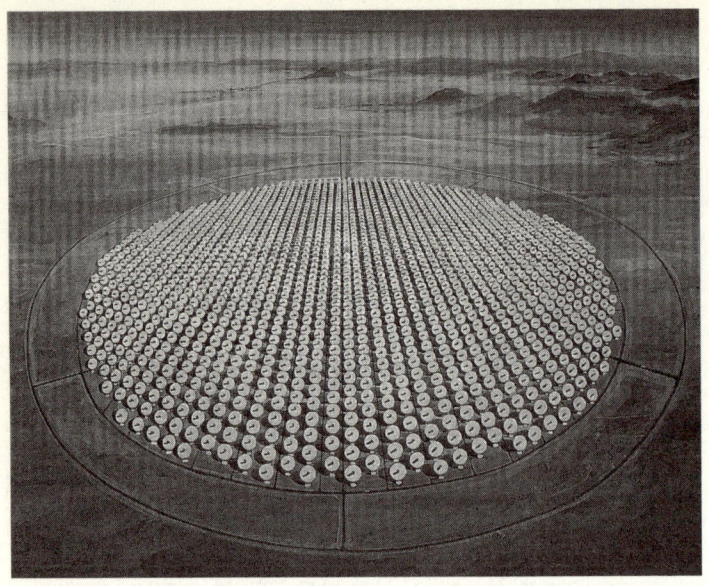

Abb. 7.3: «Project Cyclops», ein großer Plan für SETI von 1971.
Mit 1500 Radioteleskopen von 100 Meter Durchmesser,
die elektronisch verbunden wie ein einziges großes Teleskop arbeiten,
von 4 Kilometer Durchmesser. All dies hätte ebensoviel gekostet
wie drei Monate Krieg in Vietnam.

Bald darauf, im September 1971, fand in Armenien an der *Byura-*
kan-Sternwarte eine ganz ausgezeichnete Tagung statt, mit 54 Fachleuten ganz verschiedener Gebiete, darunter drei Nobelpreisträger; mit SETI-Optimisten und -Skeptikern, mit lebhaften, guten
Diskussionen, öffentlich und auch privat und in herzlicher Freundschaft zwischen Ost (32 Sowjets) und West (18 Amerikaner, 4 andere). Dort hielt auch Barney Oliver einen Vortrag über «Project
Cyclops», über Ziele und Möglichkeiten und die Ausarbeitung
des Entwurfes, mit Bildern der riesigen Anlage. Alle waren sehr
beeindruckt von diesem mächtigen Plan. Dann wurde er nach
den Kosten gefragt, und seine Antwort war: zehn Milliarden Dollar. Das erzeugte ein amüsiertes Lachen im Saal. Darauf antwortete
Barney mit seiner vollen starken Stimme: «Kein Grund zum Lachen. Das sind genau die Kosten Amerikas für drei Monate Krieg

Abb. 7.4: Ein anderer großer Plan für SETI:
ein vier Kilometer großes Teleskop weitab im Weltraum.
Über ihm schweben zwei Empfänger, und unter ihm schirmt eine
noch größere runde Platte alle irdischen Störungen ab,
die von der fernen blauen Erde stammen.

in Vietnam». Wohl allen von uns hat sich dies für immer einge-
prägt.

Außer dem irdischen Cyclops waren auch andere große Pläne
entworfen worden, die vor allem befreit sein sollten von der immer
erdrückender werdenden Fülle aller von Menschen betriebenen
Sender; eines der großen Probleme für SETI, aber auch für normale
Radioastronomie. Also sollten wir eine große Empfangsanlage
weitab im Weltraum planen, mit einem Riesenschirm dahinter, in
Erdrichtung, um alle Störung fernzuhalten. Abbildung 7.4 zeigt
einen solchen Entwurf. Die flache Schüssel oben ist der Spiegel, der
die Strahlung einfängt und zum Empfang reflektiert; er ist Teil einer
Kugel so wie bei Arecibo, aber etwa vier Kilometer groß. Darüber
schweben in der Fokalfläche mehrere Empfänger, hier sind nur
zwei gezeigt, die in verschiedenen Richtungen am Himmel beob-

achten. Unter dem Teleskop ist die große runde Scheibe des Schirmes (mit dem Schatten des Teleskops), der alle Störung abhält. Rechts unten ist die ferne Erde, umkreist von über hundert geostationären Satelliten. Oben rechts, außerhalb des Schirmes, eine Anlage mit zwei runden, kleineren Antennen zur gegenseitigen Verständigung. Die eine Antenne erhält von den Empfängern alle Daten ihrer Beobachtungen, die andere sendet sie zur Erde. Und auch umgekehrt: Die Erde sendet die Kommandos, wohin man die nächste Beobachtung lenken soll. Auch dies ist ein sehr schöner Plan. Aber im Weltraum zu bauen ist sehr viel teurer als auf der Erde, und noch viel teurer sind dann auch Betrieb und Wartung.

Ein dritter großer Plan betraf die *Rückseite des Mondes*. Die ist in unserem ganzen Sonnensystem die einzige Gegend, die stets und von jeder irdischen Strahlung völlig abgeschirmt ist. Auch ist man dort frei von der Störung und Begrenzung durch die irdische Atmosphäre. Und große schwere Strukturen wiegen dort nur $1/6$ ihres irdischen Gewichtes, Wind gibt es auch nicht, man kann dort mithin viel größer bauen als auf der Erde.

Die Rückseite des Mondes wäre also eine ideale Basis für Sternwarten, und zwar für Astronomie aller Art: Langwellen, Radio, Infrarot, Licht, Ultraviolett, Röntgen- und Gammastrahlung. Allerdings müßten alle Strukturen und Apparate große Temperaturunterschiede vertragen, rund 250°C im Freien, zwischen Tag und Nacht. Um die entsprechende thermische Verformung zu vermeiden, müßten manche empfindliche Teile aus Invar gebaut sein oder aus Keramik.

Für SETI könnten die Krater wichtig sein. Der Mond ist übersät mit Hunderten von Kratern aller Größe, das sind Einschläge von Meteoren und Asteroiden, meist aus der Frühzeit; weil es ohne Luft und Wasser keine Erosion gibt, bleiben die Formen unverändert. Abbildung 7.5 zeigt, nach einen Vorschlag von Frank Drake, wie man Krater passender Form benutzen könnte, für große Radioteleskope vom Arecibo-Typ: Teil einer Kugelschale, fest im Boden eingebaut, ein paar Kilometer groß.

Über die Benutzung unseres Mondes ist schon früher viel nachgedacht und vorgeschlagen worden. Vor allem aber über den Mond als «Sprungbrett in den Weltraum» für zukünftige Missionen zu Mars, Asteroiden und äußeren Planeten. Und gleichzeitig über den Mond als Quelle von Erzen und Mineralien, um dort die Fabrika-

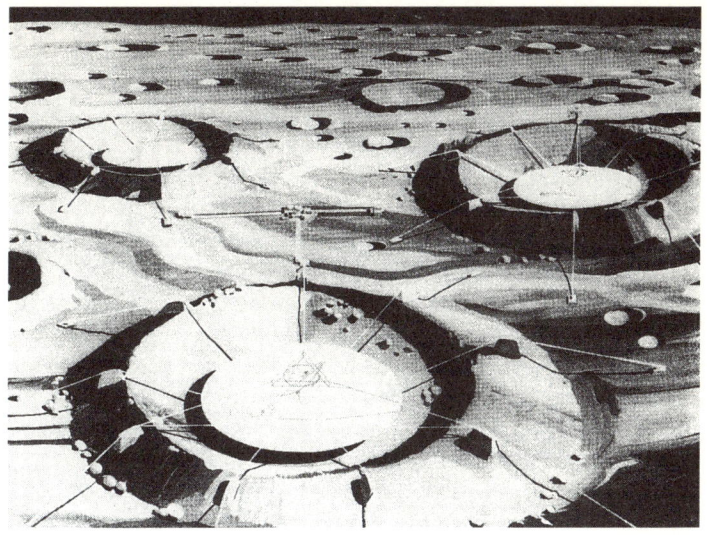

Abb. 7.5: Der dritte große Plan. Die einzige Gegend, die völlig frei ist von aller irdischen Radiostörung, das ist die Rückseite unseres Mondes (dessen Vorderseite stets zur Erde zeigt). Hier könnte man große Krater für Arecibo-Typ-Teleskope benutzen. Es wäre der ideale Ort für die Astronomie der Zukunft: keine Atmosphäre, keine Störung, alles nur $1/6$ so schwer.

tion von großen Raumsonden zu betreiben sowie auch zur Herstellung ihres Treibstoffs. Energie gibt es gratis von der Sonne. Reichlich vorhanden sind Metalle, Sauerstoff und Silizium, auch Kohlenstoff und manch anderes ist vorhanden; was aber besonders fehlt, ist Wasserstoff. Vielleicht kann man Wasser in größerer Tiefe finden, vielleicht an den Polen, die ganz wenig Strahlung von der Sonne erhalten und kalt bleiben. Wasser wäre auch wichtig für die menschlichen Kolonien auf dem Mond, die ja für all diesen Betrieb auch dort eingerichtet werden müßten.

Ich bekam einen Auftrag, über SETI-Teleskope auf dem Mond nachzudenken und entsprechende Vorschläge auszuarbeiten. So war ich zwei Wochen in Kalifornien am SETI-Institut, und auch am JPL der NASA, und kam heim mit Koffern voller Akten, Arbeiten und Notizen über den Mond. Eine Menge Hausaufgaben für die nächste Zeit.

Zunächst kam die Frage des Standorts. Das Teleskop muß auf der Rückseite des Mondes stehen, völlig abgeschirmt von der Erde (und auch von ihren geostationären Satelliten). Aber ein kleines zum Teleskop gehörendes Labor muß stets Verbindung zur Erde haben, muß also auf der Vorderseite liegen. Was ist die kürzeste Entfernung zwischen beiden? Von der Erde aus betrachtet, dreht sich der Mond ein wenig hin und her; vom Mond aus gesehen, dreht sich die Erde um ihren Durchmesser. Rechnet man alles zusammen, auch mit den Satelliten, so muß der Abstand zwischen Teleskop (nie sichtbar von der Erde) und Labor (immer sichtbar) mindestens 730 km betragen, am Äquator des Mondes. Bei den Polen reichte ein geringerer Abstand, aber dort sieht man nur den halben Himmel, und nur am Äquator den ganzen. Solarzellen und Batterien könnten der Stromversorgung direkt am Teleskop dienen, und für die Datenübertragung wären über 730 km Fiberglas nötig.

Dann die enorme Temperaturspanne von 250°C: Entweder muß das Teleskop durch einen Dom abgeschattet oder aus thermostabilem Material konstruiert werden. Das SETI-Teleskop soll groß sein, und ein noch größerer Dom würde extrem teuer. Ein großes Teleskop braucht viel Material, das sollte man nicht von der Erde aus transportieren müssen, es sollte auf dem Mond selbst hergestellt werden. Also muß man zuerst einmal dort Fabriken haben. Übrigens auch, um eine kleine unterirdische Behausung, mit allem Zubehör, für das Labor zu bauen, für vielleicht vier Leute zum Leben.

Dann der Mondboden. Die direkte Oberfläche besteht meist aus einer dicken Staubschicht (das Schuh-Relief der Astronauten ist gut zu erkennen), aber sie ist doch fest genug, um den Fuß nicht weiter einsinken zu lassen. Nach unten ist der Boden durchsetzt von Felsbrocken und Kraterschutt. Dies Material heißt Regolith, wird nach unten fester und läßt sich gut zu Zement verarbeiten. Fester Fels ist meist nur wenige Meter darunter, gut geeignet für Fundamente von Strukturen. Weniger fest sind allerdings die Ränder der Krater. Und ein Problem sind die vielen winzigen Meteorite, die kleinen Staubkrümel aus dem Weltall, die in unserer Lufthülle als schöne Sternschnuppen verglühen. Auf dem Mond aber gibt es keine Luft, keine bremsende Reibung, dort beschädigen sie wohl auf längere Sicht die Oberfläche von Teleskopen.

Nach alledem ergab sich, daß die Frage nach der Möglichkeit von Teleskopen auf dem Mond eher eine Frage nach dem Mond überhaupt ist als nach Teleskopen. Über Entwürfe für Teleskope kann man erst nachdenken, wenn es dort schon eine Zeitlang Kolonien gibt und Fabriken, auch eine Kenntnis der dort herstellbaren Materialien für Strukturen und Oberflächen von Teleskopen. Dann aber, wenn wir soweit sind, sollte es keine großen Probleme mehr geben für den Entwurf und Bau prächtiger großer Radioteleskope für SETI. Und natürlich auch für eine Menge anderer Teleskope. Nur müßte gleich anfangs dafür gesorgt werden, daß die Kolonien, Fabriken und Bergwerke sich alle nur auf der Erdseite des Mondes befinden, so daß seine Rückseite nur für Astronomie aller Art verbleibt, ohne Strahlung, ohne Staubwirbel, ohne Trübung oder Lichtschein.

Ja, das waren drei schöne große Pläne, für SETI und zugleich auch für andere astronomische Vorhaben: Cyclops auf der Erde oder ein großes abgeschirmtes Teleskop im Weltraum kreisend oder am allerbesten: alle neuen astronomischen Einrichtungen völlig ungestört «hinter dem Mond». Inzwischen ist jedoch klar: Wir haben zwar für solche Pläne die nötige Technik, wir bekommen aber dafür nicht das nötige Geld. Nicht jetzt und auch nicht in naher Zukunft. Wir haben zu viele andere dringliche Sorgen auf der Erde. Aber bitte nicht vergessen: «Project Cyclops», mit der riesigen Anzahl von 1500 großen Teleskopen, jedes mit 100 m Durchmesser, das hätte ebensoviel gekostet wie nur drei Monate jenes sinnlosen und blutigen Krieges, von dem Barney Oliver (s. S. 160 f.) sprach.

7.4 Auf und Ab für SETI

Im folgenden könnte man nun einfach zeitlich der Reihe nach alles aufzählen. Aber dies «alles» ist oft von sachlich recht verschiedener Art, zeitlich mehrfach unterbrochen. So ist wohl eine sachliche Unterteilung besser als eine zeitliche.

Wir beginnen mit dem «äußeren Schicksal» von SETI, unserer Suche nach außerirdischer Intelligenz. Also mit der *Organisation*, der Durchführung und der Finanzierung dieser Suche. Ihre so wichtige Finanzierung hängt ab von der offiziellen Anerkennung oder Ablehnung dieser Suche. Doch auch nach der offiziellen Ablehnung lebte die Suche weiter, dann jedoch nur von privaten Spenden, also von privater Anerkennung und Tatkraft.

Wie schon geschildert, war anfangs ja noch nichts organisiert. Einzelne Astronomen suchten zeitweilig nach Signalen, wenn sie sich dafür begeisterten, wenn ihre Uni oder Sternwarte nichts dagegen hatte und wenn sie die Beobachtungszeit an einem Teleskop dafür bekamen. 1971 aber hatte die NASA mit «Project Cyclops» starkes Interesse gezeigt und eine Arbeitsgruppe für SETI geschaffen. Viele Arbeiten liefen unter der Bezeichnung «NASA SETI». In den nächsten acht Jahren wurden 20 SETI-Beobachtungen durchgeführt, mit guten und ganz neuen Ideen.

Bald jedoch kam 1978 ein fast «tödlicher» Rückschlag. Senator William Proxmire aus Wisconsin war bekannt für seine streitbaren Kämpfe gegen «unsinnige, lächerliche Ausgaben». Er erreichte ein Gesetz, das der NASA verbot, weiterhin Gelder für SETI auszugeben. Er sprach voller Spott und Ironie und wußte nicht genug darüber (der Senat auch nicht). Übrigens ersparte dies SETI-Verbot jedem Steuerzahler in den USA gerade mal 5 Cent im Jahr.

Zum Glück war Carl Sagan inzwischen bekannt genug, um eine Unterredung mit Proxmire zu bekommen. Er klärte ihn auf über die Ziele und Methoden von SETI, und nach einer Stunde gab der Senator zu, daß er unrecht gehabt hatte. Öffentlich zurückgenommen hat er zwar nichts, aber er hat auch nichts dagegen unternommen, als die NASA nun doch SETI weiterfinanzierte, wenn auch jetzt etwas sparsamer.

Eine Umfrage unter Wissenschaftlern ergab in den siebziger Jahren, daß etwa ein Drittel dafür war, SETI mit mehr Einsatz zu betreiben, ein Drittel fand SETI mäßig interessant, ein Drittel war entschieden dagegen. Außerdem ergab sich, daß die meisten viel zu wenig über SETI wußten.

Es war ein wichtiger Schritt zu besserer Information und zu mehr Anerkennung, daß Michael Papagiannis (Boston University) 1978 vorschlug, die Internationale Astronomische Union möge zu ihren bestehenden 50 Kommissionen noch eine weitere Kommission hinzufügen. Nach Besprechungen mit Kollegen schlug Papagiannis den Namen vor: «Commission 51, Bioastronomy: Die Suche nach außerirdischem Leben». Während SETI die Suche nach fremder Intelligenz ist, geht Bioastronomie einen Schritt weiter, es umfaßt auch noch die Suche nach primitivem Leben auf dem Mars oder auf den großen Monden von Jupiter und Saturn. Und auch die Fragen nach der Entstehung des Lebens sind mit eingeschlossen, speziell hier auf der Erde und ganz allgemein im Weltall. Die Gründung dieser neuen Kommission wurde von der *Internationalen Astronomischen Union* 1979 bewilligt und 1982 offiziell durchgeführt. Sie hat jetzt über 300 Mitglieder.

Carl Sagan gründete die *Planetary Society*, eine Gesellschaft zum Studium der Planeten und fremden Lebens, vor allem für Aufgaben und Arbeiten, die nicht im Bereich der NASA lagen. Für weltweites Interesse sorgte auch der nette Fantasy-Film «E.T.» von Steven Spielberg, der 100000 Dollar für die *Planetary Society* spendete. Auch höchste offizielle Anerkennung gab es. Alle zehn Jahre erarbeitete die *National Academy of Sciences* eine Empfehlung für die Regierung der USA über zukünftige größere Aufgaben der Astronomie und ihre Finanzierung. Und der Bericht von 1982 empfahl die Finanzierung von SETI mit 20 Millionen Dollar für die achtziger Jahre; sogar etwas mehr, als die NASA selbst für SETI beantragt hatte. Also eine sehr ehrenwerte und nützliche Befürwortung auf höchster Ebene durch Wissenschaftler, die selbst keine Mitarbeiter von SETI waren.

Ein weiterer wichtiger Schritt vorwärts, wichtig vor allem für das spätere Überleben, war die Gründung des *SETI Institutes* durch Frank Drake, unter starker Mithilfe von Barney Oliver, John Billingham und Thomas Pierson. Das Institut startete 1984 mit drei Leuten in einem Wohnwagen bei *NASA Ames* in Moffett Field, etwa 100km südlich von San Francisco. Das Institut war nicht der NASA direkt unterstellt, sondern war eine eigene «gemeinnützige Körperschaft», die SETI-artige Aufträge und deren Finanzierung von der NASA an Wissenschaftler in Universitäten und Instituten weitergab und organisierte und bei der sich auch Wissenschaftler mit guten Ideen um Gelder von der NASA bewerben konnten. (Gründung und Geschichte des Institutes sind geschildert in dem ausgezeichneten Buch *Signale von anderen Welten* von F. Drake und D. Sobel.)

Bald kamen weitere wichtige Mitarbeiter hinzu. Vor allem Jill Tarter als unermüdliche und vielseitige Führungskraft, sie ist jetzt Direktorin der SETI-Forschung. Und Kent Cullers, ein hervorragender Fachmann für *Pattern Recognition*, auf deutsch «Gestalt-Erkennung», eine der schwierigsten Aufgaben für Computer, aber leicht für das menschliche Auge; doch hier bearbeitet von Kent, der von Geburt an blind ist. Er ist jetzt Leiter der Gruppe für die Erkennung «fremder» Signale aller Art, die es aus einem Meer von irdischen Signalen, astronomischen Signalen und Rauschen herauszufischen gilt. Und Seth Shostak sorgt für *Public Relation*, für Information und Verbindung zu Medien, Schulen und Politikern.

Das Institut hatte anfangs etwa 10 Angestellte. Der Umsatz an Aufträgen war 1989 schon auf zwei Millionen Dollar gestiegen, und das Institut zog endlich vom Wohnwagen in ein «eigenes Heim» im benachbarten Ort Mountain View. Heute hat es 110 Angestellte.

Seit seiner Gründung war die wichtigste Aufgabe des Institutes die Vorbereitung eines großangelegten Suchplanes aus zwei parallel laufenden Teilen. Erstens eine *Gezielte Suche*, gezielt auf einige hundert nahe, sonnenähnliche Sterne; daran wurde am SETI Institut gearbeitet. Zweitens eine *Himmelsüberwachung*, also die ganze Fläche des Himmels überstreichend, im Hinblick auf ferne, extrem starke Sender. Dies war Aufgabe einer speziellen Gruppe am JPL (*Jet Propulsion Lab*) der NASA in Pasadena, nahe Los Angeles. Beide Institute entwickelten spezielle Empfänger für ihre Aufgaben, mit immer besseren Methoden der Signalerkennung, mit einer immer größeren Anzahl von Frequenz-Kanälen. Außerdem gab es auch ganz andere Suchen, die wir später noch schildern werden.

Aber schon Anfang 1992 kam von einem Freund in der Regierung eine ernste Warnung: Es werde wieder über Sparmaßnahmen diskutiert, und dabei sei auch das nun recht bekannte SETI-Institut öfters genannt worden. So wurde erstens, vorsichtshalber, SETI in der NASA einem anderen Projekt unterstellt und zweitens umbenannt in HRMS (*High Resolution Microwave Survey*). Der große zweiteilige Suchplan war nun für einen ersten Anfang genügend vorbereitet. Die gut organisierte Einweihung und der gemeinsame Start wurden auf den 12. Oktober 1992 gesetzt, den «Kolumbustag» (nach genau 500 Jahren seiner Landung in San Salvador). Es war ein großer Moment, ganz unvergeßlich für uns alle, als Jill Tarter am Arecibo-Teleskop die «Gezielte Suche» einschaltete. Und ähnlich eindrucksvoll muß es am Goldstone-Teleskop der NASA gewesen sein, für die «Himmelsüberwachung». Nun sollte es kraftvoll weitergehen, mit weiteren Arbeiten an Empfängern und mit neuen Einsätzen an großen Teleskopen.

Aber auch dies Versteck, hinter HRMS, half nicht lange. Schon im Oktober 1993 brachte Senator Bryan aus Nevada wieder ein Gesetz durch, das nun endgültig und für immer jede offizielle Zahlung für die Suche nach Signalen verbot, egal unter welchem Vorwand oder

Namen. Des Senators eigene Botschaft an die Presse erklärte, dieses Programm der NASA habe «noch kein einziges Kleines Grünes Männchen einfangen können», und «noch habe uns niemand vom Mars angesprochen». (Also ziemlich dumme Witze, ohne jede Sachkenntnis, aber politisch wirksam.)

Unsere größte irdische Suche nach Partnern im All war gerade eben erst angelaufen; es war überhaupt eine gute, fruchtbare Periode von 15 Jahren gewesen, zwischen Proxmire und Bryan, mit 40 verschiedenen, raffinierten Beobachtungen. Und nun war jede öffentliche Geldquelle, ganz und für immer, plötzlich für alles gesperrt worden.

Das Programm der «Himmelsüberwachung» war damit endgültig am Ende, weil das JPL in Pasadena direkt ein Teil der NASA ist und nur von ihr finanziert werden kann. Aber das SETI-Institut war zum Glück (und aus kluger Vorsicht) als eigene Körperschaft gegründet worden. Falls privat finanziert, konnte es weiter bestehen und damit auch das Programm der «Gezielten Suche». So wurde weltweit und mit wirklich gutem Erfolg um Spenden gebeten. Und gewaltige Spenden gab es auch: Man hörte, daß Barney Oliver, Bill Hewlett und Dave Packard (beides Gründer von *Hewlett Packard*), Gordon Moore (*Intel*) sowie Paul Allen (*Microsoft*) je eine Million Dollar aus eigener Tasche zahlten, und auch Arthur C. Clarke (der Schöpfer guter Science Fiction) zählte zu den großzügigen Spendern. Da konnte die Suche also wieder neu auferstehen.

Und so läuft seit 1994 die «Gezielte Suche» des SETI-Instituts nun unter dem Namen «Project Phoenix», benannt nach dem Vogel Phönix der antiken Sage, der immer wieder verbrennt und aus seiner eigenen Asche immer neu geboren wird. Heute ist das Suchprogramm nun fast fertig bzw. abgelaufen.

7.5 Große und kleine Teleskope – und Heimarbeit

Dies war die so ereignisreiche «äußere Geschichte» der Suche nach außerirdischer Intelligenz und des Institutes. Während all dieser Jahre wurden viele Beobachtungen durchgeführt, mit Methoden neuer Art, auf den verschiedensten Teleskopen. Darum geht es im folgenden.

Noch einmal ganz allgemein gefragt: Was brauchen wir für SETI, für die Suche nach Radiosignalen anderer Wesen? Für die extrem schwachen Signale, aus großer Ferne kommend, brauchen wir erstens eine große *Fläche*, um möglichst viel Signal einzufangen, also ein großes Radioteleskop. Dessen Fläche wächst mit dem Quadrat des Durchmessers, mit D^2. Zweitens müssen wir auch noch jeden Stern während einer gewissen *Dauer* beobachten (die sogenannte *Integrationszeit*, t), und die empfangene Energie wächst dann mit D^2t. Aber in Abschnitt 6.3 erklärten wir, daß jeder Verstärker das «Hintergrund-Rauschen» gerade ebenso verstärkt wie das Signal. Nun ist aber das Rauschen ungeordnet, statistisch, und dessen Energie wächst langsamer, nur mit der Wurzel der Zeit, mit $\sqrt{t}$. Es kommt auf das Verhältnis an, *Signal/Rausch*, das möglichst groß sein muß, und das wächst nun mit $D^2\sqrt{t}$, also mit dem Quadrat des Teleskop-Durchmessers mal der Wurzel der Beobachtungsdauer.

Und dies ist leider ein ganz einschneidendes Ergebnis: Die Dauer der Beobachtung ist so wichtig wie D^4, also wie der Durchmesser hoch vier. Auf einem Teleskop halber Größe muß man, für gleiche Ergebnisse, 16mal länger beobachten, bei $^1/_3$ der Größe sogar 81mal länger ($3^4 = 81$). Für SETI ist noch kein Teleskop gebaut worden, man muß sich um Beobachtungszeit bei den vorhandenen bewerben; je größer das Teleskop, um so schwieriger ist das. Aber selbst wenn man das größte eine Weile bekommt, so dauert die Beobachtung des Südhimmels 127mal länger (am 64-Meter-Teleskop in Australien) als die des Nordhimmels (215 Meter benutzbarer Durchmesser in Arecibo).

Nun gibt es ja auch kleinere, veraltete Teleskope, die man eventuell ganz und auf Dauer haben kann, z.B. einige der ersten Generation, mit 26 Meter Durchmesser. Die Kleinheit des Teleskops kann dann durch die Dauer der Benutzung wettgemacht werden. Aber eben nur bei sehr langer Dauer. Ein ganzes Jahr, bei 26 Metern, bringt nur so viel wie knapp zwei Stunden mit Arecibo oder soviel wie 40 Stunden beim 100-Meter-Teleskop in Effelsberg. Trotzdem wurde auch diese Möglichkeit mehrfach ausgenutzt. Besonders für Erprobung und Einsatz neuer Methoden und Empfänger oder zur Beobachtung besonderer Objekte.

So wurde das 26-Meter-Harvard-Teleskop (westlich von Boston) ab 1985 von Paul Horowitz für sein «Project META» benutzt, ebenso für «Projekt BETA» von 1995 bis 1999, bis ein Sturm es umwarf. Zwischendurch benutzte das Teleskop auch R.H.Gray: 1987 zur Kontrolle «verdächtiger» Orte und 1990 zur Beobachtung von zwei nahen Galaxien (Andromeda und Dreieck), in der Hoffnung auf ganz starke Sender vom Typ II. Auch das Hat-Creek-Teleskop im Norden Kaliforniens wurde gelegentlich benutzt, allerdings nur für kürzere Dauer.

Ein mittelgroßes, altes Teleskop wurde von 1973 bis 1999 nur für SETI benutzt, die «Kraus-Antenne» bei der Stadt Columbus im Staat Ohio, USA. Eine längliche Bauart, von 1961, mit ebensoviel Fläche wie ein rundes Teleskop von 53 Meter Durchmesser. Es konnte aber am Himmel nur im Süden in einem dünnen Streifen auf- und abschwenken. Nicht jedoch nach Ost und West, dafür wurde die tägliche Drehung der Erde benutzt, was für eine Himmelsüberwachung gut geeignet ist. Beobachtet wurde, erst von John Kraus und später von Bob Dixon, mit 50 Kanälen bei der 21-cm-Linie, korrigiert auf das Zentrum der Milchstraße als «Ruhe» (Abschnitt 6.3). Schließlich wollte die Stadt das geliehene Grundstück jedoch wieder zurückhaben, für einen Golfplatz. Der war wichtiger.

Ein Teleskop ähnlicher Bauart, größer und verbessert, existiert auch in Frankreich bei Nançay (nahe Bourges). Es wurde 1981 und 1988 von François Biraud und Jill Tarter mit 50 Hz Bandbreite für 343 Sterne benutzt. Vor allem wurde diskutiert, ob man dieses Teleskop, oder besser noch den vollbeweglichen «140-Fuß» (42 Meter), vom NRAO in Green Bank etwa ganz für SETI übernehmen könnte, sobald das neue 100-Meter-Teleskop dort fertig ist, was eine ganz ideale Lösung wäre. Aber weder SETI noch NRAO können die laufenden Kosten eines so komplizierten großen Teleskops übernehmen.

1990 hat Argentinien für ein 30-Meter-Teleskop einen «META»-Empfänger gebaut, unter Beratung von Horowitz, und finanziert von der *Planetary Society*; modernisiert 1996. Zunächst für eine südliche Himmelsüberwachung, dann auch für eine «Gezielte Suche» von G. Lemarchand mit enger Bandbreite von 0,05 Hz.

Argus war ein antikes Fabelwesen, das stets die ganze Welt überblickte, mit 100 Augen, die es abwechselnd geöffnet hielt. Nach diesem Vorbild soll ein Radioteleskop der nächsten Generation vom *Big Ear Radio Observatory* der Ohio State University entwickelt werden, angeregt 1992 von Bob Dixon und unterstützt vom SETI-Institut, mit vorbereitenden Versuchen seit 1998. Es soll zunächst aus 64 Einzel-Elementen bestehen, flach am Boden in einer

Spirale verteilt. Jedes Element ist wieder eine flache Spirale, 60 cm groß, für den Bereich 400–2000 MHz (75–15 cm Wellenlänge). Jedes Element hat einen kleinen Computer, alle mit dem Hauptcomputer im Zentrum verbunden. Durch raffinierte Programme kann gleichzeitig der ganze (halbe) Himmel beobachtet werden. Vorteile: billige Elemente (10–30 Dollar pro Stück), keine beweglichen Teile, unabhängig von Wind und Temperatur, der ganze Himmel auf einmal. Probleme: abnehmende wirksame Fläche für kurze Wellen und die Programme des Computers!

Soviel zu den Teleskopen der Fachleute. Nun zu den *Amateuren*. Kein Land ist für die freie Entfaltung von eigener Initiative so gut geeignet wie Amerika. Und so gab es dort schon immer besonders viele Amateur- oder Hobby-Astronomen in der normalen optischen Astronomie, die auch viel wissenschaftlich Wertvolles beigetragen haben. Jetzt gibt es sogar Radio-Amateure für SETI, meist mit Hilfe oder unter Anleitung von Fachleuten. So hat Kent Cullers 1983 einigen Kurzwellen-Amateuren im «Silicon Valley» Kaliforniens beim Bau von SETI-Empfängern für Satelliten-Schalen geholfen. Und R. Gray berichtet von einem «Small SETI Observatory» 1983–1988, mit 4-Meter-TV-Schalen, von Amateuren abends betrieben, um «verdächtige» Kandidaten großer Teleskope nun in Ruhe länger zu untersuchen, seit 1999 auch mit automatischer nächtlicher Beobachtung.

Es gibt aber auch seit 1994 eine Vereinigung von vielen Amateuren, die *SETI-League* mit Sitz in New Jersey, finanziert nur durch ihre Mitglieder. Sie bemüht sich um eine «große Suche», auch wieder «Project Argus» genannt: Radio-Amateure sollen weltweit zum Bau eigener kleiner Stationen angeregt werden, mit großen TV-Schüsseln und selbstgebauten Empfängern, so daß von allen zusammen der ganze Himmel beobachtet wird. Das Ziel ist, 5000 solcher Stationen zu erreichen. Die ersten fünf gingen im April 1996 in Betrieb, und im Mai 2000 waren es, in 17 Ländern, bereits 92 Stationen, 31 davon in den USA (Auskunft: *www.setileague.org*).

Soviel zu den Radio-Amateuren. Und schließlich können sogar alle Computer-Besitzer sich beteiligen, seit Mai 1999, wenn sie Internet haben und den Bildschirmschoner SETI@home benutzen; das tun inzwischen schon einige Millionen Benutzer, die sich hierdurch an der Suche nach außerirdischen Signalen beteiligen, solange ihr Bildschirmschoner läuft, ihr Computer also sonst nichts zu tun hat; und das ist zumeist 80–90 % aller Zeit. Diese riesige Zahl von Computern kann eine weit gründlichere Suche durchführen, als ein einziger Supercomputer es je könnte (Internet-Auskunft: *http:// setiathome.ssl.berkeley.edu*). Das home-Programm kann man kostenlos vom Internet runterladen. Es benutzt die Daten des großen Arecibo-Teleskops in Puerto Rico, beiderseits der 21-cm-Linie. Die Daten werden in Arecibo auf Band aufgenommen, 35 Gigabyte pro Tag, und per Post nach Berkeley geschickt, zur University of California. Dort werden sie in kleine Arbeitspakete unterteilt und per Internet an die Benutzer gesendet, deren home-Programm dann das Paket analysiert, solange der Bildschirmschoner in Betrieb ist. Die Zeitdauer hängt ab von der Art des Computers. Im Durchschnitt gilt: Der Empfang des Paketes dauert etwa 5 Minuten, und die Verarbeitung, die Analyse der Daten, dauert rund 15 Bildschirm-Stunden pro Paket; beides kann beliebig oft durch die eigenen, eigentlichen Arbeiten am Computer unterbrochen werden.

SETI@home braucht keine eigene Beobachtungszeit zu beantragen, es läuft zugleich mit der ganz «normalen» astronomischen Arbeit des Teleskops. Dessen Empfänger bewegt sich hoch oben längs eines drehbaren Armes, beobachtet einen Stern und folgt so der Drehung des Himmels. Auf der anderen Seite des Armes sitzt der SETI-Empfänger, läuft somit entgegengesetzt über den Himmel. Dies ist also keine «Gezielte Suche», sondern eine Himmelsüberwachung, deren Weg über den Himmel man nicht selbst aussucht. Läuft dabei die schmale «Empfangskeule» des SETI-Empfängers über eine Radioquelle, so dauert dies etwa 12 Sekunden, wobei der Empfang erst langsam anschwillt und dann wieder abklingt. Für das home-Programm ist dies dann das Zeichen für eine Quelle am Himmel, im Gegensatz zu allen irdischen Signalen. Nun ist der Empfang unterteilt in enge Kanäle von 0,07 Hz Breite, zur Unterscheidung von künstlichen Engband-Signalen, gegenüber allen natürlichen Breitband-Radioquellen. Und viele weitere, sehr komplizierte Tests werden auch noch ausgeführt. Das Ergebnis der ganzen Analyse wird dann automatisch wieder vom Benutzer per Internet nach Berkeley gesendet und dort weiter verwertet. Dabei ergeben sich pro Paket etwa fünf verdächtige Fälle, die aber dann noch gründlicher ausgesiebt werden. Schließlich gibt man einige wenige verdächtige Fälle weiter (Himmelsort, Frequenz, Bandbreite, Stärke) zwecks «Gezielter Suche».

Leider bisher noch ohne Erfolg. Aber all dies ist ja noch immer nur eine enge Auswahl: nur ein Teil des Himmels, nur ein schmaler Bereich um eine vielleicht falsch geratene Wellenlänge (21 cm), und 12 Sekunden sind halt auch nur eine kurze Dauer. Also noch längst kein Grund zum Pessimismus. Im übrigen läuft dies Programm ja erst seit kurzem, und es wird noch lange weiterlaufen, mit zunehmend immer mehr Benutzern.

Im Sommer 2002 gab es weltweit über drei Millionen Benutzer in 226 verschiedenen Ländern. Über 100 000 Benutzer sind es in vier Ländern: rund 1 145 000 in USA, 192 000 in Deutschland, 187 000 in England und 147 000 in Kanada. Insgesamt wurden bisher 364 Millionen Arbeitspakete behandelt, zur Zeit rund 800 000 pro Tag. Das ganze wurde so beschrieben: Bezüglich der berühmten «Suche nach der Nadel im Heuhaufen» stellt Arecibo die Heuhaufen bereit, und SETI@home sucht darin die Nadel.

7.6 Super-Empfänger und neue Projekte

Für SETI brauchen wir Empfänger, die speziell dafür zu bauen sind. Doch Empfänger für welche Art von Signalen? Und für welchen Zweck mögen sie dort wohl gesendet worden sein? In Abschnitt 6.3 wurde einiges davon schon besprochen. Und mit neuen Empfängern sind oft neue Projekte verbunden, mit neuen Empfangsmethoden und neuen Namen.

Die fernen Signale brauchen nichts mit uns zu tun zu haben. Vielleicht gibt es dort Fernsehen, so wie hier. Einige Astronomen haben auch danach schon gesucht; aber um in großer Ferne so schwache Signale belauschen zu können, müßten wir wohl doch etwas so großes wie das «Project Cyclops» haben. Vermutlich betreiben die «Anderen» starke Sender für direkten Kontakt mit ihren Partnern. Und falls Kontakte sehr häufig sind, so könnten wir zufällig von einem Strahl getroffen werden. Vielleicht gibt es auch Bojen, so wie rotierende Leuchttürme, entweder für ihre eigene Navigation oder allgemeine Nachrichten; oder gar für Nachrichten an alle Neulinge wie uns. Am einfachsten zu entdecken wären aber Kontaktsignale, direkt auf uns gezielt, mit Frequenz und Bandbreite, die wir erraten könnten. Und nur solche Sendungen für Neulinge könnten wir auch hoffen zu entziffern.

In Abschnitt 6.3 wurde gezeigt, daß man für diese riesigen Entfernungen, die Signale auf möglichst enger Bandbreite senden und empfangen soll und für Neulinge auf einer leicht zu erratenden Frequenz (z.B. die 21-cm-Linie), daß aber durch die Geschwindigkeit von Sender und Empfänger sich diese Frequenz für uns auch weit verschieben kann.

Wir brauchen also *Empfänger*, die einen weiten Bereich der Radiofrequenz überdecken, und das mit kleiner Bandbreite. Das heißt, wir brauchen Empfänger mit einer sehr großen Anzahl von engen Kanälen. Oder man muß den Bereich z.B. in 100 Unterbereiche teilen und einen nach dem anderen abhören, was dann aber 100mal länger dauert. Oder man kann die Bandbreite 100mal weiter machen, aber dann muß man jeden Stern 100mal länger beobachten, für die gleiche Reichweite. Die Zahl der Kanäle ist also enorm wichtig.

In der optischen Astronomie kann man mit einem Prisma das einfallende Licht in sein Spektrum zerlegen, in seine Farben rot, gelb, grün, blau, violett. Leider gibt es für Radiowellen kein Prisma. Wir müssen die empfangene Strahlung auf andere Art in «Kanäle» zerlegen. Und was sind das nun für *Kanäle*?

Anfangs waren das richtige elektronische Kanäle, Teile der «Hardware» des Empfängers. Der Empfang der Antenne wird verstärkt und gleichzeitig in z.B. 20 Leitungen aufgespalten, und jede davon läßt nur einen kleinen bestimmten Frequenzbereich hindurch, dessen Stärke gemessen wird. So erhält man 20 Punkte des Radio-Spektrums. Das war nicht geeignet für große Zahlen.

So wanderte diese Aufspaltung bald von der «Hardware» in die «Software», also in das Computerprogramm des Empfängers. Dort wird untersucht, wieviel Energie in jedem Frequenzbereich der Strahlung vorhanden ist. Und jeden Bereich nennt man nun wieder einen «Kanal». Diese Analyse ist aber eine Menge Rechenarbeit, und deren Zeitdauer steigt leider mit dem Quadrat der Zahl der Kanäle, dauert also 100mal länger für 10mal mehr Kanäle.

Früher hat man oft den Empfang zunächst auf Magnetband aufgenommen und später in Ruhe analysiert. Aber länger laufende Beobachtungen müssen «live» bearbeitet werden; die Analyse muß dann ebenso schnell gehen wie der Empfang, sie muß Schritt halten.

Dies erzeugt einen enormen Drang nach höchster Schnelligkeit des Rechnens, und dafür ist auch die Art des Programms ganz entscheidend. So sind immer schnellere Programme entwickelt worden für immer schnellere Computer. Und schließlich sind auch eigene, extrem schnelle Computer entwickelt worden. Denn außer dieser Spektralanalyse, außer der Zerlegung in ganz viele enge Kanäle, muß der Computer ja auch noch ein raffiniertes «Sieb» sein, um intelligente fremde Signale herauszusieben, aus einer reichen Fülle an Spreu von all den irdischen Signalen und den natürlichen Radioquellen am Himmel.

Als eine Art Wegweiser hierfür hat die NASA 1979 wieder eine mehrmonatige Sommerstudie durchgeführt (ähnlich der Cyclops-Studie fünf Jahre davor): «Project Oasis», geleitet von Timothy Healy, Mark Stull, Robert Dixon und Steven Lord. Unter Mitarbeit von 24 Ingenieuren und Wissenschaftlern. Die Ergebnisse sind veröffentlicht in einem Band von 428 Seiten.

Das Ziel war, für beide Aufgaben die besten Methoden zu finden: Analyse und Sieb; also erstens eine Höchstzahl enger Kanäle und zweitens Signalerkennung mit wenig «falschem Alarm» wie auch wenig «unentdeckten Signalen». Beides, wenn möglich «live», im Gleichschritt mit der Beobachtung. Alles auf der Basis der damaligen Technik, aber auch im Hinblick auf die gerade laufenden Verbesserungen der Computer für Schnelligkeit und Speicherplatz.

Für beide Aufgaben wurden mehrere gute Methoden entwickelt und miteinander verglichen. Noch ohne eine Auswahl der besten, da diese Festlegung noch weitere Studien braucht und dann von der zukünftigen technischen Entwicklung abhängt. So wie auch «Project Cyclops» noch offenließ, ob man auf der Erde, im Weltraum oder auf dem Mond beobachten soll. Beide Projekte, Cyclops und Oasis, haben eine Vielzahl nützlicher Anregungen für die spätere Entwicklung von SETI gegeben.

Vor Oasis gab es erst noch mehrere *Magnetband*-Analysen, um enge Bandbreiten oder viele Kanäle zu erzeugen. Eine gute Idee hierfür kam von Jill Tarter und Kollegen. Wenn weit entfernte Teleskope gemeinsam als *Interferometer* arbeiten, so registrieren sie einzeln ihre Radio-Beobachtung auf Band, die Bänder werden zu einer Zentrale geschickt und dort gemeinsam verarbeitet. Und solche Bänder eignen sich gut auch für SETI-Analysen. Dies wurde 1976 und vor allem 1977 durchgeführt, mit 100 Stunden Band des 300-Fuß(-91-Meter)-Teleskops in Green Bank; für 200 Sterne, mit 5 Hz Bandbreite. Stull und Drake haben 1977 in Arecibo sogar

0,5 Hz mit Bändern erreicht. Tarter und andere erhielten 1979 in Arecibo 1008 Kanäle mit 5 Hz.

Eine weitere Idee war, die SETI-Suche mit in *Pulsar*-Suchen einzuschieben. Denn die suchen ja auch nach ganz regelmäßigen kurzen Pulsen, aber breitbandig. Ausgeführt 1977 von Wielebinski und Seiradakis am 100-Meter-Teleskop in Effelsberg und 1983 von Damashek für 700 Stunden am 300-Fuß-Teleskop in Green Bank. Beide Methoden, Magnetband und Pulsar, haben den großen Vorteil, daß sie für lange Dauer auf großen Teleskopen mitlaufen können, ohne daß man dafür extra Zeit zu beantragen braucht, was gerade bei den großen immer schwierig ist.

Den gleichen Vorteil hat eine weitere, viel gebrauchte Methode, die man fast jedem anderen astronomischen Programm aufsetzen kann: «Project Serendip». Ein SETI-Empfänger reitet «huckepack» auf dem Empfänger eines anderen Astronomen, während dessen Beobachtungsprogramm abläuft. So sucht man also mit dem eigenen SETI-Empfänger nach Signalen, zwar nicht an Orten eigener Wahl, aber ohne Zeit beantragen zu müssen. Der Name entstammt einem alten persischen Märchen: «Die drei Prinzen von Serendip», die auf der Suche nach einem fernen, für seine Schönheit berühmten Mädchen herrliche und bedeutende Wunder erleben.

Serendip ist ein Projekt der University of California in Berkeley unter Leitung von Stuart Bowyer, Dan Wertheimer und Charles Donnelli und wird in vier Stufen durchgeführt. *Serendip I* war 1976 ein erstes Probieren der neuen Methode, am 26-Meter-Teleskop in Hat Creek, mit 100 Kanälen von 1000 Hz Bandbreite. Es folgte 1979–82 ein größerer Einsatz mit 512 Kanälen. Das hierbei Gelernte, mit viel Arbeit und neuen Ideen, führte dann zu *Serendip II*. Eingesetzt 1985 am 300-Fuß-Teleskop in Green Bank, bis dieses dann 1988 eines Nachts ganz friedlich, ohne allen Lärm, völlig zusammenbrach. Ohne Sturm oder Schneelast, wegen Materialermüdung nach 26 Jahren guter Arbeit.

Es folgte 1992 *Serendip III*, nun schon ein Super-Empfänger mit vier Millionen Kanälen, von 0,6 Hz Breite. Das Arecibo-Teleskop kann nur ein Drittel des gesamten Himmels beobachten. Bis August 1993 hatte Serendip davon bereits 89 % einmal beobachtet, 53 % schon dreimal. Bis 1995 sind etwa 50 % fünfmal beobachtet worden. Diese Wiederholungen der gleichen Stelle sind wichtig, um zu sehen, ob ein «verdächtiges» Signal sich dort erneut zeigt,

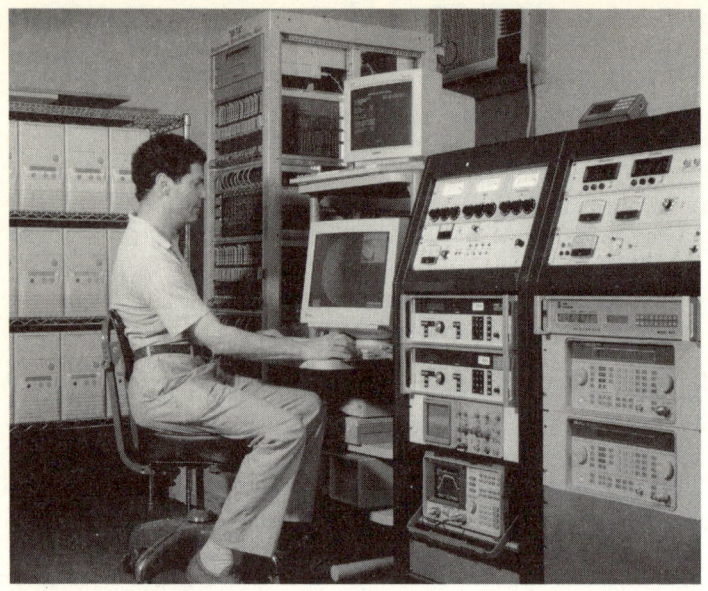

Abb. 7.6: Paul Horowitz im Kontrollraum von «Project BETA».
Mit 240 Millionen Kanälen von nur 0,5 Hertz Breite.

was es auch tun sollte, wenn es weiterhin ernst genommen werden
will.

Das vorläufig letzte Vorhaben dieser Art ist nun seit 1996 *Serendip IV*, jetzt sogar mit 160 Millionen Kanälen von 0,6 Hz. Zunächst
in Arecibo eingesetzt für den nördlichen Himmel, 1998 dann in
Australien für den südlichen. Und jetzt wieder in Arecibo, für
SETI@home.

Eine starke, treibende Kraft für die Entwicklung immer neuer,
verbesserter Empfänger, seit 1972, ist Paul Horowitz von der Harvard University (Abb. 7.6). Schon 1978 beobachtete er in Arecibo
185 Sterne mit der extrem engen Bandbreite von nur 0,015 Hz; und
vier Jahre darauf schufen er und sein Team ein gut transportables
«Suitcase SETI» (Koffer-SETI) mit 64 000 Kanälen von 0,03 Hz
Breite. Dies wurde dann auch als «Sentinel» (Schildwache) zur
Himmelsüberwachung eingesetzt. Ein großer Schritt weiter war
ab 1985 sein «META SETI», aus 128 Sentinel-Kernen zusammen-
gefügt, mit nun acht Millionen Kanälen, je 0,05 Hz breit und auf

Dauer eingesetzt am 26-Meter-Teleskop im Oak Ridge Observatory bei Harvard, 60 Kilometer nordwestlich von Boston. Ein Duplikat davon, META II, ist in Argentinien am 30-Meter-Teleskop. Beide (META I und META II) arbeiten für die Himmelsüberwachung von Nord und Süd.

Und schließlich ist, von Horowitz und seiner Gruppe eingerichtet, seit 1995 das «Project BETA» in Betrieb, mit 240 Millionen Kanälen, 0,5 Hz breit. Es beobachtet am 26-Meter-Teleskop mit zwei benachbarten Empfängern im Fokus und mit einem dritten Empfänger abseits vom Teleskop auf einem Türmchen, der «ungebündelt» ringsumher aus jeder Richtung empfängt. BETA hat ein raffiniertes «Sieb», um Signale von aller Spreu zu trennen.

Das Teleskop steht still, doch der Himmel dreht sich. Läuft dabei eine Radioquelle durch die Blickrichtung des Teleskops, so strahlt die Quelle im Fokus erst in den östlichen, dann in den westlichen Empfänger, und dieser Durchgang erfolgt genau mit der Drehgeschwindigkeit des Himmels. Der dritte «Ringsum»-Empfänger hat keine Blickrichtung, zeigt also nichts Besonderes während des Durchgangs. Dies zusammen (erst Ost, dann West, nicht ringsum) ist für die Signalerkennung (das «Sieb») im Computer das Zeichen eines «himmlischen» Signals. Nun müssen noch die natürlichen Quellen am Himmel weggesiebt werden, und die sind alle breitbandig. Also beachtet das Sieb nur Signale enger Bandbreite. Und dann muß die Frequenz sich während des Durchganges noch ein wenig verschieben, wegen der Bewegung der Erde (Abschnitt 6.4). Sind aber bei einem Durchgang all diese Bedingungen erfüllt, so stutzt der Computer, notiert Zeit und Ort und will es jetzt noch einmal genauer wissen. Er läßt das Teleskop schnell ein Stück nach Westen laufen und wartet dort, ob da ein neuer Durchgang dieser Quelle passiert. Wenn ja, und wenn wieder alles erfüllt ist, so schlägt der Computer Alarm. Er folgt dieser Quelle automatisch und beobachtet sie weiter bis zu ihrem Untergang am Horizont.

Vor allem aber: Das Ganze muß arg fix laufen, um mit der Beobachtung Schritt halten zu können. Die Analyse von 240 Millionen Kanälen, das Verarbeiten der Ergebnisse und das Aussieben von Signalen, all dies ergibt einen Datenfluß durch das System von 250 Millionen Bytes pro Sekunde, und daran arbeitet der (speziell dafür entwickelte) Computer mit einer Geschwindigkeit von

40 000 Millionen Operationen pro Sekunde (40 Gigaflops im Computerjargon).

Es ist schon ein großes Glück, wenn sich bei einem neuen, speziellen Zweig der Forschung derart geniale und eifrige Forscher zusammenfinden. Solche Forscher wollen ja auch gerade in solch neuen speziellen Forschungszweigen arbeiten und nicht dort, wo schon all die Kollegen sitzen.

7.7 «Project Phoenix»

Nun schildern wir noch «Project Phoenix», diesen aus seiner Asche wieder auferstandenen Vogel. Seine Asche, das war das im Oktober 1993 vom Congress gefeuerte NASA-SETI-Projekt. Dessen eine Hälfte, die große «Himmelsüberwachung» des NASA-JPL in Pasadena, war damit endgültig zu Ende; es wurde später, jedoch in kleinerem Maße, von anderen Gruppen wieder aufgenommen. Aber die zweite Hälfte, die große «Gezielte Suche» des SETI-Instituts in Mountain View, die konnte durch großzügige private Spenden voll auferstehen. Seit Februar 1995 schwingt der Vogel Phoenix also wieder frei seine Flügel.

Die NASA durfte zwar SETI nie mehr finanziell unterstützen, sie hat aber ihr wertvolles raffiniertes SETI-Empfangssystem dem SETI-Institut als «langfristige Leihgabe» überlassen. Und manch guten Rat natürlich auch.

Dieses System wurde dann erweitert und verbessert. Es wurde auch bald verdoppelt, um gleichzeitig und gemeinsam an zwei weit entfernten Teleskopen beobachten zu können; dies ist eine große Hilfe, um lokale irdische Störungen auszuschalten, eines unserer Hauptprobleme. Phoenix sollte immer am größten Teleskop beobachten, das man erhalten kann, das zweite Teleskop ist dann immer ein kleineres. Um auch den Südhimmel beobachten zu können, wurde das System noch transportabel gemacht.

So ging «Project Phoenix» 1995 zuerst nach Australien, für die Untersuchung der südlichen Sterne, die man in Arecibo (auf Puerto Rico in der Karibik) nicht sehen kann. Das größte südliche ist das 64 Meter große Parkes-Teleskop in Australien, und als zweites diente das Mopra-Teleskop, 22 Meter groß und 200 km entfernt. Von 1996 bis 1998 war Phoenix dann wieder nördlich, in Green Bank am 140-Fuß(43-Meter)-Teleskop, in den es sich zu 50 % der

Zeit mit den anderen Astronomen teilen konnte. Und seit 1999 ist es wieder in Arecibo, wobei nun das zweite (das Lovell-Teleskop, 76 Meter) in England ist. Eine ideale Entfernung zum Ausschalten irdischer Signale, auch der von Flugzeugen und Satelliten.

Was nun soll Phoenix beobachten, worauf ist die «Gezielte Suche» gerichtet? Es wurde eine Liste von 1000 Sternen aufgestellt, die erstens der Sonne möglichst ähnlich (Spektraltyp F, G, K, keine Riesen, keine Doppelsterne) und zweitens mindestens drei Milliarden Jahre alt sind, zur Entwicklung intelligenten Lebens. Drittens zählten dazu möglichst nahe Sterne, nicht weiter als 200 Lichtjahre entfernt. Und vor allem natürlich all die Sterne, bei denen man schon Planeten entdeckt hat. Und dann noch ein paar Kugelhaufen und Nachbar-Galaxien, zwar sehr weit entfernt, aber mit Millionen von Sternen dicht beisammen, in der Hoffnung auf Super-Zivilisationen des Typs II. Es ist geplant, diese Liste nicht nur einmal, sondern mehrmals zu durchlaufen.

Und wonach soll Phoenix dort überall suchen, was hoffen wir zu finden? Zunächst einmal muß ein Signal vom Himmel kommen und nicht von der Erde, es muß also genau der Drehung des Himmels folgen. Auch soll es eine «Punktquelle» sein, nicht weit ausgedehnt; das Signal soll also neben der Quelle verschwinden und bei der Quelle wieder da sein (ON-OFF-Beobachtung). Wie bei den bisherigen Projekten wird nach Wellenzügen längerer Dauer gesucht, nun aber auch noch nach ganz kurzen Pulsen in größeren, festen Abständen. Alle natürlichen Radioquellen strahlen breitbandig, auch die engsten Spektrallinien sind mindestens 300 Hz breit. Außerdem haben engbandige Sendungen größere Reichweite, ein besseres Signal/Rausch-Verhältnis. Also wird nach engbandigen Signalen gesucht, bei Phoenix mit Kanälen von 1,0 Hz Breite. Aber die Frequenz der Sendung verschiebt sich etwas mit der Zeit, wegen der Drehung der Erde, und zwar mit genau berechenbarem Betrag, der jedoch bei den beiden Teleskopen verschieden ist, weil sie an verschiedenen Orten der Erde stehen. Also muß sich die Frequenz des Signals während der Beobachtung um genau diese beiden Beträge verschieben.

In der Wissenschaft müssen Beobachtungen wiederholbar sein, um gelten zu können. Sind also all die obigen Bedingungen erfüllt für ein Signal, so muß das Teleskop die nächste Suche unterbrechen, und es muß dieser Quelle bis zum Horizont folgen. Hat auch das weiter Erfolg, wird das Signal auch weiterhin wiederholt, so sind die großen Sternwarten aller Länder zu benachrichtigen. Und falls auch andere Teleskope, mit anderen Methoden, die Signale empfangen, erst dann und nur dann geht eine entsprechende Nachricht an die Medien und Regierungen aller Länder.

Nun noch einiges zu System und Methode beim «Project Phoenix». Das Empfangssystem besteht bei beiden Teleskopen zunächst aus Empfänger und Verstärker. Es folgt die Analyse: 20 MHz der Strahlung werden simultan (zugleich) in 28 Millionen Kanäle zerlegt, von 1,0 Hz Breite, leicht überlappend. Und zwar für beide Polarisationen, also zusammen in 56 Millionen Kanäle, an jedem der Teleskope. Zeitlich wird die Strahlung in Abschnitte geteilt, von je 1,4 Sekunden Dauer. Während die Analyse eines Abschnittes läuft (für 56 Millionen Kanäle in nur 1,4 Sekunden!), wird gleichzeitig der nächste Abschnitt empfangen und gespeichert. Meist enthält ein Abschnitt mehrere Signale. Nach der Analyse folgt der erste Test: Ist das Signal schmalbandig, mit weniger als 300 Hz? Wenn nicht, wird dies Signal gestrichen.

Da leider sehr viele Frequenzen von irdischen Sendern zu oft und zu lange belegt sind, sollten diese gleich übersprungen werden. Dafür ist eine «Störliste» angelegt, die jede Woche erneuert wird. Der zweite Test schaut in die Liste: Falls die Frequenz eines Signals darin ist, dann das Signal streichen. Nun wird gefragt, ob das zweite Teleskop auch ein Signal auf dieser Frequenz hat? Wenn nicht, streichen.

Nach mehreren solchen zeitlichen Abschnitten folgen die anderen Tests: ob die Frequenz sich inzwischen richtig zeitlich verschoben hat, bei beiden Teleskopen? Falls ja, wird jetzt mit ON-OFF geprüft, ob die Quelle auch klein ist und dem Himmel genau folgt. Leider ist die Prüfung, nach diesem Aussieben, vorläufig noch nie weitergelaufen, noch hat also die Suche kein «echtes» Signal entdeckt. Aber sind in Zukunft einmal alle diese Tests erfüllt, so ist das Signal schon ein wirklich guter Kandidat, als ein echtes Signal aus weiter Ferne zu gelten. Der Computer meint das auch, er blinkt und ruft. Alle werden munter und ganz aufgeregt, man holt schon mal den Sekt aus dem Kühlschrank. Ein wenig warten muß man noch, ob die Quelle auch weiter dem Himmel folgt und weiter aktiv bleibt. Und falls sie auch das tut, dann folgt ein frohes, ein tief empfundenes «Prosit» (auf deutsch: «es möge nützen»).

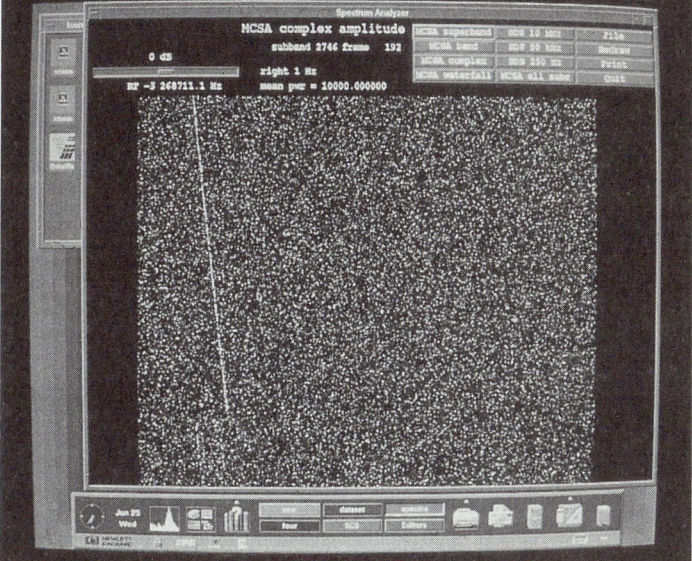

Abb. 7.7: Oben: Jill Tarter im Kontrollraum.
Unten: «Project Phoenix» am Bildschirm. Von links nach rechts sind
600 Kanäle (von 28 Millionen) gezeigt. Von unten nach oben läuft die Zeit,
alle 1,4 Sekunden eine neue Zeile. Die schräge Linie ist das 5-Watt-Signal
von Pioneer 10, aus 60 000 Millionen Kilometer Entfernung gesendet.

Wie lange dauert nun die ganze Phoenix-Suche, für alle 1000 Sterne der Liste? Ich habe ja bisher nur die ersten 1,4 Sekunden der ersten 20 MHz beschrieben. Um sehr schwache Signale noch über das «Rauschen» zu heben, muß man länger ansammeln; Phoenix tut es rund 200mal länger, also knapp 5 Minuten. Dies sind noch immer nur die ersten 20 MHz. Es sollen aber alle Frequenzen von 1000 bis 3000 MHz abgesucht werden, also ein Bereich von 2000 MHz oder 100mal 20 MHz. Somit dauert es 100mal 5 Minuten, also fast 8 Stunden. Und das ist nur der erste Stern. Wir wollen jedoch 1000 Sterne prüfen, und 1000mal acht Stunden ist rund ein Jahr. Man kann aber nicht pausenlos beobachten. Oft muß man mit allem umziehen, von einem Teleskop zum anderen, man bekommt auch nirgends die gesamte Zeit, und es gibt zudem noch Wartung und Reparatur. Also rechnet man mit etwa drei bis fünf Jahren, für ein Überstreichen der Stern-Liste. Dies soll dann mehrfach gemacht werden, denn acht Stunden für einen Stern ist nicht viel. Vielleicht gibt es dort heute Wartung oder Reparatur?

Übrigens wird jeden Tag einmal das ganze System überprüft, mit beiden Teleskopen: Es wird, statt auf einen Stern, jetzt auf die Raumsonde *Pioneer 10* gerichtet, um deren Signal als Test zu empfangen. *Pioneer 10* hat unser Sonnensystem längst verlassen, sie ist jetzt schon 10mal so weit wie der Pluto, rund 60 000 Millionen Kilometer entfernt, und sendet nur noch schwach, mit 5 Watt Leistung. In Abbildung 7.7 sehen wir oben Jill Tarter im Kontrollraum und darunter ein Stückchen Phoenix auf dem Bildschirm. Von links nach rechts zeigt der Schirm 600 Kanäle von 1,0 Hertz Breite (600 von den 28 Millionen). Von unten nach oben läuft die Zeit: Alle 1,4 Sekunden wird oben eine neue Zeile zugefügt und unten eine Zeile weggelassen. Jeder Punkt ist ein Impuls, ein Möchtegern-Signal, dessen Helligkeit die empfangene Energie zeigt. Und die schräge Linie, das sind die 5 Watt von *Pioneer 10* aus 60 Milliarden Kilometer Entfernung. Die schwache Schrägung ist genau die Verschiebung der Frequenz (etwa 20 Hertz) durch die Rotation der Erde. Das ist eine höchst eindrucksvolle Empfangs-Schau!

Die Suche nach kurzen scharfen *Pulsen* hat eine nette Methode. Solche Pulse passieren häufig. Der Computer nimmt je zwei solcher starken Pulse, zeitlich hintereinander bei fast gleicher Frequenz, und schaut nach, ob genau in deren Mitte auch ein dritter Puls sitzt (Verdacht auf geregelte Folge). Wenn ja, so sucht er in solchen Ab-

Abb. 7.8: Oben: Ein Phoenix-Feld mit lauter starken kurzen Pulsen.
Darin verbirgt sich ein gepulstes Signal.
Unten: «Project Phoenix» findet das Signal blitzschnell.

ständen weiter. Falls erfolgreich, läuft wieder ein Test nach dem anderen ab, ähnlich wie oben geschildert. Nur müssen jetzt alle möglichen Pulsabstände, für die zwei ersten Pulse eines jeden Paares, durchprobiert werden. Abbildung 7.8 zeigt ein (simuliertes) Beispiel. Oben ist ein Feld, ähnlich wie der Schirm im vorigen Bild, aber nur mit den wenigen starken Pulsen. Könnten Sie beim Betrachten des Bildes eine Serie gleicher Pulsabstände entdecken? Phoenix hätte blitzschnell das untere Bild gefunden und gemeldet. Auch eine gute Leistung, und nicht einfach zu programmieren.

Dies also ist Phoenix, unsere große «Gezielte Suche». Es sucht bei 1000 ausgewählten Sternen nach intelligenten fremden Signalen, und dafür ist Phoenix das beste, was wir zur Zeit tun können. Begrenzt ist Phoenix prinzipiell durch unsere Auswahl der Frequenz (21-cm-Linie des Wasserstoffs und deren Umgebung), was falsch sein mag. Begrenzt auch technisch dadurch, daß es ein großes Teleskop ganz beansprucht, es nicht mit anderen teilen kann, eben weil die «Gezielte Suche» auf ihre eigenen Sterne gezielt sein muß. Auch beansprucht es noch ein zweites, weit entferntes Teleskop. Diese beiden werden gebraucht und belegt, solange noch kein eigenes SETI-Teleskop gebaut werden kann.

Und was schließlich ist nun die Reichweite von Phoenix und für welche Art von Signalen? Dies wurde bereits in den «Grundlagen» (Abschnitt 6.4) abgeschätzt, unter der einfachsten Annahme: «Gleiches auf beiden Seiten», obwohl die «Anderen» doch sicher viel weiter entwickelt sind als wir. Beobachten wir mit Phoenix in Arecibo und haben die «Anderen» *Fernseh*-Sender so wie wir, dann ist unsere Reichweite nur 20 Lichtjahre, bis dahin können wir sie entdecken. Benutzen die «Anderen» auch ein Teleskop der Arecibo-Güte von 215 Meter Durchmesser, für planetarisches und militärisches *Radar*, so wie wir, dann beträgt die Reichweite 100 Lichtjahre; aber dies bei niedrigeren Frequenzen, bei denen Phoenix (vorläufig) nicht sucht; auch wäre zufällig getroffen zu werden halt Glücksache für uns. Senden die «Anderen» jedoch direkte *Kontaktsignale* mit einer Megawatt-Leistung bei 21-cm-Wellenlänge (was Arecibo könnte), dann liegt die Reichweite bei 2000 Lichtjahren. Aber starke Sender haben wir erst seit 60 Jahren; alle möglichen kosmischen Nachbarn, die von uns weiter weg sind als diese 60 Lichtjahre, die wissen ja noch nichts von uns.

Nun können wir auch noch auf rotierende *Leuchtturm*-Sender hoffen, mit allgemeinen Kontaktsignalen für alle «kosmischen Anfänger» wie wir. Dann könnte die Reichweite von Phoenix, je nach Bauart und Leistung des Senders, etwa 1000 bis 2000 Lichtjahre sein. Und schließlich Super-Zivilisationen mit *Super*-Sendern: Falls es die gibt, so mögen sie sogar weiter weg sein, als wir Anfänger überhaupt abschätzen können.

7.8 Es muß nicht immer Radio sein

Wonach könnten wir sonst noch suchen? SETI ist unsere irdische Suche nach Anzeichen fremder Intelligenz fern der Erde. Dies betrifft zwei verschiedene Dinge. Erstens betrifft es die Hoffnung, verständliche Signale von «Anderen» zu empfangen, durch die hier beschriebenen «Ferngespräche» mit Radiowellen Kontakt aufzunehmen mit älteren, hochentwickelten Kulturen. Hierfür wurde zunächst auch die Suche geplant und durchgeführt, doch eine Suche nach Lichtsignalen ist jetzt auch gut möglich.

Zweitens aber geht es um die große allgemeine Frage: Sind wir allein in der Welt, oder haben wir Nachbarn im All? Hat die Intelligenz sich öfters entwickelt oder nur einmal, eben hier bei uns? Eine ganz grundlegende Frage, grundlegend für unser Weltbild und für unsere Stellung darin, und auch für unser Bild von uns selbst. Zwar habe ich anfangs vorausgesetzt: «Nichts ist einmalig», aber dies müßte nun auch bestätigt werden. *Jedes Anzeichen*, ganz gleich welcher Art, falls nur genügend klar und deutlich, wäre eine positive Antwort. Auch für diese große Frage gibt es interessante Versuche, die hier kurz beschrieben werden sollen.

Wir haben vermutet, daß bei uralter, hochentwickelter Technik auch große Ergebnisse zu erwarten seien, «Astrotechnik» genannt, von denen man eigentlich etwas bemerken sollte. Dafür einige Beispiele. Freeman Dyson, ein genialer Physiker und Denker, stellte sich einen Planeten vor, mit einer stets weiter wachsenden Bevölkerung und entsprechend zunehmendem Energieverbrauch. Bald ist der eigene Planet zu klein und dessen Energievorrat verbraucht. Mit einer ebenfalls stets fortgeschrittenen Technik kann man dann einen anderen großen Planeten auseinandernehmen und mit seiner Masse eine kugelförmige Schale rings um die Sonne bauen, im gewohnten (Erd-)Abstand. Das ergäbe eine gewaltige Vergrößerung des Lebensraumes; und man hätte die gesamte Energie-Erzeugung einer ganzen Sonne zur Verfügung. Nach ihrer Nutzung muß man die verarbeitete Energie dann wieder in Form von Wärme abstrahlen, also im Infrarot-Bereich. So ist bald mehrfach nach solchen Dyson-Sphären gesucht worden, also nach starken Infrarot-Strahlern. Man hat auch viele starke Infrarot-Quellen gefunden, aber immer nur natürlicher Art; meist waren es junge, entstehende Sterne, umhüllt von dichtem Gas und Staub. Auch bei der Vermessung der 3-Grad-Hintergrundstrahlung war nichts Verdächtiges zu bemerken.

Michael Harris hat von 1978 bis 1980 mit Raumsonden die Ausbrüche starker Gammastrahlen studiert. Dabei hat er auch untersucht, ob mehrere Ausbrüche etwa auf einer geraden Linie folgen, was bei einem Annihilationsantrieb sichtbar sein könnte, falls es doch einige Weltraum-Reisen gibt.

Bei uns ist gelegentlich überlegt worden, ob wir unseren atomaren Müll vielleicht in die Sonne kippen könnten. Das wäre eine ideale Lösung, doch leider überaus teuer. Vielleicht jedoch tun dies die älteren, reicheren Kulturen, reicher auch an Müll? So wurde 1981 bei einigen Sternen nach optischen Spektrallinien von sonst seltenen Elementen gesucht, die bei Atommüll häufiger anfallen.

Und falls die «Anderen» ihre Energie durch nukleare Fusion beziehen, wurde 1983 von Valdes & Freitas bei 92 Sternen nach Radiolinien von radioaktivem Tritium gesucht.

Ron Bracewell hatte vorgeschlagen (Abschnitt 6.1), nach fremden *Sonden* in unserer Umgebung zu suchen, die die Entwicklung der Erde und des Lebens (und jetzt uns) vielleicht beobachten sollen, um die Ergebnisse dann nach Hause zu senden. Gute Plätze dafür wären in der Nähe der beiden Punkte L4 und L5 (nach Lagrange, 1736–1813) zu vermuten, die unserem Mond 60° vorauseilen und 60° nachlaufen. Dort gibt es stabile Bahnen, und da wäre auch gute Sicht auf Erde und Mond, mit nur wenig Störung. So haben Freitas & Valdes 1979 dort nach Spuren auf 90 photographischen Platten gesucht; auch von 1981 bis 1982 nochmals auf 137 Platten; Gegenstände von einigen Metern Größe wären sichtbar gewesen. Und Suchkin & Tokarev haben in Rußland von 1980 bis 1981 mit starkem gepulsten Radar die Umgebung von L4 und L5 sorgfältig abgetastet – 70 Stunden lang, sogar auch einige der Lagrange-Punkte im System von Erde und Sonne.

Es gibt also eine ganze Reihe raffinierter Methoden, um nach ganz allgemeinen Anzeichen hochentwickelter Technik bei weit älteren Kulturen zu suchen. Leider auch dies bisher noch erfolglos. Die von Kardashev vermuteten Super-Zivilisationen vom Typ I, II und III haben, falls vorhanden, nichts für uns Auffälliges erzeugt. Aber was mag es sonst noch alles an Astrotechnik geben, woran wir bisher noch nicht gedacht haben?

Nun wieder zurück zur speziellen Suche nach Signalen. Am Anfang von Abschnitt 6.2 zeigten wir, daß weder geladene noch neutrale Teilchen für Signale in Frage kämen, sondern nur Wellen; und von denen können wir am Erdboden (unter der Lufthülle) nur zwei Sorten empfangen: Radiowellen und Licht. Und auch im *Optischen Bereich*, im Licht, sind schon Signal-Suchen unternommen worden. Was sind die Unterschiede? Beides sind elektromagnetische Schwingungen, also Wellen, die sich auch im leeren Raum mit Lichtgeschwindigkeit ausbreiten.

Der Unterschied liegt in der Wellenlänge. Unser sichtbares Licht (gemessen in μm = Mikrometer = $^1/_{1000}$ Millimeter) geht von violett 0,4 μm, bis rot 0,7 μm, und das Sonnenlicht ist am stärksten bei rund 0,5 μm Wellenlänge. Aber bei den Radiowellen ist die Linie des Wasserstoffs am wichtigsten (Abb. 6.1), bei 21 cm Wellenlänge. Also sind Lichtwellen rund *400 000mal* kürzer als Radiowellen.

Wichtig für Sendung und Empfang ist die Bündelung, die Fokussierung des Teleskops und die dadurch erzeugte Verstärkung. So wie der enge starke Strahl bei einem Scheinwerfer. Nennen wir D den Durchmesser des Teleskops und ë die Wellenlänge, so ist die Strahlbreite S = ë/D, und die Verstärkung ist $(D/ë)^2$. Nun vergleichen wir das Radioteleskop in Arecibo, von 215 Meter (benutzbarem) Durchmesser, mit dem größten optischen Teleskop auf Hawaii, von 10 Meter Durchmesser, was also rund 20mal kleiner ist. Und das Verhältnis 400 000/20 ist 20 000. Also ist das optische Licht 20 000mal enger gebündelt, und die Verstärkung ist rund 400 Millionen mal stärker als bei Radiowellen. Selbst mit einem kleineren optischen Teleskop von einem Meter Durchmesser ist die Verstärkung immer noch 4 Millionen mal stärker als beim großen Arecibo-Teleskop. Sogar gute Amateur-Teleskope kommen durchaus in Frage und werden auch für SETI verwendet. Und der Sender kann einen starken Laser benutzen, mit einem optischen Spiegel-Teleskop zur Bündelung und Verstärkung.

Die enge Bündelung hat also große Vorteile. Sie hat aber auch Nachteile und Grenzen. Zielt der Sender auf unsere Sonne, so muß sein Strahl hier so breit sein, daß er die ganze Erdbahn mit umfaßt. Ganz allgemein muß er also breiter sein als die *Biozone* des Sternes (Abschnitt 3.4). Bei uns reicht sie fast bis zum Mars (Abb. 3.2), für Sterne etwas heller als die Sonne reicht sie etwas weiter. Setzen wir allgemein an: etwa doppelt so weit vom Stern wie hier unser Mars (Tab. 2.2), so muß der Strahl des Senders rund 1000 Millionen Kilometer breit sein, dort bei dem Stern auf den gezielt wird. Wie weit muß der Stern dann entfernt sein? Denn ist er zu nah, so ist der Strahl noch zu eng, um die ganze Biozone zu umfassen.

Benutzt der Sender sichtbares Licht und ein großes Teleskop von 10 Meter Durchmesser, dann könnte er nur auf Sterne zielen mit mindestens 2000 Lichtjahren Entfernung. Für nähere Sterne sollte er ein kleineres Fernrohr benutzen oder Infrarot-Licht mit längerer Wellenlänge. Zum Beispiel ein Fernrohr mit 2 Meter Durchmesser und Infrarot mit 2 µm Wellenlänge für Sterne in 100 Lichtjahren Entfernung oder nur 50 Zentimeter Durchmesser für sichtbares Licht.

Das gleiche gilt auch für uns, bei unserer Suche, falls wir schon bei 100 Lichtjahren Entfernung einen Sender vermuten, und falls dieser Sender seinen Stern, in dessen Biozone, auf einem Planeten umkreist. Auch dann darf unser Teleskop nicht zu groß sein bei kurzen Wellenlängen. Nicht über 2 Meter Durchmesser für Infrarot von 2 µm, nicht über 50 Zentimeter für sichtbares Licht.

Es gibt aber auch noch ganz andere wichtige Unterschiede zwischen Radiowellen und Licht. Vor allem den Hintergrund betreffend, das «Rauschen», das von unseren Verstärkern ja ebenso verstärkt wird wie das gesuchte Signal. Bei Radiowellen war es das Eigenrauschen des Empfängers. Jetzt aber, bei der optischen Suche, ist es das helle *Licht des Sterns*, das der Sender überstrahlen muß, damit wir sein Signal empfangen können. Wobei wir wieder annehmen, daß der Sender seinen Stern auf einem Planeten dicht umkreist, so daß wir immer Signal plus Sternlicht empfangen. Man müßte also enorm lichtstark senden. Geht das überhaupt?

Wie wäre es also, wenn wir selber senden wollten, unsere Sonne überstrahlend? Wir wollen z. B. Licht senden, von einem Laser hoher Leistung, und wir bündeln und verstärken den Strahl mit einem Teleskop von 50 Zentimeter Durchmesser. Wie stark müßte dann der Laser sein, damit er, im Strahl und aus der Ferne gesehen, gerade ebenso hell erscheint wie unsere Sonne? Das läßt sich ausrechnen: Der Laser bräuchte eine Leistung von rund einer Million Megawatt! Das klingt völlig unmöglich.

Es geht aber doch, und zwar für eine winzig kurze Dauer, für extrem starke, aber auch *extrem kurze Pulse*. Die Lasertechnik ist etwa 35 Jahre alt, und sie hat sich im letzten Jahrzehnt enorm schnell und hoch entwickelt. Vor allem haben starke kurze Pulse, scharf fokussiert, weite Verwendung gefunden in Mikrochirurgie und Mikrotechnik vieler Art. Auch für Experimente zur atomaren Kernfusion. Für manche Zwecke können wir jetzt unvorstellbar kurze Pulse erzeugen. Aber zum Empfang sehr schwacher Signale braucht man z.B. *Kaskadenverstärker*, und die reagieren nicht ganz so schnell, etwa in einer Nanosekunde (Milliardstel-Sekunde). Zur besseren Anschauung ein Vergleich: «Eine Nanosekunde verhält sich zu einer Sekunde, so wie sich eine Sekunde zu 30 Jahren verhält!»

So sollte jeder Puls ein paar Nanosekunden dauern. Es gibt bereits spezielle Laser, die während der winzigen Dauer von drei Nanosekunden eine ganz enorme Leistung von 1000 Millionen Megawatt (10^{15} Watt) abstrahlen können. Das wäre weit mehr als nötig, es würde in der Ferne die Sonne tausendfach überstrahlen. Dies ist, mit unserer heutigen Technik, also bereits möglich. Wenn wir mit 10fachem Überstrahlen der Sonne zufrieden sind und jede Sekunde einen Puls von drei Nanosekunden absenden, so erfordert dies eine gemittelte Dauerleistung des Lasers von 30 Kilowatt.

Eine Begrenzung der Suche auf enge Kanäle der Frequenz und die komplizierte Analyse von Millionen enger Kanäle sind nun bei der optischen Suche nicht nötig, weil sich kurze Pulse automatisch über einen breiten Bereich der Frequenz verteilen. Die Reichweite der optischen Methode ist allerdings begrenzt auf etwas über 1000 Lichtjahre Entfernung, wegen der Schwächung des Lichtes durch Gas und Staub im Weltall. Wenn wir nach «Nachbarn im All» suchen, so sollte dies wohl genügen. Auch reicht Infrarot noch weiter.

Wo und wie wird nun nach optischen Signalen gesucht? Das ist schon früher manchmal probiert worden, doch jetzt gibt es dafür

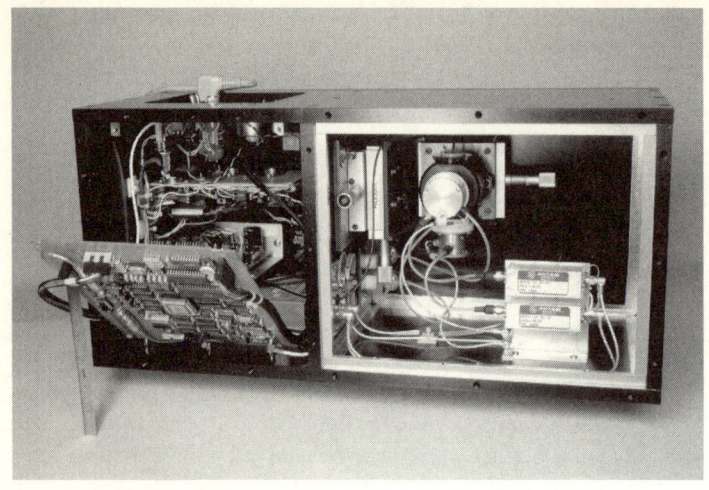

Abb. 7.9: Empfänger der optischen Suche OSETI.
Das Licht des Teleskops tritt von hinten in den rechten Kasten
oben ein, wird dort gespalten und zu den beiden Kaskadenverstärkern
rechts unten geleitet. Im linken Kasten ist die Elektronik:
Test auf Gleichzeitigkeit und Ähnlichkeit starker kurzer Pulse
in beiden Verstärkern. Der ganze Apparat wiegt nur 30 kg,
und ist nur 60 cm lang und 25 cm tief und hoch.
Zum Vergleich mit Bild 7.6 der Radio-Suche BETA.

dauerhafte Projekte in einigen Ländern, z. B. in Australien, Italien
und Argentinien. Vor allem aber, in größerem Stil, in den USA. Unter dem Namen OSETI läuft seit 1998 eine große, raffinierte Suche
nach extrem kurzen und starken, zu uns gerichteten Lichtsignalen,
wieder unter Leitung und Antrieb von Paul Horowitz.

Auch OSETI reitet wieder als «Huckepack» auf anderen Pro-
grammen, ohne eigene Teleskopzeit beanspruchen zu müssen,
so wie schon die Radio-Suchen «Serendip». So läuft auf dem optischen 150-cm-Teleskop der Harvard University ein Programm,
um die Geschwindigkeiten von 2300 sonnenähnlichen Sternen unserer Umgebung genau zu vermessen. Dabei kann der Spalt des
Spektrographen nur 75 % der Strahlung der Sterne erfassen, und
die «übrigen» 25 % benutzt OSETI. Auch kann es mit dieser Auswahl von Sternen ganz zufrieden sein: nah und ähnlich unserer
Sonne.

Strahlung besteht aus einzelnen Paketen, den *Photonen*, und deren Energie steigt mit der Frequenz der Strahlung. So hat ein Photon beim Licht 400 000mal mehr Energie als bei Radiowellen, und mit modernen, superempfindlichen Kaskadenverstärkern kann man einzelne optische Photonen empfangen und zählen. Wie aber unterscheidet man die gesuchten Signale von anderen Photonen?

Bei OSETI wird der Strahl halbiert und auf zwei solche Verstärker geleitet. Ein raffiniertes Programm beachtet erstens nur kurze starke Pulse, die schon während drei Nanosekunden über 100 Photonen liefern. Zweitens müssen es beide Verstärker empfangen haben, und zwar nahezu gleichzeitig. Weiterhin muß dabei vieles sehr nahe übereinstimmen: Dauer, Stärke und Form der beiden Empfänge. Nur dann wird es als «mögliches Ereignis» notiert und gespeichert. Abbildung 7.9 zeigt diesen so intelligenten kleinen Empfänger.

Aber kurze starke Pulse werden gelegentlich auch anders erzeugt, z.B. durch spontane Impulse der etwas «überempfindlichen» Verstärker oder auch durch die kosmische Höhenstrahlung. Und per Zufall kann dies, zwar ganz selten, aber eben doch, auch gleichzeitig passieren, und auch ähnlich in beiden Verstärkern. So waren nach 27 Monaten 3400 Sternbeobachtungen durchgeführt worden, und dabei waren insgesamt 191 «mögliche Ereignisse» passiert. Doch leider ohne Hinweis auf etwaige Signale, immer nur Fehlalarm: d.h. einmalige Ereignisse, keine Pulsfolge. Also können wir auch bei der optischen SETI-Suche bisher noch kein positives Ergebnis vorweisen.

Seit November 2001 existiert eine enge Zusammenarbeit mit der Princeton University, wobei die Forderung nach Gleichzeitigkeit und Ähnlichkeit, zwischen Harvard und Princeton, ein noch viel engeres «Aussieben» von Signalen erlaubt. So wird nur noch ein Fehlalarm alle 300 Jahre erwartet.

All dies ist also eine auf einzelne Sterne «Gezielte Suche» nach Lichtsignalen. Außerdem gibt es beim OSETI der Harvard University auch noch eine *All-Sky*-Suche, ein gleitendes Abtasten der ganzen Himmelsfläche, auch nach starken kurzen Pulsen. Eine einfache, 180 cm große starke Linse schaut im Süden auf ein Stück Himmel, 1,6° hoch (Nord-Süd) und 0,2° breit (Ost-West). Mit einer Spezial-Kamera, die 1024 ultraschnelle Verstärker enthält. Der

Himmel dreht sich langsam daran vorbei, von Ost nach West; in einer Nacht von 10 Stunden überstreicht die Kamera einen Streifen des Himmels, 150° lang (Ost-West) und 1,6° weit (Nord-Süd). Jedes Stück Himmel wird dabei etwa eine Minute lang beobachtet, solange es durch die 0,2° der Kamera läuft.

Jeden Tag wird das Teleskop um 1,6° nach Norden weitergedreht und beobachtet so den nächsten Streifen des Himmels. Das noch fehlende Stück der Kreise (360 – 150 = 210°) wird zu anderen Jahreszeiten beobachtet. In 200 klaren Nächten kann diese OSETI-Flächensuche den ganzen Teil des Himmels absuchen, der von Harvard aus sichtbar ist.

In Columbus, Ohio, läuft mit dem Namen COSETI unter der Leitung von Stuart Kingsley, einem der frühen Pioniere der optischen Suche eine weitere «Gezielte Suche». Er ist auch für Gespräche in seinem «Chat Room» im Internet bereit. Wer Interesse hat, kann seinem «SETI-Webring» beitreten oder Tagungsberichte abfragen. Auch manche *Amateure* haben schon nach Lichtsignalen gesucht, z.B. mit Teleskopen von 20 cm Öffnung.

Vom Erdboden aus sind nur Licht- und Radio-Suchen möglich. Für Suchen bei anderer Strahlung müßte man über die Atmosphäre in den Weltraum gehen. Kürzere Wellenlängen, Röntgen- und Gammastrahlen, kämen kaum in Frage, das wäre zu schwierig und zu teuer. Nur der Bereich zwischen Licht und Radio (2–300 μm) wäre gut für eine Suche geeignet.

7.9 Wie geht es nun weiter?

Damit es überhaupt weitergeht, braucht man Geld. In Abschnitt 7.4 hatte ich schon berichtet, wie im Oktober 1993, angeregt durch falsche Argumente und dumme Witze, der Senat der USA endgültig und für immer jede öffentliche Zahlung für die Suche nach künstlichen außerirdischen Signalen verbot, sowohl für direkte Förderung als auch für die indirekte durch die NASA. Dies Gesetz gilt auch heute noch.

SETI lebte trotzdem weiter, mit Finanzierung durch private Spenden, durch Beiträge vieler Gesellschaften, Universitäten, Vereine, auch heute noch. Enorme private Spenden kamen damals, und teils auch jetzt, von William Hewlett und David Packard, Gordon Moore, Paul Allen, Barney Oliver, Arthur C. Clarke.

Andererseits wird intensiv gearbeitet und geforscht, ganz öffentlich und durch die NASA finanziert, in Bereichen der allgemeinen *Grundlagen* von SETI: also in Astronomie, Chemie und Biologie. Außer der Suche nach intelligenten Lebenszeichen im All war dies ja auch stets die Aufgabe des SETI-Institutes: die Entstehung, Natur und Verteilung des Lebens zu erforschen, zu verstehen und zu erklären. Übrigens arbeiten daran auch viele andere Institute in aller Welt.

Allein das SETI-Institut nennt 39 Arbeitsgebiete, z.B. die Entstehung von Sternen und Planeten, Atmosphären von Planeten, chemische Prozesse, Entstehung des irdischen Lebens, extremes Leben in Hitze, Kälte und Trockenheit, Bedingungen für Leben auf dem Mars oder auf großen Monden, Lebensspuren in Meteoriten, Suche nach Planeten anderer Sterne und vieles mehr. All dies kann offiziell finanziert werden, nur die Signalsuche selbst lebt von privaten Spenden.

Die Planetensuche ist nun, in großem Stil, in vielen Ländern angelaufen, auf Erden und im Weltraum. Am Boden suchen bereits 27 Arbeitsgruppen, weitere 10 Projekte sind in Vorbereitung. Für spezielle Satelliten gibt es 13 Projekte, sieben davon nennen sogar Starttermine zwischen 2003 und 2009. Wobei diese Projekte, außer der Planetensuche, auch noch andere astronomische Aufgaben haben. Leider können alle heutigen Arten der Suche nur riesige Planeten finden, ähnlich dem Jupiter oder größer, und meist nur dicht am Stern, wie schon in Abschnitt 3.5 erklärt und in Abbildung 3.4 gezeigt wurde. Wir sehen ja nie den Planeten selbst, sondern nur seinen Einfluß auf den Stern. Einige Projekte der ferneren Zukunft planen aber schon für die Erkennung kleinerer Planeten, ähnlich der Erde. Hoffentlich ist dies noch zu schaffen, technisch und finanziell.

So ist bei NASA-JPL jetzt ein *Terrestrial Planet Finder* in Vorbereitung, ein Satellit, der *erdähnliche* Planeten noch bis in 50 Lichtjahren Entfernung entdecken soll. Sogar in deren Lufthülle könnte man dann nach Sauerstoff und Methan suchen, als Anzeichen von erdähnlichem *Leben*. Vier Teleskope zu 3,5 Meter Durchmesser beobachten im Infrarot (1–3 μm) und sind so plaziert und geschaltet, daß in einer Richtung, genau auf den hellen Stern gezielt, praktisch kein Empfang stattfindet («Nulling», bis 100 000fach geschwächt). Der Stern ist dadurch stark genug abgeblendet, so daß Planeten, sogar kleinere, dann selbst sichtbar werden. Er soll im Jahre 2014 starten.

Wichtig wäre auch für die zukünftige Suche nach Radiosignalen, wenn es bald noch größere Radioteleskope als bisher gäbe, die man auch wieder gelegentlich mit benutzen könnte. Zur Zeit ist Arecibo (Abb. 6.2) mit 305 Meter Durchmesser das größte, bereits 1968 gebaut. Natürlich hätten alle Radioastronomen gern endlich ein größeres Teleskop. So hatten einige große Länder verschiedene Pläne entwickelt für ein riesiges Teleskop-Array, eine Gruppe vieler Teleskope, die gemeinsam wie ein einziges Instrument arbeiten, mit insgesamt einem Quadratkilometer Oberfläche. China z.B. plante ein Array von 30 Arecibo-Typ-Teleskopen, 1998 war ich drei Wochen dort als technischer Berater. Aber solche großen Pläne werden meist verzögert oder durch Geldmangel oder andere Probleme beendet.

Inzwischen nimmt ein anderer guter Plan feste Gestalt an, das *Allen Teleskop Array*, eigens für SETI geplant (aber auch für andere Astronomen mit zu benutzen). Mit 350 käuflichen Satelliten-Empfangsschüsseln von je 6 Meter Durchmesser hat es zusammen die Oberfläche eines 112-Meter-Teleskops, kleiner zwar als Arecibo, aber 365 Tage pro Jahr für SETI zu benutzen.

Arrays sind flexibler als ein großes Einzelteleskop, brauchen aber eine Menge komplizierte Elektronik. Das Allen Array wird sie haben und kann dann innerhalb eines jeden Stückes Himmel von vier Grad Größe (acht Vollmond-Durchmesser) eine große Anzahl ganz verschiedener Beobachtungen gleichzeitig erledigen.

Den finanziellen Anstoß zu diesem Plan gab eine enorme private Spende: 11,5 Millionen Dollar von Paul Allen (Mitbegründer von *Microsoft*) und 1 Million von Nathan Myhrvold (Leiter von *Microsoft*). Dies ist bereits die Hälfte der benötigten Gesamtsumme von 25 Millionen Dollar. Und so wurde es «Allen Array» genannt. Gebaut wird es in Kalifornien, und 2005 soll es fertig sein.

Auch OSETI, die optische Suche, ist noch jung und wird sich intensiv weiterentwickeln. Es ist eine große Idee, die hoffentlich auch in Zukunft ohne großes Geld auskommt. In diesem Gebiet scheint noch viel Neues möglich.

So hoffen wir, daß SETI noch lange weitergeht und schließlich uns doch noch «Nachbarn im All» beschert. Dazu wird es immer wieder großzügige, weitschauende Spender brauchen sowie begeisterte intelligente Techniker und Wissenschaftler mit neuen Ideen. Ja, und auch Geduld wird es brauchen. Vor allem aber eine friedlich überlebende Menschheit – insgesamt also mehr Vernunft auf Erden.

8. Sind wir allein im Kosmos?

Seit einigen Jahren gibt es (Tendenz steigend) wieder mehr Einwände gegen SETI, gegen unsere Suche nach Signalen aus der Ferne. Mit der Begründung, höheres Leben (oder Leben überhaupt) sei völlig einmalig oder doch extrem selten, so daß es für uns gar keine Partner im Weltall geben könne oder doch nur unerreichbar ferne. So gibt es Bücher und Aufsätze über die Seltenheit der Erde, über das lebensfeindliche All, über Gefahren und Hindernisse der Evolution. Philosophisch gesehen, wäre dies ein gewaltiger Rückschritt, zurück in die Zeit vor Kopernikus, als die Erde noch der Mittelpunkt der Welt war und der Mensch noch die Krone der Schöpfung. Aber sachlich gesehen, müssen wir diese Einwände ernst nehmen, und so wollen wir sie kritisch «abklopfen», wie man heute sagt.

Manches haben wir in früheren Kapiteln ja bereits diskutiert und wollen es jetzt nur kurz wiederholen, manch anderes kommt neu hinzu. Einiges läßt sich klären, anderes lassen wir offen.

8.1 Astronomische Einwände

Fangen wir im ganz Großen an. Oft schätzte man (früher auch von mir), wie viele Planeten mit höherem Leben es in unserer *Milchstraße* geben mag, und öfters ergaben sich da sehr hohe Zahlen. Dagegen wird nun gesagt, die Milchstraße sei zumeist recht unfruchtbar. Weit innen, nah am Zentrum sind meist ganz alte Sterne mit zu wenig schweren Elementen, die für erdähnliche kleine Planeten und für das Leben jedoch nötig sind. Weiter draußen aber gäbe es überhaupt zu wenig Sterne. Außerdem sind die Spiralarme wichtig, die um das galaktische Zentrum rotieren. Das tun auch alle Sterne, aber weiter innen rotieren sie schneller als die Arme, weiter außen langsamer, und dazwischen gibt es den engen Bereich der *Corotation*, der eine Rolle spielt. Nur dort seien die Verhältnisse für belebte Planeten günstig, und nahe dabei seien auch wir.

Das mag ja alles stimmen. Aber «Nachbarn im All», für Ferngespräche, erwarten wir doch kaum in weiter Ferne, sondern nachbarlich nahe. Also in derselben lebensfreundlichen Gegend, in der auch wir leben. Auch die Abschätzungen in Kapitel 4 bezogen sich alle nur auf die engere Umgebung der Sonne. Und die gezielten Radio-

oder optischen SETI-Suchen nach Signalen, die sind ja auch auf Sterne der Nachbarschaft gerichtet. Ob es nun weit drinnen, weit draußen oder fern der Corotation leer und öde ist, das braucht uns kaum zu stören.

Alle bisher gefundenen *Planetensysteme* taugen nicht zum Leben (Abschnitt 3.5, Abb. 3.4) Das stimmt auch, es liegt aber an unseren Methoden der Beobachtung und ist vorerst nicht zu ändern. Wir können keine (lichtschwachen) Planeten sehen, sondern nur (millionenfach hellere) Sterne, die durch die Schwerkraft ihrer Planeten ein ganz klein wenig hin und her gehen. Und sichtbar wird dies nur, falls der Planet genügend massereich ist (ähnlich dem Jupiter oder größer) und falls er dicht genug bei dem Stern ist (meist dichter als Jupiter bei der Sonne). Unser eigenes System wäre, aus mehreren Lichtjahren Entfernung, mit unseren Methoden auch noch gar nicht gefunden worden. Über tausend nahe Sterne, ähnlich der Sonne, wurden bisher untersucht. Bei etwa 5 % davon wurden Planeten gefunden, massereich und dicht am Stern. Kleine Planeten mag es dort auch geben; oder auch nicht, wegen der Bahnstörungen durch die nahen Riesen. Aber wie steht es mit den anderen 95 % der Sterne, ohne massereiche, dichte Planeten? Da kann man eine gute Anzahl Systeme erwarten, ähnlich dem unsrigen und auch tauglich zum Leben.

Nun zu unserem *Mond*. Groß ist er, aber schauen wir uns noch mal die Tabelle 2.3 an. Auch die größten Monde der Riesenplaneten, Jupiter und Saturn, sind kaum größer (erste Spalte der Tabelle). Nur einer, der Ganymed des Jupiter, hat die doppelte Masse (zweite Spalte). Ganz ungewöhnlich groß aber ist die relative Masse unseres Mondes (dritte Spalte), verglichen mit der Masse seines Planeten. Jupiter hat 12 700mal mehr Masse als Ganymed, aber die Erde nur 81mal mehr als ihr Mond.

Nun soll dieser relativ massereiche Mond nötig gewesen sein, die Bahn und vor allem die Rotation der Erde so stabil zu halten, daß das Leben sich hier entwickeln und erhalten konnte. Ohne schweren Mond hätte sich unsere Rotationsachse dauernd verschoben, durch den Einfluß der Riesenplaneten, und oft wäre die Achse fast 90° gegen die Bahn geneigt gewesen. Dann wäre der Unterschied zwischen Sommer und Winter so kraß, das nichts hätte überleben können. Also: Ohne schweren Mond kein Leben, weil ein schwerer Mond aber ungewöhnlich ist, ist Leben extrem selten.

Merkur und Venus haben gar keinen Mond, der Mars hat zwei, aber nur winzig kleine. Nun zur Tabelle 2.2. Die fünfte Spalte zeigt für alle Planeten die Neigung ihrer Rotationsachse gegen die Bahn des Planeten. Die (durch schweren Mond stabilisierte?) Erde hat 23° Neigung, und die (nicht stabilisierten) anderen kleinen Planeten Merkur, Venus und Mars haben die Neigungen 2°, 3° und 24°. Ohne schweren Mond bleibt es also auch stabil, und mit Mond ist es auch nicht besser. Interessant ist auch die letzte Spalte von Tabelle 2.3: die Neigung der Mondbahn gegen die Rotation des Planeten; die ist nur bei der Erde besonders groß. So meine ich: Es wäre zwar schade, wenn wir unseren Mond nicht hätten, aber überlebt hätten wir trotzdem.

Lebensfeindlich sind auch *kosmische Katastrophen*. Bricht in der Nähe eine Supernova aus (ein explodierender massereicher Stern), so können seine starken Röntgen- und Gammastrahlen das Leben auf Planeten benachbarter Sterne vernichten. Auf der Oberfläche mit Sicherheit, aber nicht in den Tiefen der Meere. Hat sich später alles wieder beruhigt, so kann auch dort das Leben wieder «an Land gehen» und sich dort ausbreiten, so wie es das bei uns vor 500 Millionen Jahren ohnehin getan hat (Tab. 4.1).

Zweitens kann jederzeit ein massereicher Komet oder Asteroid auf einen belebten Planeten prallen und dort eine globale Katastrophe auslösen. Immer wieder hat es auf der Erde große Massen-Aussterben gegeben (Tab. 4.2), und oft mögen solche massiven Einschläge die Ursache gewesen sein. Für das Ende der Dinosaurier nimmt man dies fast sicher an. Aber meist war das große Sterben bald gefolgt von erneutem Aufblühen des Lebens, mit vielerlei ganz neuen interessanten Arten. Mit unserer Art, zum Beispiel, nachdem uns die Dinos Platz gemacht hatten. Zwar sind Katastrophen zunächst «lebensfeindlich», danach jedoch «verbesserungsfreundlich».

8.2 Krisen der Evolution

Die für uns noch unbegreifliche Entstehung des Lebens ist ganz unglaublich schnell gegangen, unter widrigsten Umständen: noch vor dem Ende der heftigen Bombardierung aus dem All, als die Erde selbst eigentlich noch nicht «ganz fertig» war.

Relativ lange gab es nur Einzeller, noch ohne Zellkern; aber vor reichlich drei Milliarden Jahren erlernten sie die Photosynthese, die

Nutzung der Sonnenenergie, um vom Kohlendioxid der Luft den Kohlenstoff abzuspalten zum Aufbau ihres Körpers. Dabei entstand Sauerstoff als «Abgas» und als erste *Luftverschmutzung*, wodurch viele Arten vergiftet eingingen. Andere Arten überlebten, indem sie lernten, Sauerstoff zu atmen.

In den letzten 600 Millionen Jahren sind immer wieder ganz viele Tier- und Pflanzenarten gleichzeitig ausgestorben (vorher gab es nur Einzeller). Tabelle 4.2 zeigt die zehn größten *Massen-Aussterben*. Zum Beispiel sind vor 438 und 248 Millionen Jahren jeweils etwa 90 % aller Arten ausgestorben. Es mag verschiedene Ursachen gegeben haben, aber viele Anzeichen deuten auf starke Klima-Änderungen und Eiszeiten hin. Doch dem Fortlauf des Lebens hat dies nicht geschadet, hat eher im Gegenteil für Neues Platz gemacht.

Überhaupt ist das Leben ganz erstaunlich zäh und ausdauernd. Ist es einmal da (und das ging ja sehr schnell), so breitet es sich aus bis in Quellen kochenden Wassers, in Polareis und Wüstensand. Arten mögen zahlreich vergehen in Krisen und Katastrophen, aber das Leben bleibt bestehen und geht munter weiter.

Und doch, wenn wir nach intelligentem Leben fragen, gibt es Einwände. Schauen wir uns wieder Tabelle 4.1 an, so fällt uns auf: Es hat ja fast das ganze Erdalter gedauert, über drei Milliarden Jahre, bis sich endlich die *Mehrzeller* gebildet haben, erst vor 600 Millionen Jahren. Vorher hatten die Einzeller sich auch gut entwickelt, sie fanden die Photosynthese, die Atmung von Sauerstoff, sie bildeten Zellkerne und entdeckten den Sex. Aber zur Entwicklung höherer Wesen waren Mehrzeller nötig. Warum hat das so lange gedauert, war Mitarbeit und Teamwork denn so schwer zu lernen? Nicht Katastrophen bedrohen also das Leben, sondern «Hemmungen» verzögern die Entwicklung, und damit auch die der Intelligenz. Dies kann ein Einwand gegen häufig vorkommende Intelligenz im Weltall sein. Aber andererseits: Die Sonne scheint noch weitere sechs Milliarden Jahre, und etwas kleinere Sterne leben überhaupt länger. Wenn also Intelligenz zu ihrer Entwicklung viel Zeit braucht, ist vielleicht häufig auch genügend Zeit da. So hoffen wir jedenfalls.

Ein zweiter Engpaß, den wir auch noch nicht recht verstehen, ist das rasche Wachstum des *menschlichen Gehirns*: In knapp vier Millionen Jahren ist es von 450 bis zu 1250 Gramm gewachsen, ist also dreimal so groß geworden! Dies mag ein ganz seltenes Ereignis sein. Aber andererseits: Wenn wir uns ein paar Millionen Jahre länger Zeit dafür gelassen hätten, so hätte das auch nicht geschadet, wäre uns allen vielleicht besser bekommen.

Übrigens sollte man sich ruhig auch einmal fragen: Ist Intelligenz wirklich ein Vorteil, ein Pluspunkt der Entwicklung? Oder nur eine Laune der Natur? Man könnte ja auch sagen: Unsere großen Klugen sind vom Aussterben bedroht, die kleinen Dummen legen 1000 Eier und überleben. Und die Allergescheitesten bauen Atombomben. Aber am tüchtigsten sind die einfachen Bakterien, die drei Milliarden Jahre überlebt haben.

8.3 Krisen der Zukunft

Einige ernste Krisen stehen uns noch bevor, und anderen Wesen im All mag es ähnlich ergangen sein. Manche unserer argen Probleme sind auf ganz «natürliche» Weise so entstanden, sind vielleicht ganz allgemeine «universale Krisen», die das Aufkommen von langlebiger technischer Intelligenz vermindern (oder gar verhindern) könnten.

Bezüglich mancher Krisen hat die Zukunft für uns bereits begonnen. So haben wir die Gefahr der *Selbstvernichtung* im Abschnitt «Die Krone der Schöpfung» geschildert und mit Zahlen belegt. Die in unseren Atombomben bereitstehende Sprengkraft ist weit mehr, als nötig wäre, um alles höhere Leben der Erde zu vernichten. Außerdem haben wir noch einige zehntausend Tonnen chemische und biologische Waffen gespeichert, und immer Neues, «Besseres», immer Grausameres wird weiter entwickelt.

Eine Erklärung klingt einleuchtend (Abschnitt 5.4), und sie gilt vermutlich oft im Weltall: Tiefsitzende Instinkte aus Millionen Jahren Steinzeit gepaart mit den Traditionen von ein paar tausend Jahren; und all dies trifft dann zusammen mit rasant entwickelter Waffentechnik. Und außerdem, ganz grob, aber wohl zutreffend: Kaputtschlagen macht mehr Spaß als Aufbauen.

Wir leben also auf der Grundlage uralter Triebkräfte, überlagert von hoher Technischer Intelligenz. Das klingt wie eine «universale Krise»; wobei die Technik dann als *Filter* wirkt, der nur solche Rassen in eine Zukunft durchläßt, die außer Intelligenz auch eine große, starke Vernunft entwickelt und befolgt haben.

Auch andere Krisen sind «selbst erzeugt». Wir beginnen zunehmend, die Gefahren der *Übervölkerung* der Erde zu spüren. Schnell nimmt unsere Anzahl zu: um 80 Millionen Menschen pro Jahr. Sechs Milliarden sind es nun, in wenigen Jahrzehnten werden es neun Milliarden sein. Wie soll man dies bremsen?

Der Mensch ist ein soziales Wesen, er braucht Freunde und Nachbarn, aber auch Raum und Abstand. Viele Tiere erheben Anspruch auf ein bestimmtes Stück Land, ihr *Territorium*, das erkämpft und verteidigt wird. Bei anderen Tieren geht der Kampf um die *Rangordnung* innerhalb der Gruppe, um die Hackordnung im Hühnerhof. Bei beiden Tieren entarten alle sozialen Instinkte, wenn man sie zu dicht einsperrt.

Wir Menschen sind für beides veranlagt. Bei reichlich Raum zäunt man sich einfach ein Stück Land ein, «private property» in den USA, Rang und Titel spielen dabei keine Rolle. Leben wir aber zu dicht gedrängt, so geht es hart um die Hackordnung; um den Aufstieg der sozialen Leiter, um Ansehen und Reichtum, Konkurrenz wird vertrieben oder gar vernichtet. In der Enge werden wir aggressiv, reizbar und egoistisch. Das ist nicht nur überaus häßlich und abstoßend, vor allem ist es wenig geeignet zum längeren Überleben der Menschheit.

Wie viele Menschen kann die Erde ernähren? Schon jetzt leidet ein Viertel von uns an Hunger. Wir brauchen immer mehr künstlichen Dünger, Unkraut- und Schädlingsvernichtung, an genveränderten Pflanzen. Mit all ihren Gefahren für die Umwelt, mit Krankheit und Seuchen. Schon jetzt sind wir viel zu viele auf Erden, zu dicht gedrängt und hungrig. Unser ganzes Wirtschaftssystem funktioniert jedoch nur bei weiterem ständigen Wachstum!

Von den heutigen Krisen konnte man vor ein paar hundert Jahren noch nichts wissen. Und so können auch wir heute nicht ahnen, welche neuen Krisen in den nächsten hundert oder tausend Jahren auftauchen werden. Angenommen, wir haben nach langer Zeit viele Krisen mit Mühe gemeistert und überlebt, was vermutlich nur mit einer stabilen, starken Weltregierung geht. Dann könnte eines fernen Tages entschieden werden, daß von nun an das Überleben der Menschheit das Wichtigste von allem ist, daß eine ungefährdete stetige Fortdauer die erste Priorität hat. Nach dem Motto: *«Wir leben jetzt, wenn wir nie mehr was ändern, dann leben wir ewig.»* Also eine Art eingefrorener Stabilität, eine *Stagnation* ohne Ende, ein

Dauerstau ohne Fortschritt, ohne Forschung; auch ohne Neugier auf Nachbarn im All.

Auch dies halte ich für durchaus möglich. Für uns ebenso wie für andere. Außerdem ist diese Stagnation ja nur ein Sonderfall unseres zweiten Grundsatzes: *Nichts währt ewig.* Unser heutiger Zustand, beherrscht von Technik, Wissenschaft und Fortschritt, der mag zwar lange dauern, aber gewiß nicht ewig. Von dem dann folgenden Zustand ahnen wir gerade ebensoviel, wie ein früher Höhlenbewohner vom heutigen ahnen konnte.

Zur Frage des «Alleinseins» haben wir jetzt also eine Anzahl von Krisen oder Engpässen aufgezählt, auch von möglichen Gründen aus Astronomie, Vergangenheit, Gegenwart und Zukunft gegen höheres Leben gesprochen. Wie aber steht es nun mit der *Beurteilung*, was davon sollten wir ernst nehmen? Dies ist reine Ansichtssache. Meine Meinung dazu ist: Von den astronomischen Gründen vermag ich keinen anzuerkennen, sei es nun die Unfruchtbarkeit der Milchstraße, unser kosmischer Mond oder die Katastrophen. Hinsichtlich der Evolution aber ist es die lange Wartezeit auf die Mehrzeller, drei Milliarden Jahre, die mir Sorgen macht für SETI, für unsere Suche nach Partnern. Was unsere irdische Gegenwart und Zukunft angeht, da sind es die Gefahren der Selbstvernichtung und Überbevölkerung, die wir sehr ernst nehmen müssen; und bei möglichst vielen «Anderen» draußen im Weltraum hoffen wir halt, daß sie Erfolg damit gehabt haben. Auf jeden Fall aber rechne ich mit einer begrenzten Dauer unseres heutigen Zustandes.

8.4 Auswandern und Siedeln

Leider ist unsere Menschheit das einzig bekannte Beispiel höherer Entwicklung und Kultur. Wie mag es also bei uns weitergehen, was mögen unsere nächsten Aktivitäten sein? Ich will hierzu einige freie Annahmen anführen, und «frei» soll bedeuten, daß nichts mit Sicherheit dagegen spricht, aber mit Sicherheit auch nichts dafür. Ich halte diese Annahmen für möglich, auch für wünschenswert, zögere aber noch mit dem Wort «wahrscheinlich».

Nehmen wir einmal an, unser technisch orientierter Zustand währt zwar nicht ewig, aber doch noch recht lange; und in einigen hundert Jahren haben wir genügend Vernunft hinzugewonnen für globalen Frieden und Toleranz. Wir bedrohen einander nicht mehr mit Bomben, Giften und Seuchen, helfen einander statt dessen in der Not. Nehmen wir sogar an, die Bevölkerung wächst nicht weiter und die Versorgungsproblematik mit Nahrung und Energie ist gelöst (Sonne, Kernfusion). Aber die irdischen Vorräte werden knapp, gehen zu Ende. Viele Mineralien und Metalle sind nötig für Technik und Chemie, ihr Abbau wird unergiebig und zu teuer. Es gibt zwar «Recycling» und Wiederverwertung, aber nicht ohne großen Verlust und Abfall. Alles Wichtige wird sehr knapp.

Dann wird man an die Vorräte im nahen Weltraum denken, an die Planetoiden, die «Kleinkörper», die vor allem zwischen Mars und Jupiter die Sonne umkreisen. Der größte davon hat 904 Kilometer Durchmesser, 250 Planetoiden sind über 100 Kilometer groß, etwa eine Million über einen Kilometer. Also eine reichliche Vorratsmenge. Man wird zu vielen mit Sonden fliegen, ihren Inhalt untersuchen, Abbaumethoden entwickeln. Vieles davon ist jetzt schon längst vorgeschlagen, technisch entwickelt und vorbereitet worden. Und durch den Wegfall der weltweiten superteuren Rüstung stehen unzählige Techniker und Wissenschaftler für entsprechende Arbeiten bereit (und Billionen von Dollars auch).

Bevor die Verwertung der Planetoiden richtig losgeht, werden wir wohl erst einmal Kolonien auf dem Mond einrichten. Durch seine Nähe und geringe Schwerkraft ist unser Mond ein idealer Lagerplatz und Umsteige-Bahnhof zwischen Erde und Raum. Aber auch der Mond selbst kann uns eine Menge nützliches Material liefern. Seine geringe Schwerkraft ist allerdings wenig geeignet für einen sehr langen menschlichen Aufenthalt (oder dann nur lebenslänglich).

Vorgeschlagen wurde auch früher schon, später alle Schwerindustrie und Großanlagen in den nahen Weltraum zu verlegen; Materialien liefern die Planetoiden, Energie liefert kostenfrei die Sonne. Unsere Erde aber sollte schön und grün und spärlicher bevölkert bleiben, vor allem für Ferien, Erholung und Alter. Gearbeitet und gewohnt wird dann zumeist in sehr großen, gut eingerichteten Raumschiffen (Behausung und Station für jeweils viele tausend Leute) im Orbit um Erde oder Sonne.

Unsere Erden-Schwerkraft wird durch die Rotation der ganzen Behausung künstlich erzeugt, so daß man stets und beliebig lange zwischen Erde und Station ohne körperlichen Schaden wechseln kann. Dafür muß die große Station eine bestimmte Drehgeschwindigkeit haben. Hat sie die Form eines beliebig langen Zylinders, mit einem Kilometer Radius, so muß sie sich um ihre lange Achse etwa einmal pro Minute drehen. Ist die Wand aus bestem Stahl, so kann sie den Stress aushalten, wenn der Inhalt der Station (Wohnung, Menschen, Labors, Vorräte) bis zu fünfmal so schwer ist wie die Wand. Mit Wänden aus Kohlenfaser-Material könnte der Zylinder auch viel größer sein und langsamer drehen.

Versuchen wir ruhig, noch ein paar Jahrhunderte weiter in die Zukunft zu schauen. Nach hohen Investitionen am Anfang werden solche Stationen munter wachsen und Profit machen, um so mehr, je knapper es auf der Erde wird. Zu großen Kolonien mögen sie werden, mit ihren eigenen «Babys und Enkeln». Nach mehreren Generationen draußen im Raum, werden nun ihre anfangs starken Heimatgefühle für Mutter Erde nachlassen, für viele Leute auch ganz verschwinden. So folgt später eine «Erklärung der Unabhängigkeit», mit der man sich ablöst und selbständig macht. So wie sich früher die USA von England lösten.

Schließlich lösen sich, nach tausend Jahren, hunderttausend Freiwillige auch davon wieder ab und gehen auf lange Reisen, für viele Generationen, hin zu anderen schönen, noch unbewohnten Planeten fremder Sterne. Die werden besiedelt, bis es dann auch dort wieder zu eng und zu knapp wird, und die nächste Fernfahrt kann beginnen. Nun mag der Leser einwenden, ich hätte doch in Abschnitt 6.1 recht deutlich gezeigt, wie unwahrscheinlich solche Reisen seien, mit unmöglich hohem Einsatz von Energie, selbst bei 10 % oder auch nur 1 % der Lichtgeschwindigkeit. Ja, aber da waren meine Annahmen eben noch nicht so frei, so spekulativ wie jetzt.

Nun aber nehmen wir mal an, daß in tausend Jahren auch Energie keine Rolle mehr spielt, die Sonne liefert ja genug, auch haben wir dann Kernfusion und Annihilation längst zu nutzen gelernt. Unsere Galaxie, die Milchstraße, ist 100 000 Lichtjahre groß, und mit 10 % der Lichtgeschwindigkeit könnten wir sie durchreisen, von einem Rand zum anderen, in einer Million Jahren. Aber das will ja keiner. Das Besiedeln eines neuen Planeten mag weit länger dauern als die Reise zum nächsten, und man reist ja nicht geradlinig weiter, sondern etwas kreuz und quer, um die Umgegend zu erkunden und zu benutzen. Also könnten wir in 10–20 Millionen Jahren, rund geschätzt, die ganze Milchstraße besiedelt haben.

So also könnte es bei uns weitergehen, falls wir es später so wollen. Vielleicht ist es nicht sehr wahrscheinlich, aber möglich ist es. Möglich ist es bereits mit unserem heutigen Wissen aus Physik, Chemie und Astronomie. Es fehlt allerdings noch einiges an Technik (Kernfusion z.B.), aber das werden wir schon noch schaffen.

8.5 Sind wir nun typisch, selten oder einmalig?

Dies ist die wichtigste, die grundlegende Frage unserer Suche. Wie auch bei anderen grundlegenden Fragen, so haben wir auch hier keine Antwort darauf. Bei jeder der drei Möglichkeiten haben wir gute Argumente sowohl dafür als auch dagegen.

Warum also sollten wir *typisch* sein? Weil es überall im Kosmos die gleiche Materie gibt, die den gleichen Naturgesetzen folgt. Was hier geschieht, gibt es auch anderswo: «Nichts ist einmalig». Unsere Sonne ist gar nichts Besonderes, sondern ein ganz durchschnittlicher Stern, und andere Sterne haben auch Planeten. Unsere Erde ist ein Planet wie andere auch; Rotation, Bahn und Neigung ähneln den anderen (ob nun mit oder ohne großen Mond). So ist auch unsere Erde kein Sonderling.

Das Leben ist bei uns derart schnell entstanden, daß man dies auf ähnlichen Planeten auch ähnlich erwarten sollte, innerhalb der Biozone von Sternen ähnlich der Sonne. Intelligenz, als guter Vorteil bei der natürlichen Auslese, sollte sich auch häufig im Laufe der Zeit entwickeln. Wir sollten also recht typischer Durchschnitt sein. Typische Anfänger, genauer gesagt, denn die Sonne ist ja kein alter Stern, die meisten sind weit älter.

Und was spricht dagegen? Für mein Gefühl, und das vieler Kollegen, ist es vor allem das sogenannte «Fermi-Paradox». Am Ende der fünfziger Jahre saßen einige gute Wissenschaftler beisammen und diskutierten die vermutliche Fülle und Vielfalt intelligenten Lebens im All, in etwa mit den obigen Argumenten. Da rief plötzlich Enrico Fermi (Kernphysiker, Nobelpreis 1938): «Where are they?» (Wo sind sie, wo stecken sie denn?) Denn wenn sie so häufig sind, und uns Anfängern so unfaßbar weit in allem überlegen, warum sehen und spüren wir denn nichts von ihnen, von ihren Taten? Oder wie es Stanislaw Lem in seinen Büchern und Briefen ausdrückt: Unser größtes Rätsel ist *das Schweigen des Weltalls*.

Das Leben will sich ausdehnen. Es hat das Meer erobert, dann die Erde und die Luft. Wir fangen gerade mit dem nahen Weltraum an, mit unseren anderen Planeten; das nächste wäre danach der ferne Weltraum, die Planeten anderer Sterne. Wenn unsere Technik so rasant weiterwächst, wenn wir auch weiter noch lange so expansiv bleiben, so neugierig, unternehmungslustig und tatendurstig, weiterhin so technikbegeistert, ja, dann könnten wir wohl in ein paar tausend Jahren beginnen, den Weltraum zu besiedeln.

Nun kommt ein noch schärferes Paradox. Wenn wir mit all unseren Eigenschaften typisch wären, dann hätten die frühen alten Zivilisationen gerade ebenso gefühlt. Sie hätten längst die ganze Galaxie besiedelt, ringsum, von einem Ende bis zum anderen. Mit allen entsprechend geeigneten Planeten darin, und zwar bereits vor Milliarden von Jahren. Und wir wären dann die Nachkommen der frühen Siedler, und nicht der irdische Eigenbau, der wir gewiß sind. Also: «Wären wir typisch, so gäbe es uns nicht.»

Oft werde ich gefragt, ob ich das ganz ernst meine. Nun, ernst schon, aber nicht ganz. Vielleicht sind unsere heutigen Eigenschaften recht typisch für die Ideen von munteren Anfängern. Aber nach ein paar tausend Jahren hat man ganz andere Interessen und Pläne, wir auch, denn «Nichts währt ewig.» Oder man hat dann bereits Signal-Kontakt mit den Nachbarn, man erzählt einander, wie es daheim zugeht, statt mit riesigen Kosten hinzureisen. Oder aber wir haben uns längst umgebracht. Dann ist also unser heutiger Zustand nicht einmal typisch für unseren eigenen späteren Zustand.

Und nun weiter gefragt. Sind wir *selten*? Und falls ja, wie selten? Wenn es überhaupt höheres Leben gibt, was wir ja hoffen, dann sind wir, als Anfänger, ganz sicher sehr selten. Wir werden bei unserer Suche nach Signalen sicherlich keine uns vergleichbaren Partner entdecken. Die «Anderen» werden uns unglaublich weit voraus sein, denn die Sonne ist kein alter Stern.

Aber beliebig weit voraus dürfen sie uns auch nicht sein, nicht jenseits unseres «geistigen Horizonts», um noch als Partner für interessanten Kontakt zu gelten. Wir hatten abgeschätzt, so etwa in 300 bis 1000 Lichtjahren Entfernung die nächsten Partner zu erwarten, vielleicht auch schon näher. Also sind wir nicht gar zu häufig, aber auch nicht gar zu selten.

Dann die dritte Frage. Sind wir völlig *einmalig*? Auch dies wird, für Leben mit höherer Intelligenz und Technik, von einigen Wissenschaftlern behauptet. Die mögen es mir verzeihen, oder auch nicht, aber eine solche Behauptung klingt für mich wie ein «traurig-stolzer Größenwahn». Im übrigen, wenn man die Wahrscheinlichkeit unserer Existenz dermaßen weit heruntersetzt, dann hat man damit eigentlich schon fast bewiesen, daß es auch uns überhaupt nicht geben kann.

Jetzt noch eine letzte nette Idee, die *Zoo-Hypothese* von J. Ball, um das Schweigen des Weltalls zu erklären: Wir sitzen in einem weiten Zoo, einer Wildnis-Zone, vom uralten Galaktischen Club frühzeitig auf ideale Weise eingerichtet. In einem wirklich «idealen Zoo» merken die Insassen natürlich überhaupt nichts von ihren Wärtern und Betrachtern.

Nun zum Abschluß eine kurze *Beurteilung*. Wie sollte es weitergehen, was sollten wir annehmen und was tun? Wir suchen jetzt nach Nachbarn im All, nach ihren Signalen oder anderen Anzeichen. Laßt uns dies noch lange weiterführen, mit allen Kräften und neuen Ideen, wachsam, unermüdlich, geduldig. Auch senden sollten wir, nicht nur horchen. SETI ist ein astronomisches Projekt und bedeutsam in drei Weisen:

Der Erfolg mag sehr lange dauern, wäre dann aber ein ganz dramatisches Ereignis. Das Wissen, daß es Nachbarn im All gibt, daß wir nicht allein im toten Weltall leben, schon dieses Wissen gäbe uns ein neues, volleres Weltbild, ein besseres Bild auch von uns selbst und unserem Dasein. Der geistige Kontakt aber, mit uralten Kulturen, wäre für uns ein gewaltiger Umbruch und Aufstieg, vergleichbar nur der Entwicklung der menschlichen Sprache in unserer eigenen Frühzeit.

Während dieser Suche laßt uns immer wieder den Blick zu den Sternen heben und über Leben und Intelligenz dort nachdenken: Was eigentlich ist Intelligenz, was sollte es sein? Und dann, mit unserem Sinnen weit draußen in der Ferne, laßt uns den Blick wieder zurück zur Erde richten, mit gutem Abstand und besserer Perspektive, um uns ernsthaft zu fragen: «Gibt es intelligentes Leben auf der Erde?» Nicht den einzelnen betreffend, sondern die Menschheit insgesamt. Kann dieser, unser heutiger Zustand noch lange währen? Wie lange denn noch?

Falls wir aber doch die einzigen sein sollten, zumindest in weitem Umkreis, so laßt uns selbst später das Leben und die Kultur weiter ausbreiten, laßt uns die Welt besiedeln. Dies wäre eine große, eine gewaltige und einleuchtende zukünftige Aufgabe für unsere Menschheit. Aber die wahre Kultur und Lebensart, die es lohnt im Weltall zu verbreiten, die müßen wir selbst erst noch lernen.

Danksagung

Vor allem meinen Dank dem Verlag C. H. Beck für die erste Anregung zu diesem Buch und für die Geduld mit meinem späten Beginn und zeitlich (durch Teleskop-Aufträge) oft unterbrochenen Schreiben. Und vielen Dank auch dem Lektor Stephan Meyer für gute und freundliche Führung und Hinweise.

Für wertvolle Information und gute Hilfe möchte ich mich herzlich bedanken bei vielen Kollegen und guten alten Freunden: Mike Davis, Frank Drake, Paul Horowitz, Phil Jewell, Lee King, Stuart Kingsley, Chris Neller, Chris Salter, Jean Schneider, Seth Shostak, Jakob Staude, Jill Tarter, Charles Townes und Dan Wertheimer – sowie auch bei all denen, die ich hier zu nennen vergessen habe.

Um Toleranz bitte ich alle Kollegen und Autoren, die anderer Meinung sind, die also Leben und Intelligenz als extrem selten oder gar als einmalig einschätzen. In meinen Abschätzungen habe ich im Zweifelsfalle meist die positive Seite gewählt, weil ich sie für wahrscheinlicher halte, aber auch um zu erklären, warum so viele bester Wissenschaftler und Ingenieure mit all ihrer Kraft für diese große Suche nach fernen Nachbarn arbeiten wollen.

Sebastian von Hoerner – Freund und Forscher

Der Astrophysiker Sebastian von Hoerner wurde am 15. April 1919 in Görlitz geboren. Er promovierte 1951 an der Universität Göttingen in Physik: Mit seinem Doktorvater Carl Friedrich von Weizsäcker erforschte er theoretisch die Entstehung von Sternen, Planetensystemen und Kugelsternhaufen. Diese Arbeiten setzte er am Astronomischen Rechen-Institut in Heidelberg fort, wo er sich 1959 an der Universität Heidelberg habilitierte.

Im Jahr 1962 erhielt er einen Ruf an das Radioobservatorium NRAO in Green Bank, West Virginia, USA, wo er weiter über die Entstehung von Sternen und die Ausbreitung von Stoßfronten im Interstellaren Medium forschte. Die radioastronomischen Beobachtungen führten ihn einerseits zu Fragen der Kosmologie, andererseits begann er sich intensiv mit technischen Fragen der Verbesserung von Radioteleskopen zu befassen. Er nahm an Frank Drakes ersten Versuchen teil, am NRAO nach künstlichen Radiosignalen außerirdischer Zivilisationen zu lauschen, und beteiligte sich ab der ersten Stunde am Forschungsprojekt SETI.

Um den Bau größerer Radioteleskope zu ermöglichen und ihre Qualität zu verbessern, entwickelte von Hoerner das Konstruktionsprinzip der homologischen Antenne. Danach verformt sich der Parabolspiegel eines Radioteleskops beim Beobachten in unterschiedlichen Richtungen derart, daß seine Richtcharakteristik erhalten bleibt. Erst dieses Prinzip ermöglichte den Bau des riesigen, voll beweglichen 100-Meter-Radioteleskops in Effelsberg bei Bonn, das nun seit mehr als dreißig Jahren mit großem Erfolg betrieben wird.

Von Hoerner war auch als Gastprofessor an der Cornell University in Ithaca, an der University of California in Los Angeles, am Max-Planck-Institut für Radioastronomie in Bonn und an den Universitäten von Mexico City und Basel tätig. Er ist Träger des Alexander von Humboldt-Preises und des Preises der Gesellschaft Deutscher Naturforscher und Ärzte. Er war ein vielseitiger, äußerst anregender und liebenswerter Mensch. Als er am 7. Januar 2003, unmittelbar nach der Fertigstellung dieses Buches, in Esslingen verstarb, hinterließ er einen großen Kreis von Bewunderern und Freunden.

Dr. Jakob Staude, Max-Planck-Institut
für Astronomie, Heidelberg-Königstuhl

Aktuelle Suchprogramme

PHOENIX
seit 1995
SETI Institute, Mountain View, California
www.seti-inst.edu/science/ph-bg.html

BETA
(Billion-channel Extra-Terrestrial Assay)
1995–1999, ab 2002
Harvard University
www.seti.harvard.edu/seti

META II
(Million-channel Extra-Terrestrial Assay)
1990–1995, seit 1996 Argentinia Institute of Radioastronomy
www.planetary.org/html/UPDATES/seti/META2/META-story.html

SERENDIP
(Search for Extraterrestrial Radio Emissions from Nearby Developed
Intelligent Populations)
seit 1998
University of California, Berkeley
www.seti.ssl.berkeley.edu/serendip/serendip.html

Southern SERENDIP
seit 1998
SETI Australia Centre,
University of Western Sydney Macarthur
www.seti.uws.edu.au/

Omnidirectional Search System (Argus)
ab 2001
Ohio State University
www.esl.eng.ohio-state.edu/rfse/argus/rfse-argus.html

ATA
(Allen Telescope Array)
= 1 hT (One Hectar Telescope) ab 2005
erste Tests 2002
SETI Institute und University of California, Berkeley
www.seti-inst.edu/science/ata.html

Literatur und Internetadressen

Literatur

Ball, J.: «The Zoo-Hypothesis», in: Icarus, *19*, 347, 1973

Barrow, J. D. & Tipler, F. J.: «The Anthropic Principle», Clarendon Press, 1986

Bracewell, R.: «The Galactic Club», Stanford, 1974

Davies, P.: «Sind wir allein im Universum?», Heyne Verlag, 2000.

Dawkins, R.: «Das egoistische Gen», Spektrum Verlag, 1994

Drake, F. & Sobel, D.: «Is Anyone Out There?», Delacorte Press, 1992

Drake, F. & Sobel, D.: «Signale von anderen Welten. Die wissenschaftliche Suche nach außerirdischer Intelligenz», Herbig, 1997; Knaur, 1998

Freudenthal, H.: «Lincos – A Language for Cosmic Intercourse», North-Holland, Amsterdam, 1960

Grey, J. (ed): «Space Manufacturing Facilities», Am. Inst. Aeronautics & Astronautics, 1977

Heidmann, J.: «Bioastronomie», Springer Verlag, 1994

Heidmann, J.: «Extraterrestrial Intelligence», Cambridge University Press, 1995

Hoerner, S. v.: «The General limits of Space Travel», in: Science, *137*, 18, 1962

Hoerner, S. v.: «Universal Music?», in: J. Psychology of Music, *2*, 18, 1974

Hoerner, S. v.: «Population Explosion and Interstellar Expansion», in: J. British Interplanetary Society, *28*, 691, 1975

Horneck, G. & Baumstark-Kahn, C.: «Astrobiology», Springer Verlag, 2001

Kippenhahn, R.: «Hundert Milliarden Sonnen», Piper Verlag, 1981

O'Neill, G.: «The High Frontier» (Human Colonies in Space) Morrow & Comp., 1977

Papagiannis, M. D. (ed): «The Search for Extraterrestrial Life», Dordrecht, Reidel, 1985

Sagan, C.: «Cosmic Connection», Doubleday, 1973

Sagan, C.: «The Dragons of Eden» (Evolution of Intelligence), Random House, 1977

Sagan, C. et al: «The Murmurs of Earth» (Voyager Message), Random House, 1978

Shostak, S.: «Nachbarn im All», F. A. Herbig, 1999

Stanley, S. M.: «Wendemarken des Lebens» (Aussterben), Spektrum Verlag, 1998

Tarter, J.: «The Search for Extraterrestrial Intelligence, SETI», Annual Rev. Astronomy and Astrophysics, 2001 (Active Projects)

Trefil, J.: «Sind wir allein im Universum?», Birkhäuser, 1982

Trefil, J.: «Fünf Gründe, warum es die Welt nicht geben kann», Rowohlt, 1990

Vaas. R.: «Der Tod kam aus dem All» (Katastrophen), Kosmos, 1995

Walter, U.: «Außerirdische und Astronauten», Spektrum Verlag, 2001

Walter, U.: «Zivilisationen im All. Sind wir allein im Universum?», Spektrum Verlag, 1998

Ward, P. D. & Brownlee, D.: «Unsere einsame Erde», Springer Verlag, 2001

Zuckerman, B. & Hart, M. (ed.): «Extraterrestrials – Where are They?», Cambridge University Press, 1995

Science Fiction
Hier nur mal eben drei Bücher, die ernstlich zu denken geben.

Stanislaw Lem: «Der Unbesiegbare», Fischer Taschenbuch, 1979
(Thema: Feindliche Hinterlassenschaft einer vergangenen Kultur)

Stanislaw Lem: «Fiasko», Fischer Taschenbuch, 1983
(Thema: Kontaktprobleme, Zerstörung einer fremden Welt)

Peter Schenkel: «Contact: Are we ready for it?», Minerva Press, London 1999
(Thema: beste Gelegenheit, verpaßt durch Mißtrauen und Aggression)

Sonderhefte
Spektrum der Wissenschaft
Spezial 3/1996: Leben und Kosmos
Spezial 3/1999: Intelligenz
Dossier 4/1999: Raumfahrt
Dossier 3/2000: Die Evolution des Menschen
Dossier 3/2002: Leben im All
Heft 6/2001: Urzeugung – Der steinige Weg zum Leben

Sterne und Weltraum
Spezial 2/1997: Schöpfung ohne Ende – Geburt des Kosmos
Spezial 3/1998: Mars – Aufbruch zum Roten Planeten
Spezial 5/2000: Zeit – Das ewige Rätsel

Internetadressen

Astrobiologie
www.astrobiologie.com
www.lifeinuniverse.org
www.sci2.esa.int/specialevents/lifeinuniverse

Astrobiologie-Institut (NASA)
www.astrobiologie.arc.nasa.gov
www.nai.arc.nasa.gov

Origins-Programm der NASA
www.origins.jpl.nasa.gov

Suche nach außerirdischen Intelligenzen
www.seti-inst.edu
SETI-Institut; Science, Geschichte
Projekte, Phoenix; Mitglieder

www.seti-inst.edu/science/ata
The Allen Telescope Array
spezielles großes SETI-Teleskop

www.setileague.org/history.nasa.gov/seti.html

www.seti.org/seti-top.html

www.skypub.com/news/special/seti_toc.html

www.ras.ucalgary.ca/SKA
The Square Kilometer Array

www.mc.harvard.edu/oseti
www.seti.harvard.edu/oseti

www.coseti.org
Optische SETI-Suche: extrem starke kurze Licht-Pulse

www.seti.org.1hat.html

www.nai.arc.nasa.gov
NASA Astrobiology Institute
viele Arbeitsgebiete

www.nrao.edu
National Radio Astronomy Observatory
Geschichte, Teleskope, Projekte

www.setiathome.ssl.berkeley.edu
SETI@home; SETI-Bildschirmschoner
eigene SETI-Mitarbeit!

www.planetary.org
Planetary Society

www.obspm.fr/planets
Suche nach fernen Planeten
Katalog bestätigter Planeten, Daten

www.spektrum.de/aktuellesheft
Spektrum der Wissenschaft
oft interessante Aufsätze zum Thema

Science Fiction
www.Perry-Rhodan.net
www.startrek.com
www.starwars.com

Abbildungsnachweis

Abb. 1.1: Thomas Neckel

Abb. 1.2: aus: Eckhard Slawik/Uwe Reichert, Atlas der Sternbilder,
Spektrum Akademischer Verlag, Heidelberg 1997

Abb. 1.3: Max-Planck-Institut für Radioastronomie, Bonn

Abb. 1.4: NASA, aufgenommen von der Apollo 17 im Dezember 1972

Abb. 2.1: Max-Planck-Institut für Astronomie, Heidelberg

Abb. 2.2: Max-Planck-Institut für Astronomie, Heidelberg

Abb. 2.3: Archiv des Autors

Abb. 3.1: Sebastian von Hoerner

Abb. 3.2: Sebastian von Hoerner

Abb. 3.3: Max-Planck-Institut für Astronomie, Heidelberg

Abb. 3.4: Sebastian von Hoerner

Abb. 3.5: Archiv des Autors

Abb. 4.1: nach: Meyers Taschenlexikon in 10 Bänden, Band 3, Biblio-
graphisches Institut & F.A. Brockhaus AG, Mannheim 1992

Abb. 4.2: aus: Spektrum der Wissenschaft, Spezial 3/1996: Leben und
Kosmos

Abb. 6.1: Sebastian von Hoerner/Hanna von Hoerner

Abb. 6.2: Seth Shostak, SETI Institute

Abb. 6.3: Archiv des Autors

Abb. 6.4: aus: Carl Sagan et al., Murmurs of Earth, Random House,
New York 1978

Abb. 6.5: aus: Carl Sagan et al., Murmurs of Earth, Random House,
New York 1978

Abb. 6.6: aus: Carl Sagan et al., Murmurs of Earth, Random House,
New York 1978

Abb. 6.7: aus: Carl Sagan et al., Murmurs of Earth, Random House,
New York 1978

Abb. 7.1: National Radio Astronomy Observatory, Green Bank,
West Virginia

Abb. 7.2: Seth Shostak, SETI Institute

Abb. 7.3: Archiv des Autors

Abb. 7.4: Archiv des Autors

Abb. 7.5: NASA

Abb. 7.6: Paul Horowitz, Harvard University

Abb. 7.7: aus: Seth Shostak, Nachbarn im All, F.A. Herbig Verlagsbuch-
handlung GmbH, München 1999

Abb. 7.8: NASA

Abb. 7.9: Paul Horowitz, Harvard University

Naturwissenschaften und Kosmologie bei C. H. Beck

Thomas Bührke
Sternstunden der Astronomie
Von Kopernikus bis Oppenheimer
2001. 220 Seiten mit 24 Abbildungen. Paperback
Beck'sche Reihe Band 1427

Andreas Burkert / Rudolf Kippenhahn
Die Milchstraße
1995. 128 Seiten mit 48 Abbildungen. Paperback
(C. H. Beck Wissen in der Beck'schen Reihe Band 2017)

Frank Close
Luzifers Vermächtnis
Eine physikalische Schöpfungsgeschichte
Aus dem Englischen von Thomas Filk
2002. 274 Seiten mit 47 Abbildungen. Gebunden

Richard Fortey
Leben – eine Biographie
Die ersten vier Milliarden Jahre
Aus dem Englischen von Susanne Kuhlmann-Krieg und Friedrich Griese
1999. 443 Seiten mit 28 Abbildungen. Leinen

Richard Fortey
Trilobiten!
Fossilien erzählen die Geschichte der Erde
Aus dem Englischen von Kurt Beginnen und Sigrid Kuntz
2002. 296 Seiten mit 40 Textabbildungen und 34 Abbildungen auf Tafeln
Gebunden

Dieter B. Hermann
Antimaterie
Auf der Suche nach der Gegenwelt
1999. 112 Seiten mit 20 Abbildungen. Paperback
(C. H. Beck Wissen in der Beck'schen Reihe Band 2104)

Verlag C. H. Beck München

Naturwissenschaften und Kosmologie bei C. H. Beck

Norbert Langer
Leben und Sterben der Sterne
1995. 128 Seiten mit 25 Abbildungen und 4 Tabellen. Paperback
(C. H. Beck Wissen in der Beck'schen Reihe Band 2020)

Wolfgang Mattig
Die Sonne
1995. 128 Seiten mit 24 Abbildungen und 4 Tabellen. Paperback
(C. H. Beck Wissen in der Beck'schen Reihe Band 2001)

Rolf Meissner
Geschichte der Erde
Von den Anfängen des Planeten bis zur Entstehung des Lebens
1999. 144 Seiten mit 52 Abbildungen und 2 Tabellen. Paperback
(C. H. Beck Wissen in der Beck'schen Reihe Band 2110)

Dietrich Möhlmann
Kometen
Himmelskörper aus den Anfängen des Sonnensystems
1997. 128 Seiten mit 16 Abbildungen und 12 Tabellen. Paperback
(C. H. Beck Wissen in der Beck'schen Reihe Band 2063)

Rolf Schick
Erdbeben und Vulkane
1997. 128 Seiten mit 18 Abbildungen. Paperback
(C. H. Beck Wissen in der Beck'schen Reihe Band 2062)

Lee Smolin
Warum gibt es die Welt?
Die Evolution des Kosmos
1999. 428 Seiten mit 4 Abbildungen
Gebunden

Verlag C. H. Beck München